IUV-ICT技术实训教学系列丛书

IUV-计算机网络
基础与应用（实训指导）

邝辉平　陈佳莹　林磊　编著

人民邮电出版社
北京

图书在版编目（CIP）数据

IUV-计算机网络基础与应用. 实训指导 / 邝辉平,
陈佳莹，林磊编著. -- 北京：人民邮电出版社，2018.11
（IUV-ICT技术实训教学系列丛书）
ISBN 978-7-115-48934-0

Ⅰ. ①I… Ⅱ. ①邝… ②陈… ③林… Ⅲ. ①计算机
网络—基本知识 Ⅳ. ①TP393

中国版本图书馆CIP数据核字(2018)第156820号

内 容 提 要

本教材共分为两部分。第一部分为 SIMNET 软件功能介绍和计算机网络基础实训配置，实训部分包括 7 个内容知识点：计算机网络拓扑规划、以太网交换机及 VLAN、路由器接口与 IP 配置、路由基础、OSPF 动态路由协议、IP 业务与配置、网络管理与故障排查。第二部分为网络设计，在第一部分实训操作和知识积累的基础上，要求读者分别设计一个小型企业网和一个校园网，培养读者初级的网络设计规划能力。本教材以翻转课堂的形式编排，内容全面，课程设计了教学目标分析、教学内容分析、知识点结构及教学案例分析。

本教材适合想要提升计算机网络基础知识的技术人员和对其感兴趣的人员阅读，同时还可作为高等院校计算机相关专业的教材或参考书。

◆ 编　著　邝辉平　陈佳莹　林　磊
　　责任编辑　李　静
　　责任印制　彭志环

◆ 人民邮电出版社出版发行　　北京市丰台区成寿寺路 11 号
　　邮编　100164　电子邮件　315@ptpress.com.cn
　　网址　http://www.ptpress.com.cn
　　固安县铭成印刷有限公司印刷

◆ 开本：787×1092　1/16
　　印张：26.25　　　　　　　　　　　2018 年 11 月第 1 版
　　字数：693 千字　　　　　　　　　2018 年 11 月河北第 1 次印刷

定价：59.00 元

读者服务热线：(010)81055488　印装质量热线：(010)81055316
反盗版热线：(010)81055315
广告经营许可证：京东工商广登字 20170147 号

前　言

在当今信息时代，信息和通信技术（Information and Communication Technology，ICT）的发展日新月异。计算机网络作为信息传播的载体，发挥着重要作用，它已融入人们生活的方方面面。计算机网络技术已成为信息技术学科的一门基础课程，掌握计算机网络技术也是信息通信行业对学生的基本技能要求。

为了满足市场的需求，IUV-ICT 教学研究所针对计算机网络的初学者和入门者，结合《IUV-计算机网络基础与应用》和 IUV-SIMNET 平台软件编写了《IUV-计算机网络基础与应用（实训指导）》，旨在结合模拟仿真技术和计算机网络技术提供综合的教学解决方案，实现高校 ICT 产教融合的目标。本教材可通过 IUV-SIMNET 实训平台帮助学生快速掌握计算机网络基础知识，使学生具备网络的初级故障处理能力和初级网络设计能力，达到预期的教学目标和技能掌握要求。

我们将力争通过 IUV-SIMNET 平台的网络实训功能，解决教师教学过程中的痛点和学生学习过程中的难点，使计算机网络技术成为一门易学、易懂、易上手的课程。

本教材内容与《IUV-计算机网络基础与应用》知识点同步，实践与理论紧密结合。本教材内容设计分为 SIMNET 软件功能简介和实训单元两大部分。实训单元内容设计又分为网络基础知识、网络故障排查和网络设计三部分。其中，实训单元 1 为计算机网络拓扑规划，实训单元 2 为以太网交换机及 VLAN，实训单元 3 为路由器接口及 IP 配置，实训单元 4 为路由基础，实训单元 5 为 OSPF 动态路由协议，实训单元 6 为 IP 业务与配置，实训单元 7 为网络管理与故障排查，实训单元 8 为网络设计。每个实训单元又将关键知识点展开分为多个既独立又关联的实训任务，编者希望通过采用这种循序渐进的学习方式使学生能够更加牢固地掌握计算机网络基本理论知识。

如果您在阅读本教材的过程中有任何疑问，可发送邮件至 support@iuvbox.com.cn 进行反馈。希望本教材对读者有所帮助，这是我们最大的心愿。

编者
2018 年 5 月

SIMNET 软件功能简介

1. SIMNET 软件简介

SIMNET 软件是深圳市艾优威科技有限公司（以下简称 IUV 公司）开发的计算机网络仿真教学软件。该软件可运行于 Windows 平台上，使用 C#语言开发，可应用于计算机网络及教育等领域。软件具有数据配置、业务调试、硬件配置、网络拓扑规划、社交、激励系统等功能。

SIMNET 软件与《IUV-计算机网络基础与应用（实训指导）》配套使用。SIMNET 软件支持模拟计算机网络组网与实验，软件将抽象的计算机理论知识具体化、可视化，可较好地支撑老师的教学授课与学生的实践学习，做到教学与实践相结合。

使用 SIMNET 软件的人员须通过 IUV 公司授权获取认证账号，才可登录系统平台进行相关的仿真实验操作。

2. SIMNET 主要功能模块

操作人员通过 IUV 公司授权的账号登录 SIMNET 系统，登录界面如图 1 所示，输入账号和密码后单击"登录"按钮，进入系统。

登录 SIMNET 系统后，呈现的主界面如图 2 所示。SIMNET 平台支持的功能模块包括资源池、数据配置、档案系统、消息系统、排行榜、社交系统、帮助中心、拓扑规划、自动拓扑、报文分析等。

【主菜单功能简介】

📁 档案系统：包括存储、读取、共享和重新开始 4 个子菜单。若需要记录系统当前时刻及之前的所有操作，操作人员可单击"存储"按钮记录当前操作结果；如果需要恢复到某时刻前的所有操作，操作人员可通过单击"读取"按钮，选择对应的文档进行恢复。操作人员可以将自己存储的操作记录分享至"IUV 论坛"或"IUV 好友"。

✉ 消息系统：包括系统公告和系统内邮件。SIMNET 管理员可发布公告消息给系统使用者；SIMNET 系统内好友间可收发邮件，通过邮件进行通信。

📊 排行榜：SIMNET 系统支持自动排行功能。系统支持等级、使用频次、U 币值、学校用户使用频次等的排行。

👥 好友系统：包括好友、群组、黑名单和好友申请 4 个子菜单。该系统用于管理 SIMNET 系统内的好友，将好友加入对应的群组。

❓ 帮助中心：SIMNET 帮助中心提供详细丰富的系统配置、功能、原理相关介绍，可帮助使用者快速熟悉 SIMNET 系统并进行实验操作。

图 1　登录界面

图 2　系统主界面

　　⚙ 系统设置：操作人员通过系统设置可查询 SIMNET 系统版本号，设置背景图像音乐，获取 IUV 技术支持方式，获取新手使用指导等。

　　📟 协议分析：该功能支持多设备节点间的报文协议分析，如 OSPF（Open Shortest Path First，开放式最短路径优先）协议分析、ARP（Address Resolution Protocol，地址解析协议）分析、DHCP（Dynamic Host Configuration Protocol，动态主机配置协议）分析、Ping 协议分析等。协议分析功能可以增强知识原理的直观性和全局性，加深初学者对协议原理的理解程度。

　　📑 报文分析：该功能支持对设备端口进行抓包，确认设备报文的收发包情况。

　　✅ 拓扑规划：该功能支持 SIMNET 操作人员进行拓扑规划设计。

　　⛶ 自动拓扑：操作人员进行实验拓扑连接操作后，将会自动生成相应的拓扑。

目　　录

实训单元 1

计算机网络拓扑规划

1.1　实训说明

1.1.1　实训目的

1. 掌握计算机网络拓扑规划，认识各种网络拓扑结构。
2. 掌握路由器、交换机、PC 终端/服务器网络图标。

1.1.2　实训任务

任务一：绘制环型、星型、树型三种基本的网络拓扑结构。
任务二：绘制校园网网络拓扑结构。

1.1.3　实训时长

2 课时。

1.2　拓扑规划

实训任务一：通过 SIMNET 拓扑规划功能绘制环型网络、星型网络、树型网络拓扑。
实训要求：画出分别如图 1-1、图 1-2 和图 1-3 所示的环型网络、星型网络和树型网络拓扑。
实训任务二：通过 SIMNET 拓扑规划功能绘制校园网拓扑。
实训要求：画出如图 1-4 所示的校园网网络拓扑。

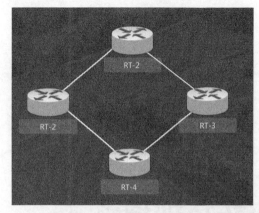

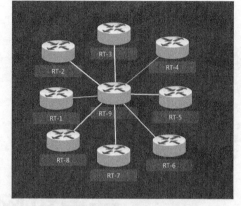

图 1-1   图 1-2

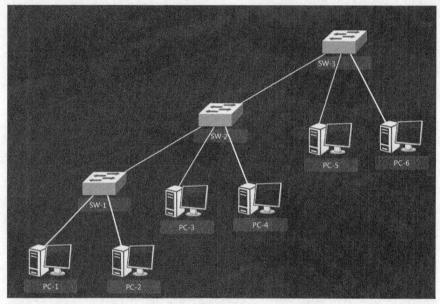

图 1-3

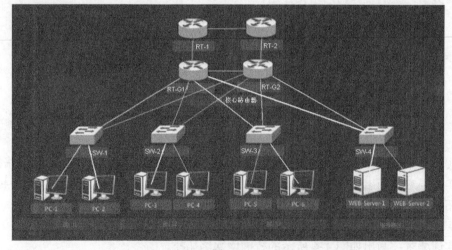

图 1-4

1.3　实训步骤

任务一：绘制环型、星型、树型三种基本的网络拓扑结构

步骤 1：打开 SIMNET 仿真软件，单击右上方拓扑规划图标 ✌。

步骤 2：进入拓扑规划模块后，选择"机房"按钮，把对应的"Room"图标拖入左边拓扑规划空白处，可根据实际情况将鼠标放置于机房图标边缘调节机房大小及进行机房命名操作，如图 1-5 所示。

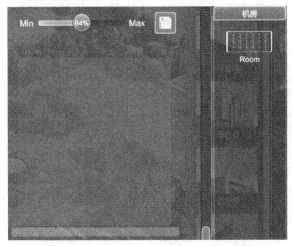

图 1-5

步骤 3：单击"设备"或"服务器/终端"按钮，从设备列表中选择需要的设备拖入机房空白处并进行设备命名，如图 1-6、图 1-7、图 1-8 所示。

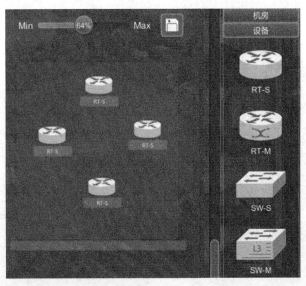

图 1-6

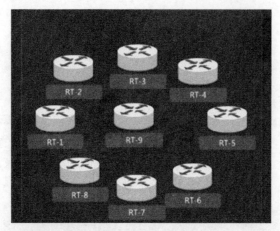

图 1-7

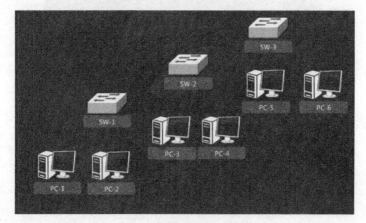

图 1-8

步骤 4：将鼠标移动到拓扑中的设备，左键单击该设备，然后移动鼠标至需要连接的另一端设备，再次左键单击该设备，实现两台设备间的拓扑连接。按规划要求，需重复多次连线操作，完成拓扑连接，如图 1-9、图 1-10、图 1-11 所示。

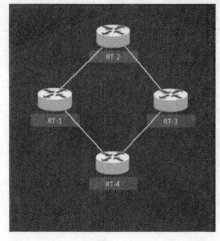

图 1-9

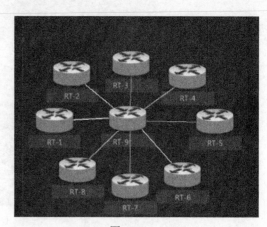

图 1-10

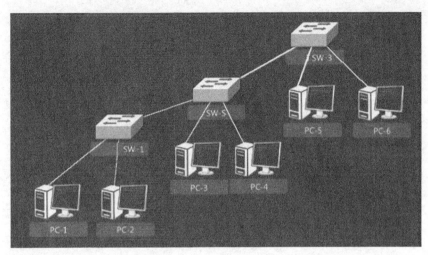

图 1-11

任务二：绘制校园网网络拓扑结构

步骤 1：打开 SIMNET 仿真软件，单击右上方拓扑规划图标 ⬚。

步骤 2：进入拓扑规划模块后，选择"机房"按钮，把对应的"Room"图标拖入左边拓扑规划空白处；然后在设备列表中将对应的网络设备拖入机房中，如图 1-12 所示。

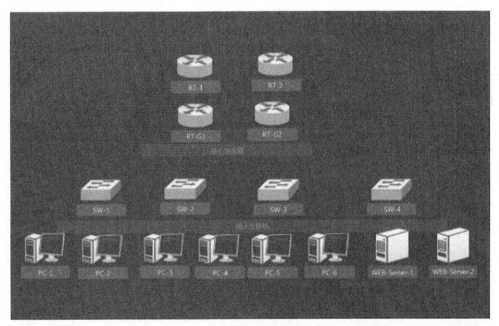

图 1-12

步骤 3：将鼠标移动到拓扑中的设备，左键单击该设备，然后移动鼠标至需要连接的另一端设备，再次左键单击该设备，完成两台设备间的拓扑连接。为了保证网络的稳定性，各部门接入交换机一般配置有两条至路由器的链路，如图 1-13 所示。

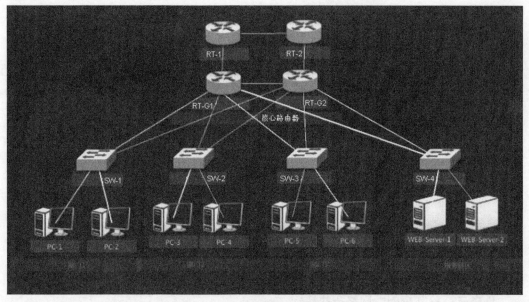

图 1-13

1.4 思考与总结

1.4.1 课后思考

校园网拓扑结构中路由器采用环型互联有什么好处？

1.4.2 实训总结

环型拓扑、星型拓扑、树型拓扑是常见的拓扑形式。在实际应用中，真实的网络拓扑是环型、星型、树型拓扑的混合形式。

实训单元 2

以太网交换机及 VLAN

2.1 实训说明

2.1.1 实训目的

1. 掌握 VLAN 原理及 VLAN 规划。
2. 掌握以太网交换机的 VLAN 配置方法。
3. 掌握以太网交换机 Access 端口、Trunk 端口、Hybrid 端口属性。
4. 掌握 Mac 地址表组成。
5. 掌握以太网交换机内 VLAN 间通信原理。
6. 掌握 ARP 表项组成。

2.1.2 实训任务

任务一：交换机 Access 端口配置及业务验证实训。
任务二：交换机 Trunk 端口配置及业务验证实训。
任务三：交换机 Hybrid 端口配置及业务验证实训。
任务四：交换机 VLAN 间通信配置及业务验证实训。

2.1.3 实训时长

2 课时。

2.2 数据规划与配置

实训任务一：交换机间采用 Access 端口互联，交换机内采用 Access 端口连接 PC 终端，拓扑及数据规划如图 2-1 所示。

实训要求：实现相同 VLAN 内两台 PC 终端间的通信。

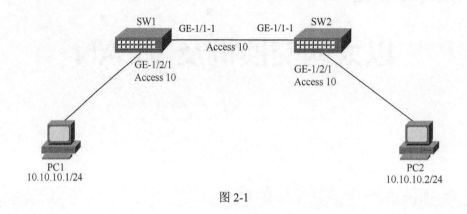

图 2-1

实训任务二：交换机间采用 Trunk 端口互联，交换机内采用 Access 端口连接 PC 终端，拓扑及数据规划如图 2-2 所示。

实训要求：实现相同 VLAN 内两台 PC 终端间的通信。

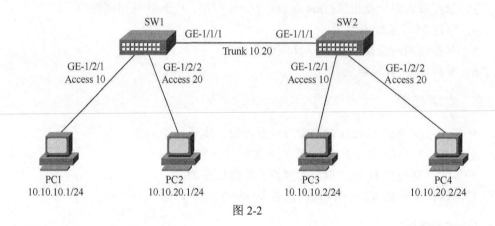

图 2-2

实训任务三：交换机间采用 Hybrid 端口互联、交换机内采用 Access 端口连接 PC 终端，拓扑及数据规划如图 2-3 所示。

实训要求：实现相同 VLAN 内的 PC 终端互相通信。

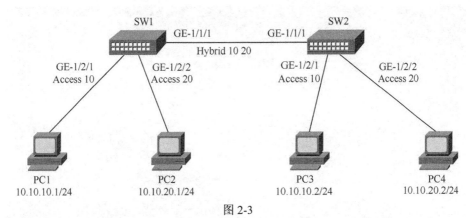

图 2-3

实训任务四：交换机配置 VLANIF 接口，采用不同的 VLAN 连接 PC 终端，拓扑及数据规划如图 2-4 所示。

实训要求：实现不同 VLAN 间的 PC 终端通信。

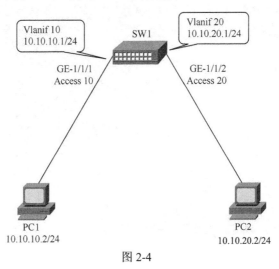

图 2-4

2.3 实训步骤

任务一：交换机 Access 端口配置及业务验证实训

步骤 1：新增实训建筑。打开 SIMNET 仿真软件，鼠标单击右侧资源池建筑 图标，选择"宿舍楼"图标，并将其拖放到校园场景中，完成实训建筑的部署，操作结果如图 2-5 所示。

步骤 2：添加机房。鼠标单击资源池中的机房 图标，单击"大型机房"图标，将其拖入至左侧已添加的实训建筑"宿舍楼"中，完成机房部署，操作结果如图 2-6 所示。

步骤 3：安装机柜。鼠标单击实训建筑中对应的大型机房图标进入机房站点场景。然后再次鼠标单击右侧资源池中的机柜 按钮，拖动鼠标将机柜放置到指定的位置（拖动机柜时机房地板会自动呈现可安装位置）放开鼠标即可，操作如图 2-7 所示。

图 2-5

图 2-6

图 2-7

步骤 4：添加交换机。单击已安装机柜，机柜门自动打开，资源池中自动弹出可选择网络设备。选中中型交换机 SW-M，将其拖入机柜中，交换机被拖入机柜后将自动呈现可安装设备的插槽，操作如图 2-8 所示。

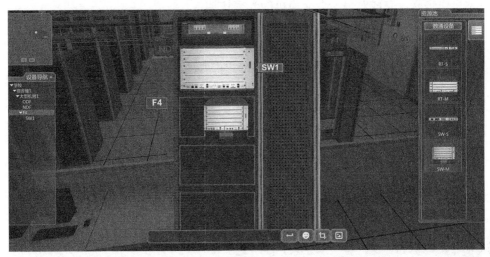

图 2-8

步骤 5：添加板卡。单击机柜中的网络设备安装单板，选择右边资源池中的单板 按钮，可供安装的单板有 SW-16xGE-SFP、SW-16xGE-RJ45、SW-16xGE-SFP+。拖动单板将其放置到已有的网络设备中，本例中两台交换机各增加一块光接口板和一块电接口板，操作如图 2-9 所示。

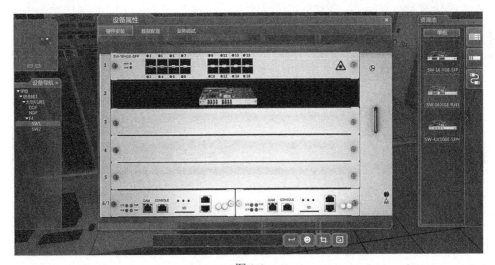

图 2-9

步骤 6：重复步骤 5 的操作，给另一台交换机增加单板，完成操作后的结果如图 2-10 所示。

步骤 7：光接口板插入光模块。单击资源池中的光模块 按钮，如图 2-11 所示。光模块根据传输模式分为单模光模块和多模光模块两种。SIMNET 平台的单模光模块有

S13-GE-10kM-SFP、S13-XGE-10kM-SFP+两种型号；多模光模块有 M85-GE-500M-SFP、M85-XGE-300M-SFP+两种型号。根据接口要求选择光模块（设备间对接端口的光模块类型和光纤类型须匹配），单击右侧单模光模块将其拖入交换机的光接口 GE-1/1/1 即可。重复本操作步骤，完成对另一台交换机的光模块插入。

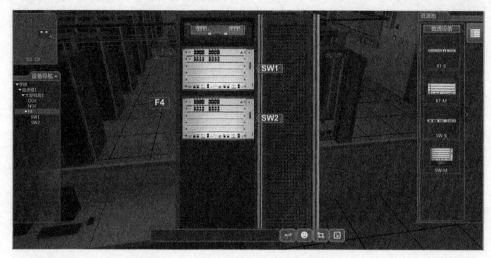

图 2-10

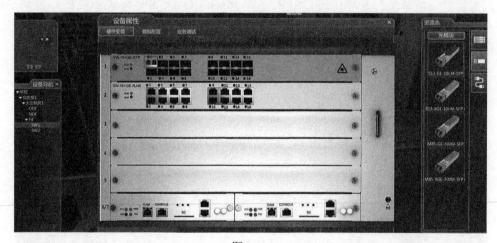

图 2-11

步骤 8：连接两台交换机。单击线缆 ![](按钮，如图 2-12 所示。连接设备的线缆分别有 LC-LC 尾纤-S、LC-FC 尾纤-S、LC-LC 尾纤-M、LC-FC 尾纤-M、FC-FC 尾纤-S、FC-FC 尾纤-M、以太网线。根据端口插入的单模光模块选择相应的 LC-LC 尾纤-S，然后单击对应的光接口 GE-1/1/1，完成交换机 SW1 侧的尾纤连接。

步骤 9：将尾纤连接至另一台交换机的光接口中。使用鼠标左键单击"设备导航"栏中的 SW2 图标进行切换，然后单击对应的光接口，完成两交换机之间的线缆连接，如图 2-13 和图 2-14 所示。

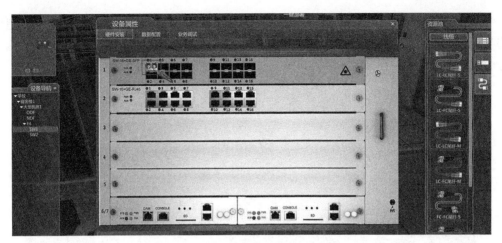

图 2-12

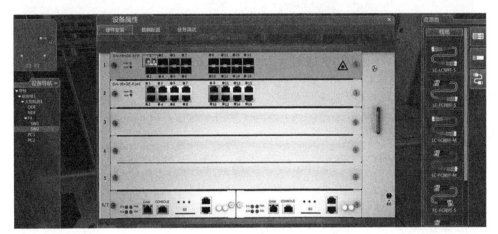

图 2-13

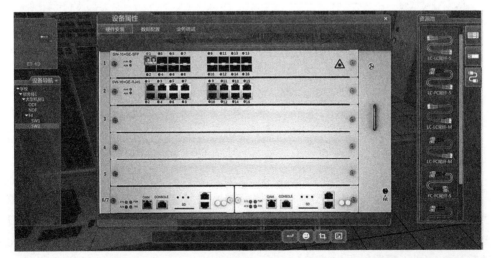

图 2-14

步骤 10：添加 PC 终端。使用鼠标左键单击机柜外空白位置，界面回切至"大型机房"场景。使用鼠标单击"资源池"终端图标▇，然后选中 PC 图标，单击并将其拖至办公桌，如图 2-15 所示（重复两次操作，完成添加两台 PC 的操作）。

图 2-15

步骤 11：完成 PC 与交换机间的连接。在交换机 SW1 中再次单击线缆▇按钮，选中"以太网线"，鼠标单击对应的以太网电接口 GE-1/2/1，完成交换机侧的网线连接，如图 2-16 所示。然后使用鼠标单击 PC1 图标进行切换，单击终端的网口 GE-1/1/1，完成 PC1 和交换机 SW1 的网线连接，如图 2-17 所示。

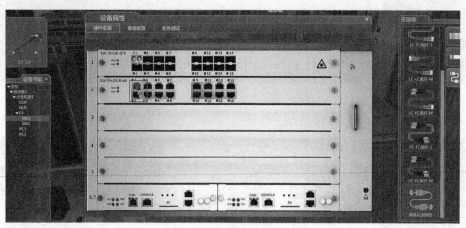

图 2-16

步骤 12：重复步骤 11，完成终端 PC2 与 SW2 的网线连接。完成设备间的连线后，单击"设备导航"上的自动拓扑图标，自动拓扑如图 2-18 所示。

步骤 13：完成交换机 SW1 的物理接口配置。在机房视图下，使用鼠标单击交换机 SW1，在主界面"设备属性"中选择"数据配置"，然后选择"接口配置"→"物理接口配置"。配置接口 GE-1/1/1 的 PVID，输入数值"10"，完成输入后单击"确认"按钮，配置结果如图 2-19 所示；配置接口 GE-1/2/1 的 PVID，输入数值"10"，完成输入后单击"确认"按钮，配置结果如图 2-20 所示。

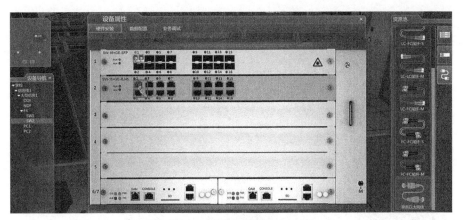

图 2-17

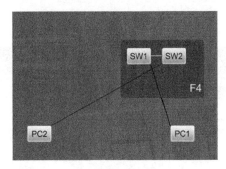

图 2-18

图 2-19

步骤 14：完成交换机 SW2 的物理接口配置。在机房视图下，使用鼠标单击交换机 SW2，在主界面"设备属性"中选择"数据配置"，然后选择"接口配置"→"物理接口配置"。配置接口 GE-1/1/1 的 PVID，输入数值"10"，完成输入后单击"确认"按钮，配置结果如图 2-21 所示；配置接口 GE-1/2/1 的 PVID，输入数值"10"，完成输入后单击"确认"按钮，配置结果如图 2-22 所示。

图 2-20

图 2-21

图 2-22

　　步骤 15：配置 PC 终端的 IP 地址。鼠标选中"设备导航"中的 PC1 图标，选择"业务调试"，在弹出的配置界面中单击"地址配置"进行 IP 地址配置。输入 IP 地址为"10.10.10.1"、子网掩码为"255.255.255.0"，完成输入后单击"确定"按钮，配置结果如图 2-23、图 2-24 所示。

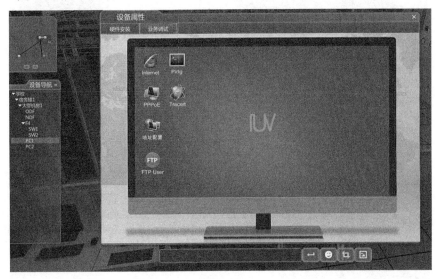

图 2-23

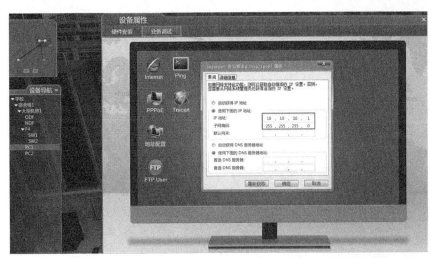

图 2-24

　　鼠标选中"设备导航"中的 PC2 图标，选择"业务调试"，在弹出的配置界面中单击"地址配置"进行 IP 地址配置，输入 IP 地址为"10.10.10.2"、子网掩码为"255.255.255.0"后，单击"确定"按钮，配置结果如图 2-25 所示。

　　步骤 16：业务验证前查看交换机的 Mac 地址表。在"设备导航"中单击 SW1 页签进行切换，在主界面"设备属性"中选择"业务调试"，然后选择"状态查询"→"Mac 地址表"，查询结果如图 2-26 所示。重复此操作，完成对交换机 SW2 的 Mac 地址表的查询，结果如图 2-27 所示。

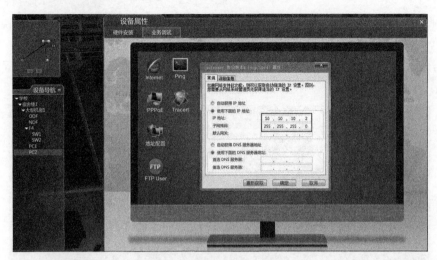

图 2-25

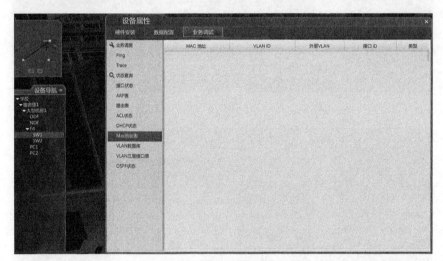

图 2-26

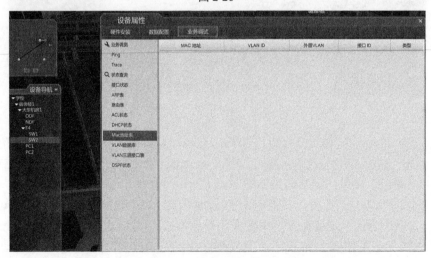

图 2-27

步骤 17：进行业务验证。单击"设备导航"中的 PC1 页签进行切换，在主界面"设备属性"中选择"业务调试"，然后单击"Ping"图标，在"目的 IP"对应输入框中输入 PC2 的 IP 地址"10.10.10.2"，单击"执行"按钮，验证结果如图 2-28 所示。

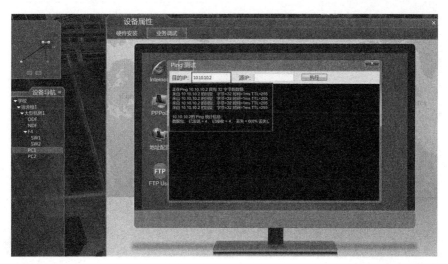

图 2-28

单击"设备导航"中的 PC2 页签进行切换，在主界面"设备属性"中选择"业务调试"，然后单击"Ping"图标，在"目的 IP"对应输入框中输入 PC1 的 IP 地址"10.10.10.1"，单击"执行"按钮，验证结果如图 2-29 所示。

图 2-29

业务验证后查看交换机的 MAC 地址表重复步骤 16，两台交换机 Ping 之后的 Mac 地址表查询结果如图 2-30 和图 2-31 所示，此时，配置交换机 Access 端口及业务验证的相关操作完成。

请思考：为什么在进行 Ping 测试前（如图 2-27 所示），交换机的 Mac 地址表没有 VLAN 10 的相关表项？

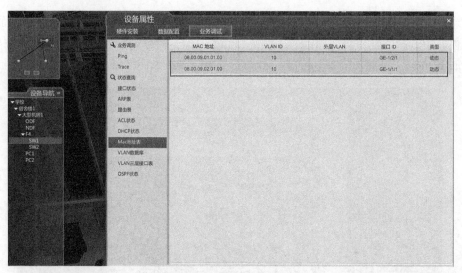

图 2-30

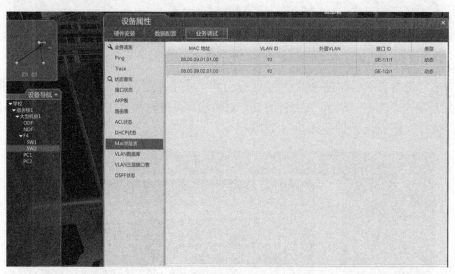

图 2-31

任务二：交换机 Trunk 端口配置及业务验证实训

步骤 1：新增实训建筑。打开 SIMNET 仿真软件，鼠标单击右侧资源池建筑 图标，选择"宿舍楼"图标，将其拖放到校园场景中，完成实训建筑的部署，操作结果如图 2-32 所示。

步骤 2：添加机房。鼠标单击资源池中的机房 图标，将"大型机房"图标拖入至左侧已添加的实训建筑"宿舍楼"中，完成机房部署，操作结果如图 2-33 所示（本实训任务中需要添加两个大型机房）。

步骤 3：完成机房间的线缆连接。单击右边线缆 按钮，连接机房的线缆分别有以太网电缆、单模多芯光缆、多模多芯光缆。选择单模多芯光缆，依次单击"大型机房 1"和"大型机房 2"的图标进行连接，操作如图 2-34 所示，然后单击"设备导航"中"大型机房 1"图标进入机房站点。

图 2-32

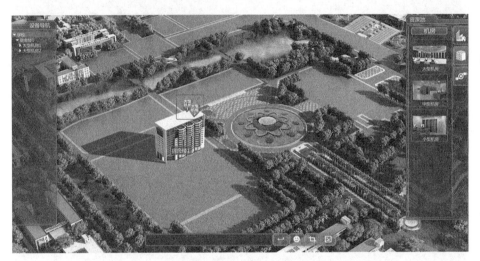

图 2-33

图 2-34

步骤 4：安装机柜。鼠标单击实训建筑中对应的大型机房图标，进入机房站点场景。鼠标单击右侧资源池中的机柜█按钮，拖动鼠标将机柜安装到指定的位置（拖动机柜时机房地板会自动呈现可安装位置）放开鼠标即可，操作如图 2-35 所示。

图 2-35

步骤 5：添加交换机。单击已安装机柜，机柜门自动打开，资源池中自动弹出可选择网络设备。选中中型交换机 SW-M，将其拖入机柜中，交换机被拖入机柜后将自动呈现可安装设备的插槽，如图 2-36 所示。

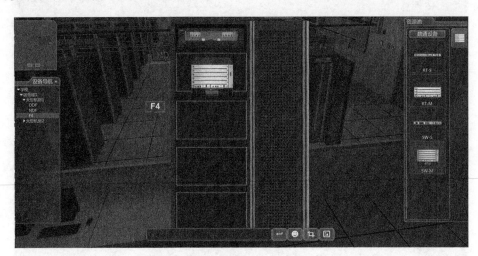

图 2-36

步骤 6：添加板卡。单击机柜中的网络设备安装单板，选择右边资源池中的单板█按钮，可供安装的单板有 SW-16xGE-SFP、SW-16xGE-RJ45、SW-16xGE-SFP+，拖动单板将其放置于已有的网络设备中，本例中两台交换机各增加一块光接口板和一块电接口板，如图 2-37 所示。

步骤 7：光接口板插入光模块。单击资源池中的光模块█按钮，如图 2-38 所示。光模块根据传输模式分为单模光模块和多模光模块两种。SIMNET 平台的单模光模块有

S13-GE-10kM-SFP、S13-XGE-10kM-SFP+两种型号；多模光模块有 M85-GE-500M-SFP、M85-XGE-300M-SFP+两种型号。根据机房间连线选择光模块（设备间对接端口的光模块类型和光纤类型须匹配），单击右侧单模光模块将其拖入交换机的光接口 GE-1/1/1 即可。

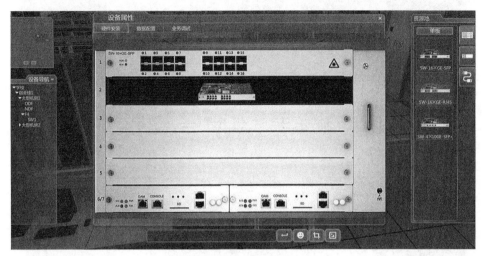

图 2-37

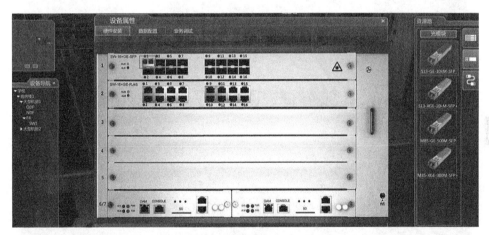

图 2-38

步骤 8：完成交换机与 ODF 架之间的连接。单击线缆 按钮，如图 2-39 所示。连接设备的线缆分别有 LC-LC 尾纤-S、LC-FC 尾纤-S、LC-LC 尾纤-M、LC-FC 尾纤-M、FC-FC 尾纤-S、FC-FC 尾纤-M、以太网线。根据端口插入的单模光模块选择相应的 LC-FC 尾纤-S，单击对应的光接口 GE-1/1/1，完成交换机侧的尾纤连接，界面切换至 ODF 界面，单击对应的接口 1-1 完成连接，如图 2-40 所示。此操作实现 ODF 与"大型机房 2"的交换机互联，ODF 架作为中间跳接的设备。

步骤 9：添加 PC 终端。使用鼠标左键单击机柜外空白位置，界面回切至"大型机房 1"场景。鼠标单击"资源池"终端图标 ，然后选中 PC 图标，单击并将其拖至办公桌，如图 2-41 所示（重复两次操作，完成添加两台 PC 的操作）。

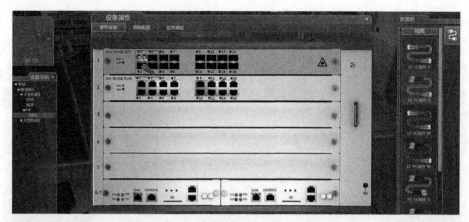

图 2-39

图 2-40

图 2-41

　　步骤 10：完成 PC 与交换机间连接。在交换机 SW1 中单击线缆 🔵 按钮，选中"以太网线"，如图 2-42 所示，使用鼠标单击对应的以太网电接口 GE-1/1/1，完成交换机侧的网线连接，如图 2-43 所示。然后使用鼠标单击 PC1 图标进行切换，单击 PC 终端的网口 GE-1/1/1，完成 PC1 和交换机 SW1 的网线连接，如图 2-44 所示。重复此操作，完成"大型机房 1"中 PC2 和交换机 SW1 的连接，完成后单击"设备导航"上的自动拓扑图标，完成的自动拓扑如图 2-45 所示。

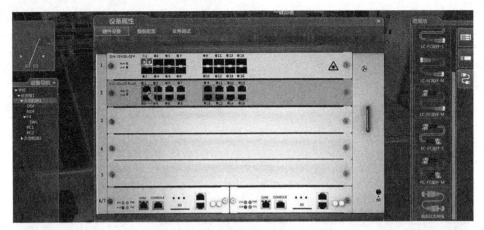

图 2-42

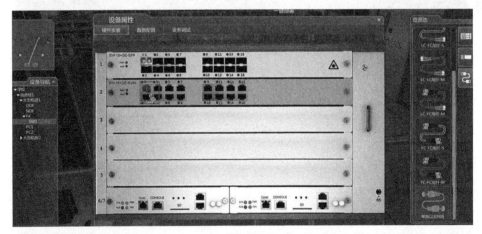

图 2-43

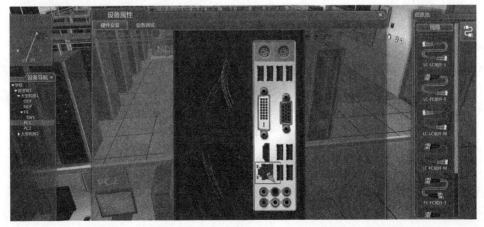

图 2-44

步骤 11：完成"大型机房 2"的硬件安装。单击"设备导航"中的"大型机房 2"图标进入机房站点，操作结果如图 2-46 所示；然后重复步骤 4 至步骤 10，完成机柜、交换机、PC 终端等设备的添加及连接操作；完成后单击"设备导航"上的自动拓扑图标，自动拓扑如图 2-47 所示。

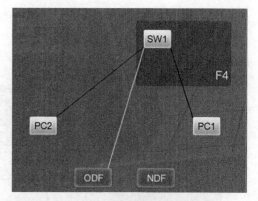

图 2-45

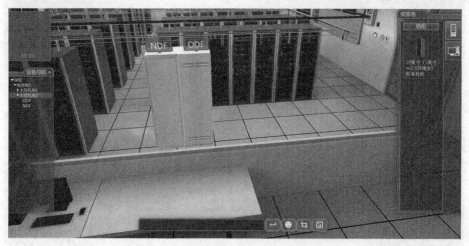

图 2-46

步骤 12：完成"大型机房 1"中交换机 SW1 的物理接口配置。在机房视图下，鼠标单击交换机 SW1，在主界面"设备属性"中选择"数据配置"，然后选择"接口配置"→"物理接口配置"。配置接口 GE-1/1/1 的 VLAN 模式为 Trunk，PVID 默认为"1"，Tagged 对应输入"10-20"，操作结果如图 2-48 所示。配置接口 GE-1/2/1 的 PVID，输入数值"10"；为 GE-1/2/2 的 PVID 输入数值"20"，完成输入后单击"确认"按钮，操作结果如图 2-49 所示。

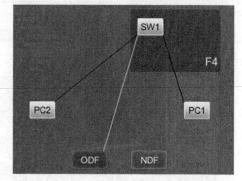

图 2-47

步骤 13：完成"大型机房 2"中交换机 SW1 的物理接口配置。在机房视图下，使用鼠标单击"大型机房 2"中的交换机 SW1，在主界面"设备属性"中选择"数据配置"，然后选择"接口配置"→"物理接口配置"。配置接口 GE-1/1/1 的 VLAN 模式为 Trunk，PVID 默认为"1"，Tagged 对应输入"10-20"，操作结果如图 2-50 所示。配置接口 GE-1/2/1 的 PVID，输入数值"10"；为 GE-1/2/2 的 PVID 输入数值"20"，完成输入后单击"确认"按钮，操作结果如图 2-51 所示。

图 2-48

图 2-49

图 2-50

图 2-51

步骤 14：配置 PC 端的 IP 地址。鼠标单击依次选中设备导航中的"大型机房"→"PC"，选择"业务调试"，如图 2-52 所示，在弹出的配置界面中单击"地址配置"进行 IP 地址配置，输入 IP 地址后，单击"确定"按钮。

图 2-52

对于大型机房 1 的 PC1 设备，配置的 IP 地址及子网掩码分别为"10.10.10.1""255.255.255.0"，操作结果如图 2-53 所示；PC2 设备配置的 IP 地址及子网掩码为"10.10.20.1""255.255.255.0"，操作结果如图 2-54 所示。

将界面切换至大型机房 2 的 PC 端，PC1 设备配置的 IP 地址及子网掩码分别为"10.10.10.2""255.255.255.0"，操作结果如图 2-55 所示；PC2 设备配置的 IP 地址及子网掩码为"10.10.20.2""255.255.255.0"，操作结果如图 2-56 所示。

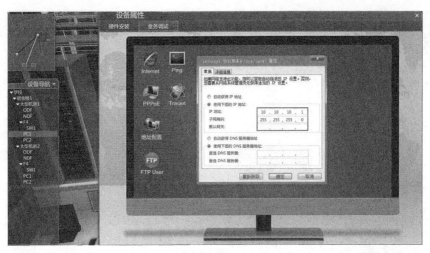

图 2-53

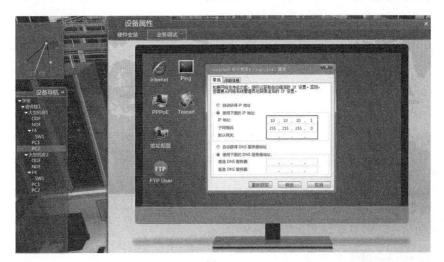

图 2-54

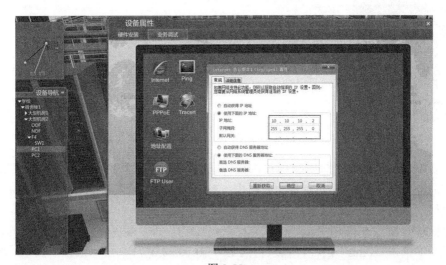

图 2-55

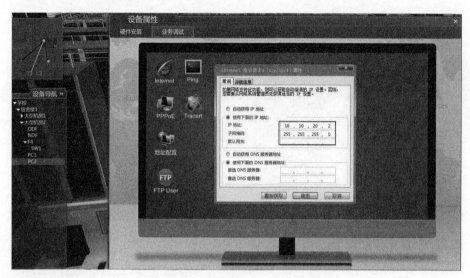

图 2-56

步骤 15：业务验证前查看交换机的 Mac 地址表。在"设备导航"中依次单击"大型机房 1"→"SW1"进行切换，在主界面"设备属性"中选择"业务调试"，然后选择"状态查询"→"Mac 地址表"，查询结果如图 2-57 所示。重复此操作，完成对于"大型机房 2"中交换机 SW1 的 Mac 地址表的查询，结果如图 2-58 所示。

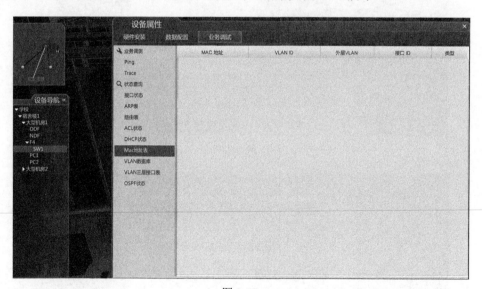

图 2-57

步骤 16：进行业务验证。鼠标单击设备导航中的"大型机房 1"→"PC1"进行切换，单击"业务调试"，在配置界面中单击"Ping"图标，输入目的 IP"10.10.10.2"，单击"执行"按钮，验证结果如图 2-59 所示。

鼠标单击设备导航中的"大型机房 1"→"PC2"进行切换，单击"业务调试"，在配置界面中单击"Ping"图标，输入目的 IP"10.10.20.2"，单击"执行"按钮，验证结果如图 2-60 所示。

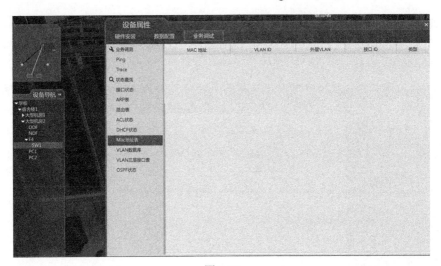

图 2-58

图 2-59

图 2-60

步骤 17：Ping 测试后查看交换机的 Mac 地址表项。重复操作步骤 15，两台交换机的 Mac 地址表查询结果如图 2-61 和图 2-62 所示，此时，配置交换机 Trunk 端口及业务验证的相关操作完成。

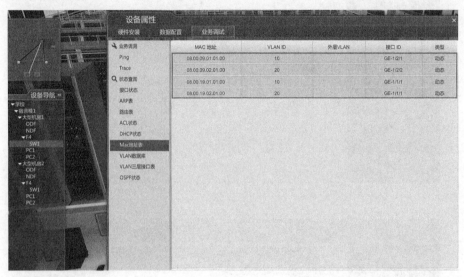

图 2-61

图 2-62

通过比较 Ping 测试前后的交换机 Mac 地址表项，可以确认：交换机采用"源 Mac 地址学习、目地 Mac 地址转发"机制维护交换机的 Mac 地址表及指导报文转发。交换机没有收到业务报文或者在超过 Mac 老化时间后仍收不到业务报文，Mac 地址表项为空。

任务三：交换机 Hybrid 端口配置及业务验证实训

步骤 1：新增实训建筑。打开 SIMNET 仿真软件，鼠标单击右侧资源池建筑 图标，选择"宿舍楼"图标，将其拖放到校园场景中，完成实训建筑的部署，操作结果如图 2-63 所示。

图 2-63

步骤 2：添加机房。鼠标单击资源池中的机房▣图标，单击"大型机房"图标，将其拖入左侧已添加的实训建筑"宿舍楼"中，完成机房部署，操作结果如图 2-64 所示（本实训任务中需要添加两个大型机房）。

图 2-64

步骤 3：完成机房间的线缆连接。单击右边线缆▣按钮实现此操作。连接机房的线缆分别有以太网电缆、单模多芯电缆、多模多芯电缆。选择单模多芯电缆，依次单击"大型机房 1"和"大型机房 2"的图标进行连接，操作如图 2-65 所示，然后单击"设备导航"中"大型机房 1"图标进入机房站点。

步骤 4：安装机柜。鼠标单击实训建筑中对应的大型机房图标，进入机房站点场景。鼠标单击右侧资源池中的机柜▣按钮，拖动鼠标将机柜安装到指定的位置（拖动机柜时机房地板会自动呈现可安装位置）放开鼠标即可，操作如图 2-66 所示。

步骤 5：添加交换机。单击已安装机柜，机柜门自动打开，资源池中自动弹出可选择网络设备。选中中型交换机 SW-M，将其拖入机柜中，交换机被拖入机柜后将自动呈现可安装设备的插槽，如图 2-67 所示。

图 2-65

图 2-66

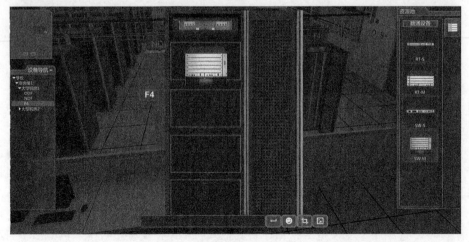

图 2-67

步骤 6：添加板卡。单击机柜中的网络设备安装单板，选择右边资源池中的单板▤按钮，可供安装的单板有 SW-16xGE-SFP、SW-16xGE-RJ45、SW-16xGE-SFP+，拖动单板将其置于已有的网络设备中，本例中两台交换机各增加一块光接口板和一块电接口板，操作如图 2-68 所示。

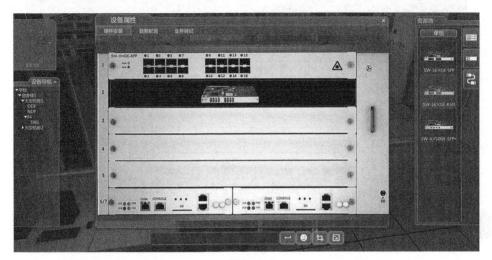

图 2-68

步骤 7：光接口板插入光模块。单击资源池中的光模块▤按钮，如图 2-69 所示。光模块根据传输模式分为两种：单模光模块和多模光模块。SIMNET 平台的单模光模块有 S13-GE-10kM-SFP、S13-XGE-10kM-SFP+两种型号；多模光模块有 M85-GE-500M-SFP、M85-XGE-300M-SFP+两种型号。根据机房间连线选择光模块（设备间对接端口的光模块类型和光纤类型须匹配），单击右侧单模光模块将其拖入交换机的光接口GE-1/1/1 即可。

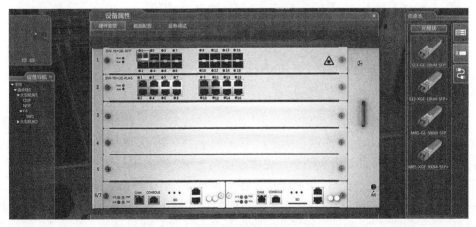

图 2-69

步骤 8：完成交换机与 ODF 架之间的连接。单击线缆▤按钮，如图 2-70 所示。连接设备的线缆分别有 LC-LC 尾纤-S、LC-FC 尾纤-S、LC-LC 尾纤-M、LC-FC 尾纤-M、FC-FC 尾纤-S、FC-FC 尾纤-M、以太网线。根据端口插入的单模光模块选择相应的 LC-FC

尾纤-S，单击对应的光接口 GE-1/1/1，完成交换机侧的尾纤连接。界面切换至 ODF 界面，单击对应的接口 1-1 完成连接，如图 2-71 所示。实际上此操作实现的是与"大型机房 2"的交换机的互联，ODF 在此处作为中间站点。

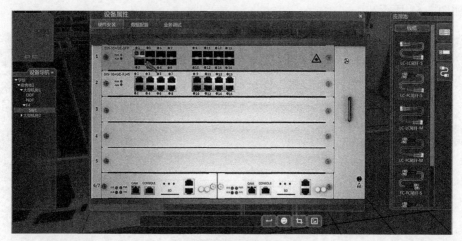

图 2-70

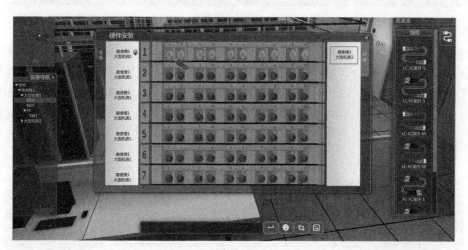

图 2-71

步骤 9：添加 PC 终端。鼠标左键单击机柜外空白位置，界面回切至"大型机房 1"场景。鼠标单击"资源池"终端图标，然后选中 PC 图标，单击并将其拖至办公桌，操作如图 2-72 所示（重复两次操作，完成添加两台 PC 的操作）。

步骤 10：完成 PC 与交换机间连接。在交换机 SW1 中单击线缆按钮，选中"以太网线"，如图 2-73 所示，使用鼠标单击对应的以太网电接口 GE-1/2/1，完成交换机侧的网线连接，如图 2-74 所示。然后使用鼠标单击 PC1 图标进行切换，单击 PC 终端的网口 GE-1/1/1，完成 PC1 和交换机 SW1 的网线连接，如图 2-75 所示。重复此操作，完成"大型机房 1"中 PC2 和交换机 SW1 的连接，完成后单击"设备导航"上的自动拓扑图标，自动拓扑如图 2-76 所示。

图 2-72

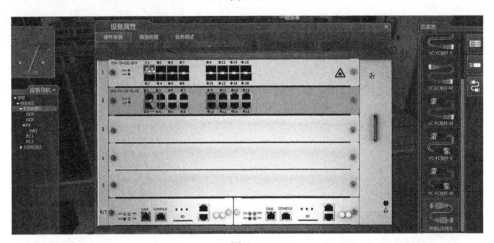

图 2-73

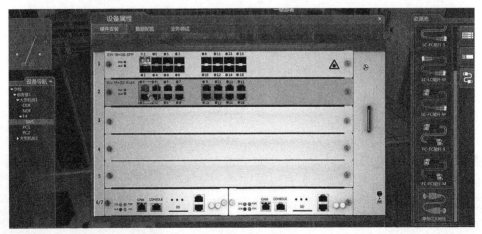

图 2-74

图 2-75

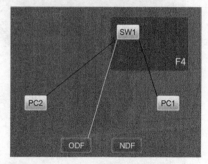

图 2-76

步骤 11:完成"大型机房 2"的硬件安装。单击"设备导航"中的"大型机房 2"图标进入机房站点,操作结果如图 2-77 所示,然后重复步骤 4 至步骤 10,完成机柜、交换机、PC 终端等设备的添加及连接操作。完成后单击"设备导航"上的自动拓扑图标,自动拓扑如图 2-78 所示。

图 2-77

步骤 12:完成"大型机房 1"中交换机 SW1 的物理接口配置。在机房视图下,鼠标单击交换机 SW1,在主界面"设备属性"中选择"数据配置",然后选择"接口配置"→"物理接口配置"。配置接口 GE-1/1/1 的 VLAN 模式为 Hybrid,PVID 默认为"1",Tagged 对应输入"10-20",操作结果如图 2-79 所示。

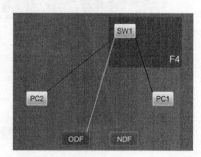

图 2-78

图 2-79

配置接口 GE-1/2/1 的 PVID，输入数值"10"；为 GE-1/2/2 的 PVID 输入数值"20"，完成输入后单击"确认"按钮，操作结果如图 2-80 所示。

图 2-80

步骤 13：完成"大型机房 2"中交换机 SW1 的物理接口配置。在机房视图下，鼠标单击交换机 SW1，在主界面"设备属性"中选择"数据配置"，然后选择"接口配置"→"物理接口配置"。配置接口 GE-1/1/1 的 VLAN 模式为 Hybrid，PVID 默认为"1"，Tagged 对应输入"10-20"，操作结果如图 2-81 所示。

配置接口 GE-1/2/1 的 PVID，输入数值"10"；为 GE-1/2/2 的 PVID 输入数值"20"，完成输入后单击"确认"按钮，操作结果如图 2-82 所示。

步骤 14：配置 PC 端的 IP 地址。鼠标依次选中设备导航中的"大型机房"→"PC"，选择"业务调试"，如图 2-83 所示。在弹出的配置界面中单击"地址配置"进行 IP 地址配置，输入 IP 地址后，单击"确定"按钮。

图 2-81

图 2-82

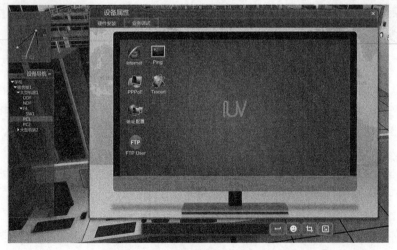

图 2-83

对于大型机房 1 的 PC1 设备，配置的 IP 地址及子网掩码分别为"10.10.10.1""255.255.255.0"，操作结果如图 2-84 所示；PC2 设备配置的 IP 地址及子网掩码为"10.10.20.1""255.255.255.0"，操作结果如图 2-85 所示。

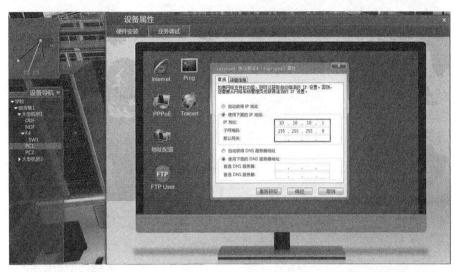

图 2-84

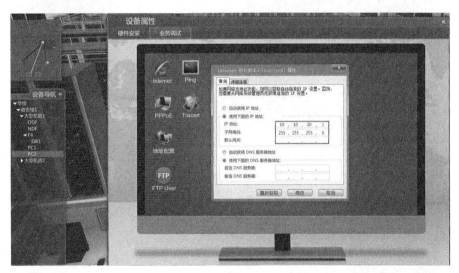

图 2-85

将界面切换至大型机房 2 的 PC 端，PC1 设备配置的 IP 地址及子网掩码分别为"10.10.10.2""255.255.255.0"，操作结果如图 2-86 所示；PC2 设备配置的 IP 地址及子网掩码为"10.10.20.2""255.255.255.0"，操作结果如图 2-87 所示。

步骤 15：业务验证前查看交换机的 Mac 地址表。在"设备导航"中依次单击"大型机房 1"→"SW1"进行切换，在主界面"设备属性"中选择"业务调试"，然后选择"状态查询"→"Mac 地址表"，查询结果如图 2-88 所示。重复此操作，完成对"大型机房 2"中交换机 SW1 的 Mac 地址表的查询，结果如图 2-89 所示。

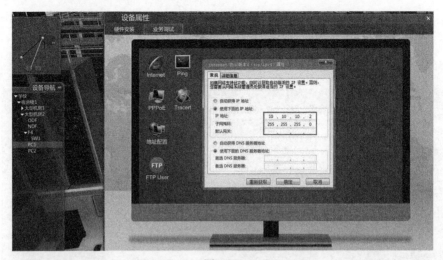

图 2-86

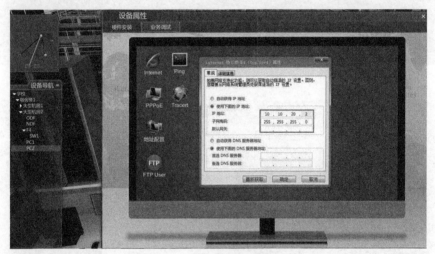

图 2-87

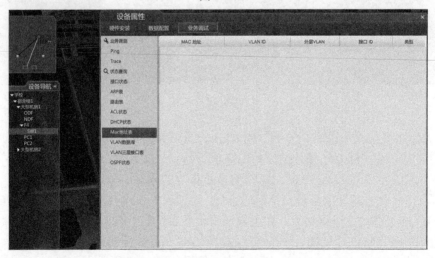

图 2-88

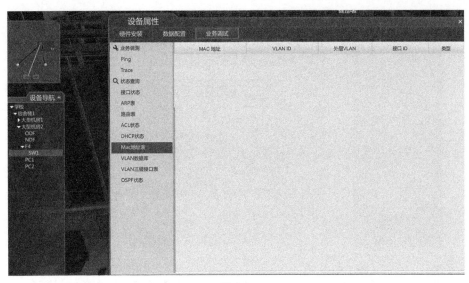

图 2-89

步骤 16：进行业务验证。鼠标单击设备导航中的"大型机房 1"→"PC1"进行切换，单击"业务调试"，在配置界面中单击"Ping"图标，输入测试目的 IP 地址"10.10.10.2"，单击"执行"按钮，验证结果如图 2-90 所示。

图 2-90

鼠标单击设备导航中的"大型机房 2"→"PC1"进行切换，单击"业务调试"，在配置界面中单击"Ping"图标，输入测试目的 IP 地址"10.10.20.2"，单击"执行"按钮，验证结果如图 2-91 所示。

步骤 17：业务验证后查看交换机的 Mac 地址表。重复操作步骤 15，两台交换机的 Mac 地址表查询结果如图 2-92 和图 2-93 所示。此时，配置交换机 Hybrid 端口及业务验证的相关操作完成。

图 2-91

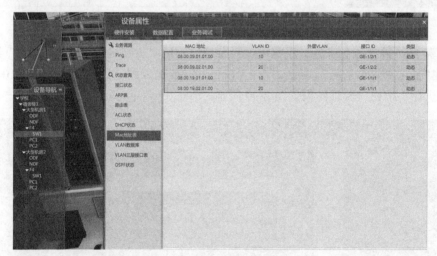

图 2-92

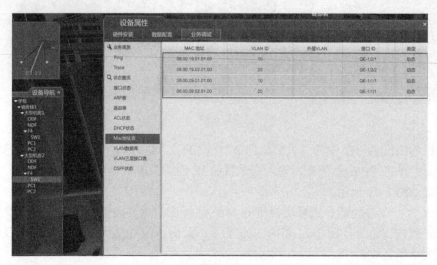

图 2-93

通过 Ping 测试结果及 MAC 表项，可知端口设置为 Hybrid 的交换机和端口设置为 Trunk 的交换机对报文转发的处理机制相似。

任务四：交换机 VLAN 间通信配置及业务验证实训

步骤 1：新增实训建筑。打开 SIMNET 仿真软件，鼠标单击右侧资源池建筑 图标，选择"宿舍楼"图标，将其拖放到校园场景中，完成实训建筑的部署，操作结果如图 2-94 所示。

图 2-94

步骤 2：添加机房。鼠标单击资源池中的机房 图标，单击"大型机房"图标，将其拖入左侧已添加的实训建筑"宿舍楼"中，完成机房部署，操作结果如图 2-95 所示。

图 2-95

步骤 3：安装机柜。鼠标单击实训建筑中对应的大型机房图标，进入机房站点场景。鼠标单击右侧资源池中的机柜 按钮，拖动鼠标将机柜安装到指定的位置（拖动机柜时机房地板会自动呈现可安装位置）放开鼠标即可，操作如图 2-96 所示。

图 2-96

步骤 4：添加交换机。单击已安装机柜，机柜门自动打开，资源池中自动弹出可选择网络设备。选中中型交换机 SW-M 并将其拖入机柜中，交换机被拖入机柜后将自动呈现可安装设备的插槽，如图 2-97 所示。

图 2-97

步骤 5：添加板卡。单击机柜中的网络设备安装单板，选择右边资源池中的单板█按钮。可供安装的单板有 SW-16xGE-SFP、SW-16xGE-RJ45、SW-16xGE-SFP+三种。拖动单板将其放置于已有的网络设备中，本例中交换机只需增加一块电接口板，操作如图 2-98 所示。

步骤 6：添加 PC 终端。鼠标左键单击机柜外空白位置，界面回切至"大型机房 1"场景。鼠标单击"资源池"终端图标█，然后选中 PC 图标，单击并将其拖至办公桌，如图 2-99 所示（重复两次操作，完成添加两台 PC 的操作）。

步骤 7：完成 PC 与交换机间连接。在交换机 SW1 中单击线缆█按钮，连接设备的线缆分别有 LC-LC 尾纤-S、LC-FC 尾纤-S、LC-LC 尾纤-M、LC-FC 尾纤-M、FC-FC 尾纤-S、FC-FC 尾纤-M、以太网线。选中"以太网线"，如图 2-100 所示，鼠标单击对应的以太网电接口 GE-1/1/1，完成交换机侧的网线连接，如图 2-101 所示。然后鼠标单击

PC1 图标切换设备，单击 PC 终端的网口 GE-1/1/1，完成 PC 和交换机的网线连接，如图 2-102 所示。

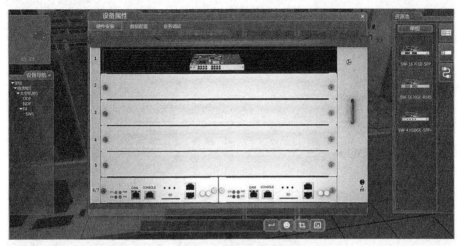

图 2-98

图 2-99

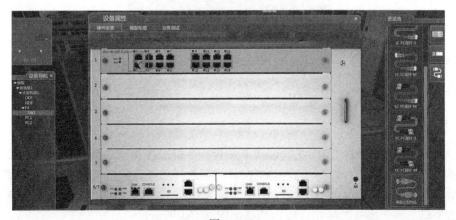

图 2-100

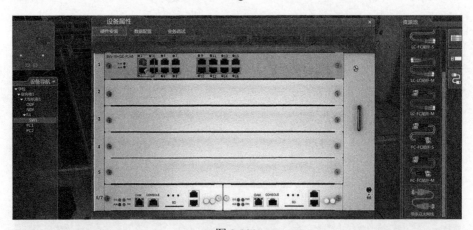

图 2-101

图 2-102

步骤 8：重复操作步骤 7，完成终端 PC2 与 SW1 的网线连接。完成设备间的连线后，单击"设备导航"上的自动拓扑图标，完成的自动拓扑如图 2-103 所示。

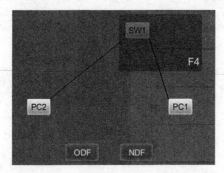

图 2-103

步骤 9：完成交换机 SW1 的物理接口配置。在机房视图下，鼠标单击交换机 SW1，在主界面"设备属性"中选择"数据配置"，然后选择"接口配置"→"物理接口配置"。配置接口 GE-1/1/1 的 PVID，输入数值"10"；配置接口 GE-1/1/2 的 PVID，输入数值"20"；完成输入后单击"确认"按钮，操作结果如图 2-104 所示。

图 2-104

步骤 10：完成 VLAN 三层接口配置。选择"接口配置"→"VLAN 三层接口配置"，单击"+"按钮进行添加 VLAN 操作，为参数 VLAN ID 输入"10"，输入 IP 地址"10.10.10.1"，输入子网掩码"255.255.255.0"；为另外一条配置条目中的 VLAN ID 输入"20"、为 IP 地址输入"10.10.20.1"，为子网掩码输入"255.255.255.0"；完成输入后单击"确认"按钮，操作结果如图 2-105 所示。

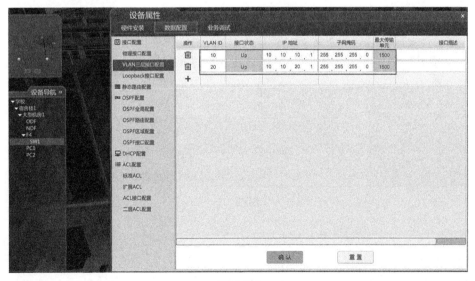

图 2-105

步骤 11：配置 PC 端的 IP 地址。鼠标选中设备导航中的 PC 图标，选择"业务调试"，在弹出的配置界面中单击"地址配置"进行 IP 地址配置，输入 IP 地址后，单击"确定"按钮。配置 PC1 的 IP 地址为"10.10.10.2"、子网掩码为"255.255.255.0"、默认网关为"10.10.10.1"；配置 PC2 的 IP 地址为"10.10.20.2"、子网掩码为"255.255.255.0"、默认网关为"10.10.20.1"；完成配置后单击"确认"按钮，操作结果如图 2-106 和图 2-107 所示。

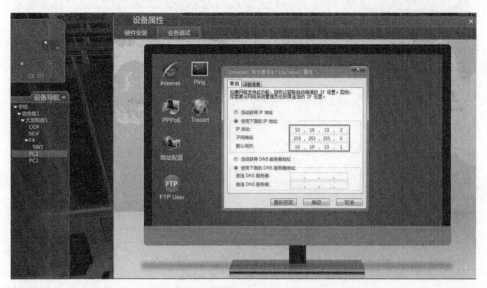

图 2-106

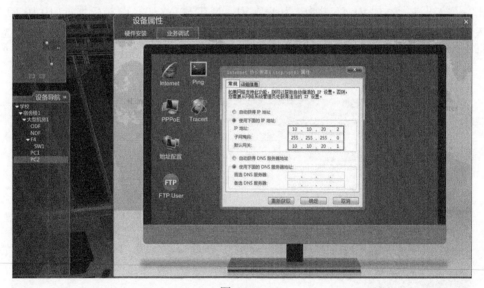

图 2-107

步骤 12：业务验证前查看交换机的 ARP 表项及 Mac 表项。在主界面"设备属性"中选择"业务调试"，然后选择"状态查询"→"ARP 表"，操作结果如图 2-108 所示。我们可以发现：交换机中建立了两条 ARP 表项，对应类型显示为静态。

在主界面"设备属性"中选择"业务调试"，然后选择"状态查询"→"Mac 地址表"，可发现其 Mac 表项为空，操作结果如图 2-109 所示。

步骤 13：进行业务验证。鼠标单击 PC2，单击"业务调试"，在 PC2 桌面中选中"Ping"图标，在弹出界面中的"目的 IP"处输入"10.10.20.1"，然后单击"执行"按钮，操作结果如图 2-110 所示。

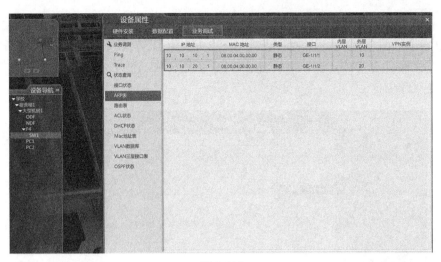

图 2-108

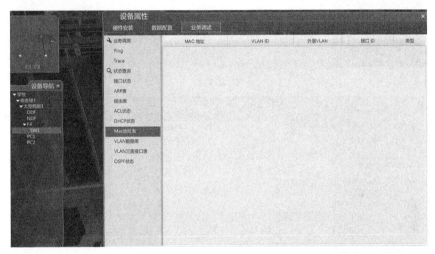

图 2-109

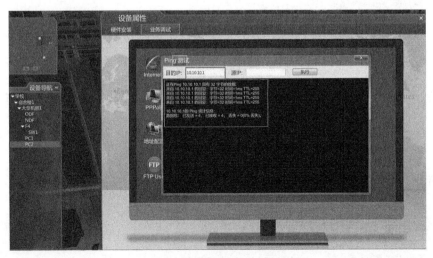

图 2-110

步骤 14：业务验证后查看交换机的 ARP 表项及 Mac 表项。重复操作步骤 12，查询的 ARP 表项如图 2-111 所示、Mac 表项如图 2-112 所示。对比 Ping 验证前的操作，我们可发现：交换机的"ARP 表"中新增了两条 ARP 表项，对应类型显示为动态；Mac 地址表存在对应表项。

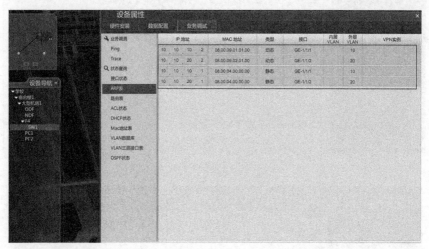

图 2-111

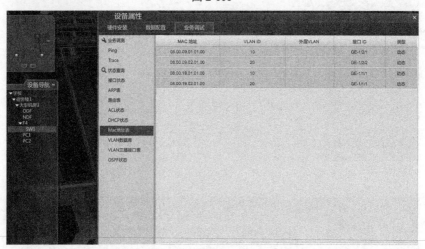

图 2-112

请思考：交换机配置 VLANIF 接口，实现 VLAN 间互通，本任务中的 PC1 Ping PC2 时，报文的目的 MAC 地址是什么？

2.4 思考与总结

2.4.1 课后思考

1. 交换机中划分 VLAN 后对局域网有哪些好处？

2. 在实训过程中，交换机在完成配置后，MAC 表项或三层 ARP 表项为空或不完全，在终端发起 Ping 测试操作后，交换机中的 Mac 表项或 ARP 表项则存在数据，这说明了交换机的 MAC 表具有什么特性？

3. 实训过程验证了在二层交换机中没有 ARP 表项，请说明原因。

2.4.2　课后习题

使用 SIMNET 软件，在体育场和宿舍楼之间配置交换机 VLAN 间通信及业务验证。

2.4.3　实训总结

1. Access 接口用于交换机连接 PC 机或路由器等不携带 VLAN 标签的设备。

2. Trunk 接口和 Hybrid 接口一般用于交换机间互联。它们可以允许多个 VLAN 的帧带 Tag 通过；Hybrid 接口允许从该类接口发出的帧根据需要配置某些 VLAN 的帧带 Tag（即不剥除 Tag）、某些 VLAN 的帧不带 VLAN Tag（即剥除 Tag）；而 Trunk 接口只允许一个 VLAN 的帧不携带 VLAN Tag。

3. 当交换机中配置了三层 VLANIF 接口后，交换机的 VLANIF 接口充当网关接口，此时交换机中的 ARP 表项不为空。

4. 二层交换机通过 Mac 地址表指导二层报文转发；三层交换机通过 VLANIF 接口实现不同 VLAN 间的通信，报文交互的过程中涉及 ARP 表项和路由表项查找以及报文的字段的替换。

实训单元 3

路由器接口与 IP 配置

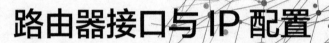

3.1 实训说明

3.1.1 实训目的

1. 掌握路由器接口分类及命名特点。
2. 掌握 IPv4 地址子网及子网掩码的使用方法。

3.1.2 实训任务

任务一：路由器 Loopback 逻辑接口及 IPv4 地址配置实训。

任务二：路由器子接口及 IPv4 地址配置实训。

任务三：路由器物理接口及 IPv4 地址配置实训。

任务四：单臂路由配置实训。

3.1.3 实训时长

2 课时。

3.2 数据规划与配置

实训任务一：配置路由器 Loopback 逻辑接口及 IPv4 地址，如图 3-1 所示。

实训要求：按要求配置路由器的 Loopback 接口及地址。

实训任务二：配置路由器子接口及 IPv4 地址，如图 3-2 所示。

实训要求：按要求配置路由器的物理直连子接口及地址，实现直连子接口互通。

设备	接口	IP 地址
R1	Loopback 0	1.1.1.1/32
R2	Loopback 0	2.2.2.2/32

图 3-1

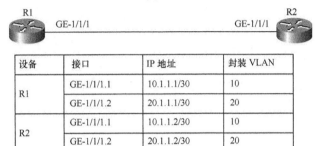

设备	接口	IP 地址	封装 VLAN
R1	GE-1/1/1.1	10.1.1.1/30	10
	GE-1/1/1.2	20.1.1.1/30	20
R2	GE-1/1/1.1	10.1.1.2/30	10
	GE-1/1/1.2	20.1.1.2/30	20

图 3-2

实训任务三： 配置路由器物理接口及 IPv4 地址，如图 3-3 所示。

实训要求： 按要求配置路由器的物理接口及地址，实现直连物理接口互通。

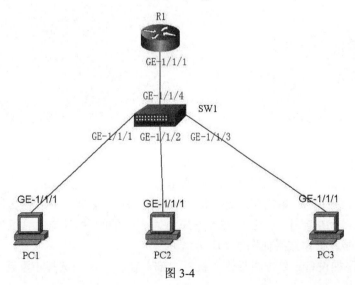

设备	接口	IP 地址
R1	GE-1/1/1	10.1.1.1/30
R2	GE-1/1/1	10.1.1.2/30

图 3-3

实训任务四： 单臂路由配置实训，如图 3-4 所示。

实训要求： PC1、PC2、PC3 间可相互 Ping 通。

图 3-4

设备	接口	IP地址	端口属性
R1	GE-1/1/1	-----------	以太LAN口
	GE-1/1/1.100	10.1.1.2/24	终结或封装vlan 100
	GE-1/1/1.200	10.2.1.2/24	终结或封装vlan 200
	GE-1/1/1.300	10.3.1.2/24	终结或封装vlan 300
SW1	GE-1/1/1	-----------	access 100
	GE-1/1/2	-----------	access 200
	GE-1/1/3	-----------	access 300
	GE-1/1/4	-----------	trunk 100 200 300
PC1	GE-1/1/1	10.1.1.2/24	----------------
PC2	GE-1/1/1	10.2.1.2/24	----------------
PC3	GE-1/1/1	10.3.1.2/24	----------------

图 3-4（续）

3.3 实训步骤

任务一：路由器 Loopback 逻辑接口及 IPv4 地址配置实训

步骤 1：新增实训建筑。打开 SIMNET 软件，鼠标单击右侧资源池建筑🏢图标，选择"体育场"图标，将其拖放到场景中，完成实训建筑的部署，操作结果如图 3-5 所示。

图 3-5

步骤 2：添加机房。在右侧资源池中选择"大型机房"，将其拖放到已安装的建筑物上，完成机房的部署，操作结果如图 3-6 所示。

步骤 3：安装机柜。单击建筑物上的"大型机房 1"图标，进入机房设备配置界面，在资源池中选择"19 英寸（1 英寸≈2.539 厘米）标准机框"将其拖放到机房的热点区域，完成机柜的安装，操作结果如图 3-7 所示。

步骤 4：添加设备。单击机柜进入机柜内部，在资源池中选择小型路由器"RT-S"，将其拖放到机柜的热点区域，完成 RT1 设备的布放，操作结果如图 3-8 所示。

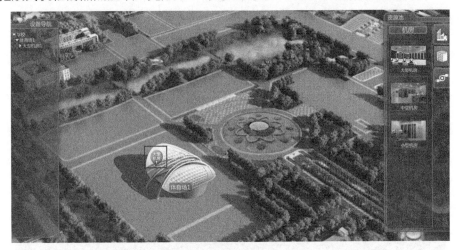

图 3-6

图 3-7

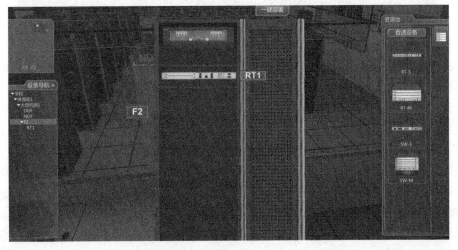

图 3-8

步骤 5：增加设备单板。单击 RT1 设备进入其内部结构，在资源池中选择单板 "RT-4xGE-RJ45"，将其拖放到 RT1 的单板槽位中，操作结果如图 3-9 所示。

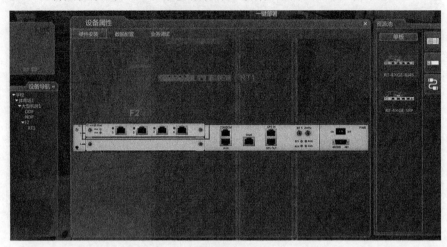

图 3-9

步骤 6：重复步骤 4、步骤 5 的操作，完成 RT2 设备和单板的布放，操作结果如图 3-10 所示。

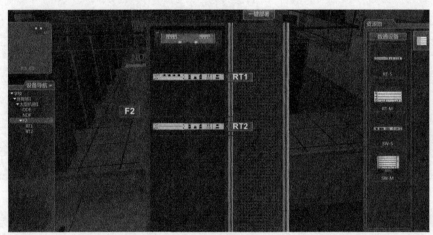

图 3-10

步骤 7：连接两台路由器。选择设备导航 RT1 页签，在线缆资源池中选择"单条以太网线"，单击对应的网口完成 RT1 侧网线的连接，操作结果如图 3-11 所示。

步骤 8：网线连接至另一台路由器的网口中。单击路由器 RT2 图标，将网线另一侧连接到设备的对应网口 GE-1/1/1 上，完成 RT1 与 RT2 设备的连接。操作完成后可在"设备导航"上方的设备结构图中查看配置结果，操作结果如图 3-12 所示。

步骤 9：完成路由器 RT1 的 Loopback 接口配置。在机房视图下，鼠标单击路由器 RT1，在主界面"设备属性"中选择"数据配置"，然后选择"接口配置" → "Loopback 接口配置"，单击操作界面的"+"，将接口 ID 数值设置为"1"，将 RT1 的 Loopback1 的 IP 地址设置为"1.1.1.1"，将子网掩码设置为"255.255.255.255"，完成输入后单击"确认"按钮，操作如图 3-13 所示。

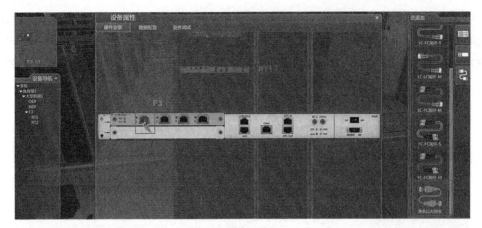

图 3-11

图 3-12

图 3-13

步骤 10：完成路由器 RT2 的 Loopback 接口配置。鼠标点击路由器 RT2，执行相同的操作切换到 Loopback 接口配置界面，单击操作界面的"+"，将接口 ID 数值设置为"1"，将 RT1 的 Loopback1 的 IP 地址设置为"2.2.2.2"，将子网掩码设置为"255.255.255.255"，完成输入后单击"确认"按钮，操作如图 3-14 所示。

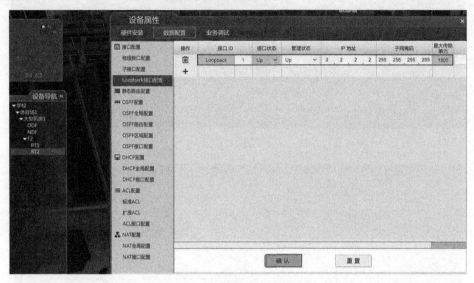

图 3-14

步骤 11：查看 RT1 路由表的信息。切换至 RT1 设备，进入业务调试模块，选择"状态查询"→"路由表"查看 RT1 路由表信息，操作结果如图 3-15 所示。

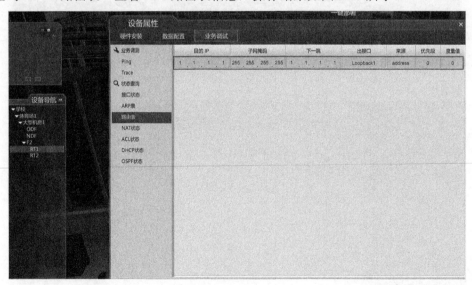

图 3-15

步骤 12：查看 RT2 路由表的信息。切换至 RT2 设备，进入业务调试模块，然后选择"状态查询"→"路由表"查看 RT2 路由表信息，操作结果如图 3-16 所示。

请思考：

路由器配置 Loopback 接口后，路由表中显示的来源为"address"表示什么？

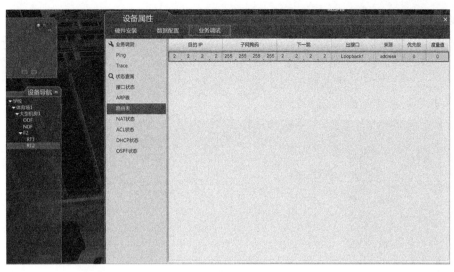

图 3-16

任务二：路由器子接口及 IPv4 地址配置实训

***说明：在任务一的基础上完成任务二的实训操作。

步骤 1：完成路由器 RT1 设备的子接口配置。在机房视图下，鼠标单击路由器 RT1，在主界面"设备属性"中选择"数据配置"，然后选择"接口配置"→"子接口配置"。配置 GE-1/1/1 的"接口 ID"为 1，封装 VLAN 为 10，IP 地址为"10.1.1.1"，掩码是 30 位，输入子网掩码为"255.255.255.252"。另外，配置 GE-1/1/1 的"接口 ID"为 2，封装 VLAN 为 20，IP 地址为"20.1.1.1"，掩码是 30 位，输入子网掩码为"255.255.255.252"（界面掩码内容显示不完整，可拖动横条查看），完成输入后单击"确认"按钮，配置结果如图 3-17 所示。

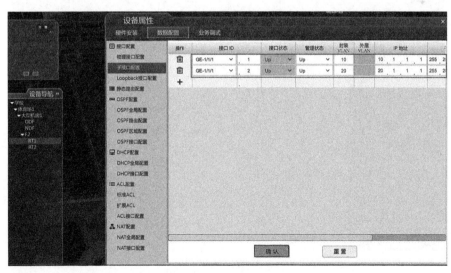

图 3-17

步骤 2：完成路由器 RT2 设备的子接口配置。在机房视图下，鼠标单击路由器 RT2，在主界面"设备属性"中选择"数据配置"，然后选择"接口配置"→"子接口配置"。

配置 GE-1/1/1 的"接口 ID"为"1"，封装 VLAN 为"10"，IP 地址为"10.1.1.2"，掩码是"30"位，输入子网掩码为"255.255.255.252"。另外，配置 GE-1/1/1 的"接口 ID"为"2"，封装 VLAN 为"20"，IP 地址为"20.1.1.2"，掩码是"30"位，输入子网掩码为"255.255.255.252"（界面掩码内容显示不完整，可拖动横条查看），完成输入后单击"确认"按钮，配置结果如图 3-18 所示。

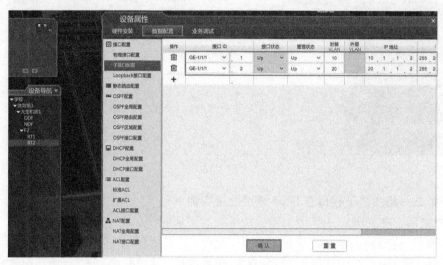

图 3-18

步骤 3：完成路由器间 Ping 验证操作。在设备属性中切换到"业务调试"模块，选择"业务调测"→"Ping"。在配置面板的"目的 IP"输入"10.1.1.1"，"源 IP"处输入20.1.1.2，单击"执行"按钮，操作结果如图 3-19 所示。

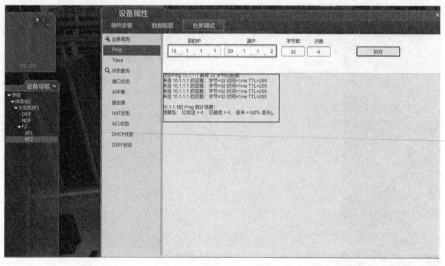

图 3-19

步骤 4：查看路由器 RT1、RT2 路由表信息。鼠标分别单击路由器 RT1 与 RT2，在设备属性下单击的"业务调试"，选择"状态查询→路由表"，查看 RT1、RT2 的路由信息，操作结果如图 3-20 和图 3-21 所示。

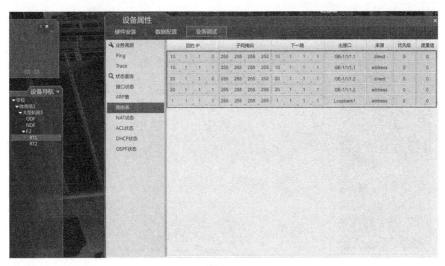

图 3-20

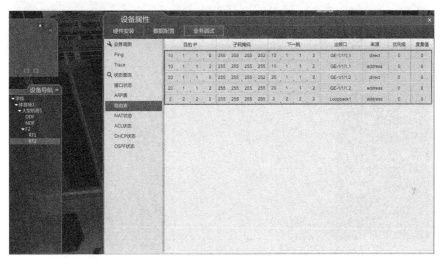

图 3-21

步骤5：查看路由器 RT1、RT2 的 ARP 表信息。鼠标分别单击路由器 RT1 与 RT2，在设备属性下单击的"业务调试"，选择"状态查询→ARP 表"，查看 RT1、RT2 的 ARP 表信息，操作结果如图 3-22 和图 3-23 所示。

请思考：

1. 路由器间配置子接口互联，路由器通过接口发送或接收的报文是否携带 VLAN 标签？

2. 路由器的 ARP 表项中的类型字段有静态和动态之分，它们有什么区别？

任务三：路由器物理接口及 IPv4 地址配置实训

***说明：在任务一的基础上完成任务三的实训操作。

步骤1：完成路由器 RT1 的物理接口配置。在机房视图下，鼠标单击路由器 RT1，在主界面"设备属性"中选择"数据配置"，然后选择"接口配置"→"物理接口配置"。配置接口 GE-1/1/1 的管理状态为 UP，IP 地址为"10.1.1.1"，掩码是 30 位，输入子网掩码为"255.255.255.252"，输入完成后单击"确认"按钮，配置结果如图 3-24 所示。

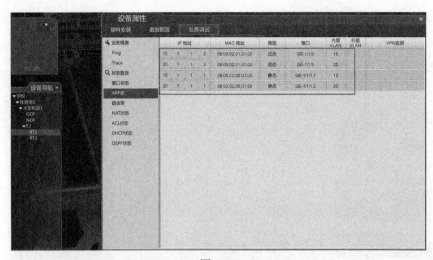

图 3-22

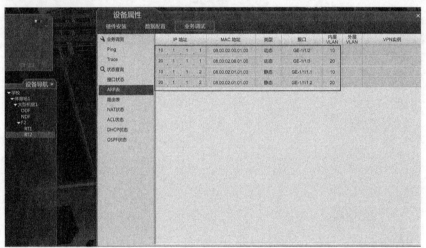

图 3-23

图 3-24

步骤 2：完成路由器 RT2 的物理接口配置。在机房视图下，鼠标单击路由器 RT2，在主界面"设备属性"中选择"数据配置"，然后选择"接口配置"→"物理接口配置"。配置接口 GE-1/1/1 的管理状态为 UP，IP 地址为"10.1.1.2"，掩码是 30 位，输入子网掩码为"255.255.255.252"，输入完成后单击"确认"按钮，配置结果如图 3-25 所示。

图 3-25

步骤 3：完成路由器间 Ping 操作。鼠标单击路由器 RT2，在设备属性中切换到"业务调试"，选择"业务调测"→"Ping"。在配置面板的"目的 IP"输入 10.1.1.1，源 IP 处输入"10.1.1.2"，单击"执行"按钮，操作结果如图 3-26 所示。

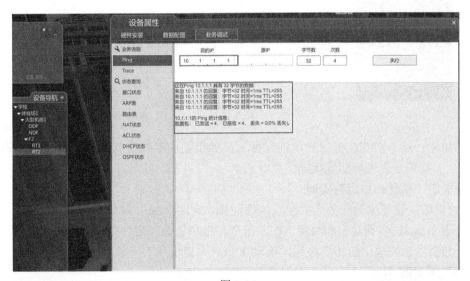

图 3-26

步骤 4：查看 RT1、RT2 路由表信息。鼠标分别单击路由器 RT1 与 RT2，在设备属性中切换到"业务调试"，选择"状态查询→路由表"，查看 RT1、RT2 的路由信息，操作结果如图 3-27 和图 3-28 所示。

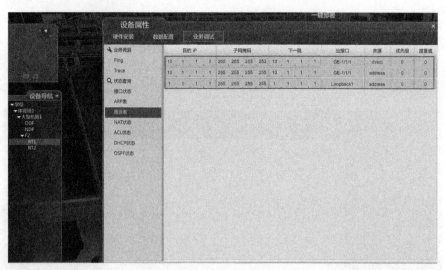

图 3-27

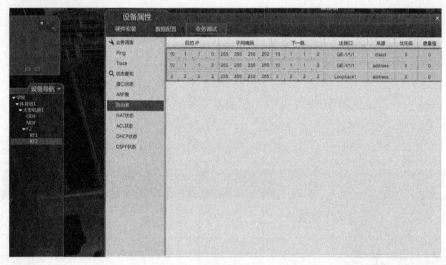

图 3-28

请思考：结合实训任务二和实训任务三，如果路由器先配置了子接口数据（VLAN及 IP），主接口是否还可配置数据？为什么？

任务四：单臂路由配置实训

***说明：接下来的任务实操配置步骤简化，详细步骤可参考任务一。

步骤 1：添加实训建筑和机房。在右侧资源池中选择"宿舍楼"，将其拖放到校园场景中；然后单击右边"机房"按钮，拖动 2 个"大型机房"安放到已有的建筑物中，操作结果如图 3-29 所示。

步骤 2：完成机房间的连线。在线缆资源池中选择"以太网线"，先后单击"大型机房 1"和"大型机房 2"，操作结果如图 3-30 所示。

步骤 3：完成"大型机房 1"中路由器和交换机设备的添加。设备导航中单击"大型机房 1"，在资源池中拖放机柜到机房热点区域。打开机柜，在右侧资源池中选择 RT-S

和 SW-M 拖放到机柜中，操作结果如图 3-31 所示。

图 3-29

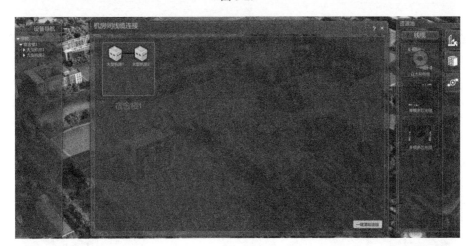

图 3-30

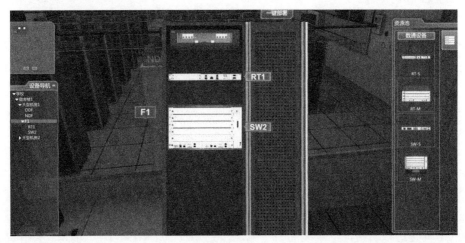

图 3-31

步骤4：完成路由器 RT1 的接口板添加。单击设备导航中路由器 RT1，在"单板"资源池中选择"RT-4xGE-RJ45"单板拖放到 RT1 的 1 槽位处，操作结果如图 3-32 所示。

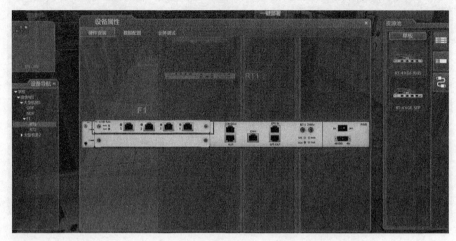

图 3-32

步骤5：完成交换机 SW2 的接口板添加。单击设备导航中路由器 SW2，在"单板"资源池中选择"SW-16xGE-RJ45"单板拖放到 SW2 的 1 槽位处；操作结果如图 3-33 所示。

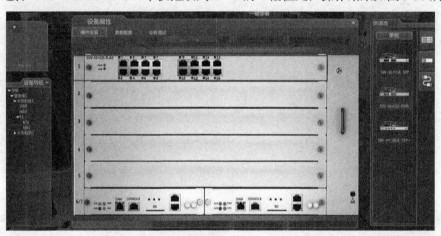

图 3-33

步骤6：在"大型机房1"中添加 PC 终端。鼠标左键单击机柜外空白位置，界面回切至"大型机房1"场景；在终端资源池中选择 PC 图标，单击并将其拖至办公桌，如图 3-34 所示（重复两次操作，完成添加两台 PC 的操作）。

步骤7：完成路由器 RT1 与交换机 SW2 线缆连接。单击设备导航栏中的 RT1 页签，在线缆资源池中选择"单条以太网线"一端连接 RT1 的"GE-1/1/1"端口；单击设备导航栏中的 SW2 页签进行切换，将网线的另一端连接到"GE-1/1/4"端口，操作结果如图 3-35 所示。

步骤8：完成 SW2 与 PC1 端的连接。单击设备导航栏中的 SW2 页签，在线缆资源池中选择"单条以太网线"，将其一端连接至 SW2 的"GE-1/1/1"端口；单击设备导航栏的 PC1 页签进行切换，将线缆的另一端连接到 PC1 的"GE-1/1/1"端口，操作结果如图 3-36 所示。

图 3-34

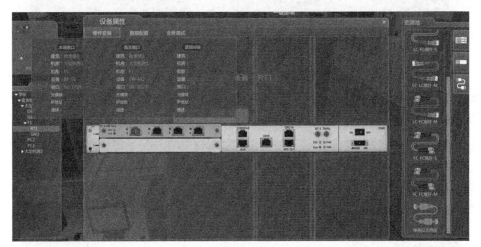

图 3-35

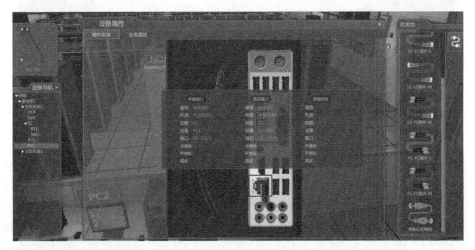

图 3-36

步骤 9：完成"大型机房 1-SW2"与"大型机房 1-PC2"端连接。单击设备导航栏中的 SW2 设备，在线缆资源池中选择"单条以太网线"，将其一端连接至"SW2-GE-1/1/2"端口；切换到 PC2 设备，将线缆另一端连接到"PC2-GE-1/1/1"端口，操作结果如图 3-37所示。

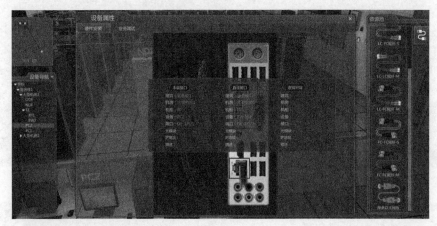

图 3-37

步骤 10：完成"大型机房 1"内的"SW2 与 NDF"连接。单击"大型机房 1-SW2"设备，选择"单条以太网线"，将其一端连接至"大型机房-SW2-1/1/3"端口，另一端连接至"大型机房 1-NDF-1/1"端口；操作结果如图 3-38 所示。

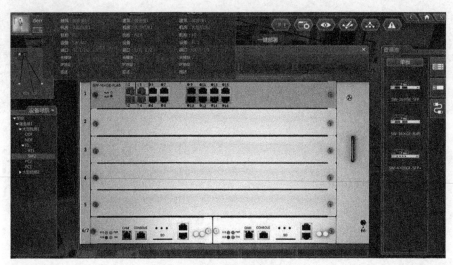

图 3-38

步骤 11：完成"大型机房 2-PC1"设备添加。单击设备导航栏的"大型机房 2"机房，在终端资源池中选择 PC 图标并将其拖放到热点区域，操作结果如图 3-39 所示。

步骤 12：完成"大型机房 2"PC1 与 NDF 的连接，实现跨机房"大型机房 1-SW2"与"大型机房 2-PC1"的连接。单击设备导航栏中的 SW2 设备，在线缆资源池中选择"单条以太网线"，将其一端连接至"大型机房 2-NDF-1/1"端口；线缆另一端连接到"大型机房 2-PC1-GE-1/1/1"端口，操作结果如图 3-40 所示。

图 3-39

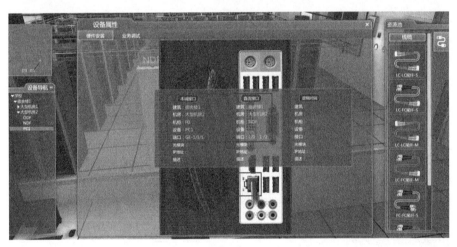

图 3-40

步骤 13：完成"大型机房 1-RT1"数据配置。设备导航中切换到 RT1 设备，选择配置节点中的"接口配置→子接口配置"。配置 GE-1/1/1 的"接口 ID"为"1"，封装 VLAN 为"100"，IP 地址为"10.1.1.1"，掩码为"24"位，输入"255.255.255.0"；配置 GE-1/1/1 的"接口 ID"为"2"，封装 VLAN 为"200"，IP 地址为"10.2.1.1"，掩码为 24 位，输入"255.255.255.0"；配置 GE-1/1/1 的"接口 ID"为"3"，封装 VLAN 为"300"，IP 地址为"10.3.1.1"，子网掩码为"24"位，输入"255.255.255.0"；输入完成后单击"确认"按钮，配置结果如图 3-41 所示。

步骤 14：完成"大型机房 1-SW2"的物理接口配置。在机房视图下，切换到相应界面，在主界面"设备属性"中选择"数据配置"，然后选择"接口配置"→"物理接口配置"。配置接口 GE-1/1/1 的 PVID，输入数值"100"；在 GE-1/1/2 的 PVID 处输入"200"；在 GE-1/1/3 的 PVID 处输入"300"，其他保持默认配置。

配置接口 GE-1/1/4 的 VLAN 模式为 Trunk、PVID 为"1"、Tagged 处的数值为"100,200,300"，完成输入后单击"确认"按钮，配置结果如图 3-42 所示。

图 3-41

图 3-42

步骤 15：配置"大型机房 1-PC1"的 IP 地址。鼠标选中"设备导航"中的 PC1 图标，选择"业务调试"，在弹出的配置界面中单击"地址配置"进行 IP 地址配置。在 IP 地址处输入"10.1.1.2"，在子网掩码处输入"255.255.255.0"，默认网关为"10.1.1.1"，完成输入后单击"确定"按钮，配置结果如图 3-43 所示。

步骤 16：完成"大型机房 1-PC1"接口 Ping 测试。在 PC1 业务调试界面选择"Ping"工具，在弹出的界面中输入"目的地址"为"10.1.1.1"，然后单击"执行"按钮，完成 Ping 网关的业务验证，操作结果如图 3-44 所示。

步骤 17：配置"大型机房 1-PC2"的 IP 地址。鼠标选中"设备导航"中的 PC2 图标，选择"业务调试"，在弹出的配置界面中单击"地址配置"进行 IP 地址配置。在 IP 地址处输入"10.2.1.2"，在子网掩码处输入"255.255.255.0"，默认网关为"10.2.1.1"，完成输入后单击"确定"按钮，配置结果如图 3-45 所示。

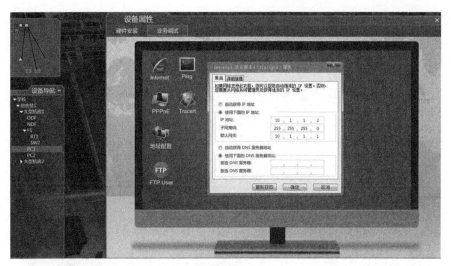

图 3-43

图 3-44

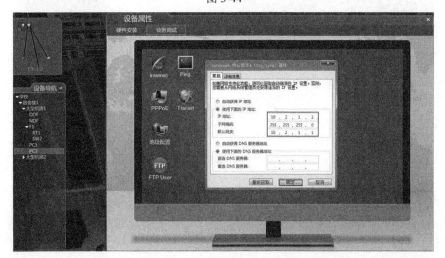

图 3-45

步骤 18：单臂路由器实现不同网段终端通信验证。在 PC2 业务调试界面选择"Ping"工具，弹出的界面中输入"目的地址"为 10.2.1.1，然后单击"执行"按钮，完成"大型机房 1" PC1 和 PC2 的单臂路由业务验证，操作结果如图 3-46 所示。

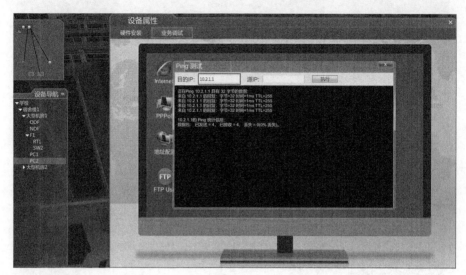

图 3-46

步骤 19：配置"大型机房 2-PC1"的 IP 地址。鼠标选中"设备导航"中的 PC1 图标，选择"业务调试"，在弹出的配置界面中单击"地址配置"进行 IP 地址配置。输入 IP 地址"10.3.1.2"、子网掩码"255.255.255.0"，默认网关为"10.3.1.1"，完成输入后单击"确定"按钮，配置结果如图 3-47 所示。

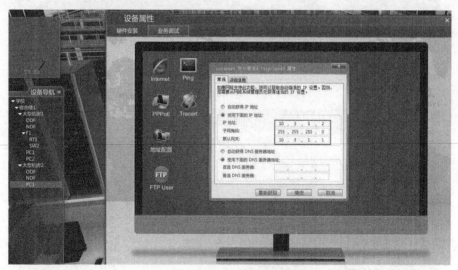

图 3-47

步骤 20：完成"大型机房 2-PC1"和"大型机房 1-PC1" Ping 业务验证。在 PC1 业务调试界面选择"Ping"工具，在弹出的界面的"目的地址"输入 10.1.1.2，然后单击"执行"按钮，完成"大型机房 2-PC1"和"大型机房 1-PC1" Ping 业务验证，操作结果如图 3-48 所示。

图 3-48

步骤 21：查看 RT1 路由表信息。Ping 测试完毕后切换设备导航栏至 RT1 设备，在设备属性中单击"业务调试"，选择路由表，查看 RT1 路由表信息，操作结果如图 3-49 所示。

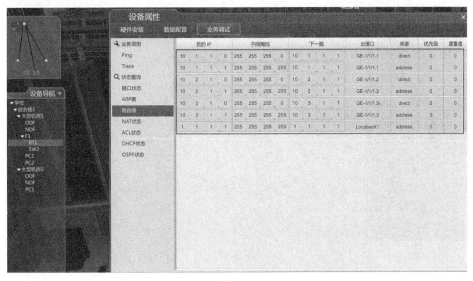

图 3-49

步骤 22：查看 RT1 的 APR 表信息。单击设备 RT1，单击"业务调试"选择 ARP 表查看对应 ARP 表信息，操作结果如图 3-50 所示。

步骤 23：查看 SW2 的 MAC 地址表信息。切换设备导航至 SW2 设备，在设备属性中单击"业务调试"，选择"Mac 地址表"查看 SW2 的 Mac 地址表信息，操作结果如图 3-51 所示。

请思考：单臂路由和 VLAN 间路由都可实现不同 VLAN 间的互相通信，它们的原理是否一致？

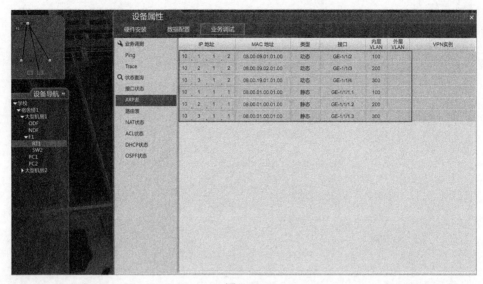

图 3-50

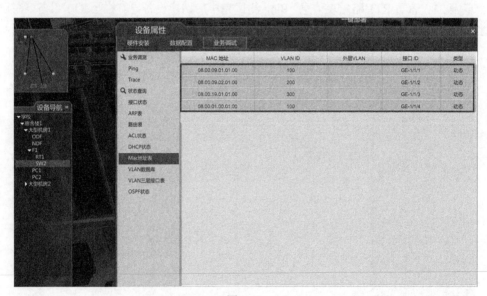

图 3-51

3.4 思考与总结

3.4.1 课后思考

1. 任务一中的路由器的 Loopback 接口有什么特点？
2. 任务二中为什么两台路由器能够 Ping 通？

3.4.2 实训总结

当路由器以太网接口下配置多个逻辑接口时，每个子接口终结对应的 VLAN。将路由器的以太网口连接至二层交换机 Trunk 口或 Hybrid 口时（端口透传多个 VLAN），可实现连接于二层交换机下属于不同 VLAN 之间的终端间的相互通信。

实训单元 4

路由基础

4.1 实训说明

4.1.1 实训目的

1. 掌握路由的单向特性。
2. 掌握静态路由配置方法。
3. 掌握默认路由配置方法。
4. 掌握静态浮动路由、负载均衡原理及配置方法。

4.1.2 实训任务

任务一：静态路由配置实训。
任务二：默认路由配置实训。
任务三：局域网静态路由组网配置实训。
任务四：静态浮动路由及链路负载配置实训。

4.1.3 实训时长

4 课时。

4.2 数据规划与配置

实训任务一： 静态路由实训拓扑及数据规划如图 4-1 所示。

实训要求： 路由器中配置静态路由实现 PC-1 Ping 通 PC-2。

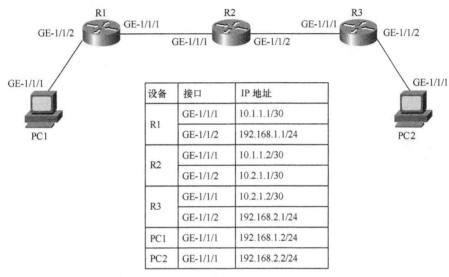

设备	接口	IP 地址
R1	GE-1/1/1	10.1.1.1/30
	GE-1/1/2	192.168.1.1/24
R2	GE-1/1/1	10.1.1.2/30
	GE-1/1/2	10.2.1.1/30
R3	GE-1/1/1	10.2.1.2/30
	GE-1/1/2	192.168.2.1/24
PC1	GE-1/1/1	192.168.1.2/24
PC2	GE-1/1/1	192.168.2.2/24

图 4-1

实训任务二： 默认路由实训拓扑及数据规划如图 4-2 所示。

实训要求： 路由器中 R1、R3 配置默认静态路由实现 PC1 可 Ping 通 PC2。

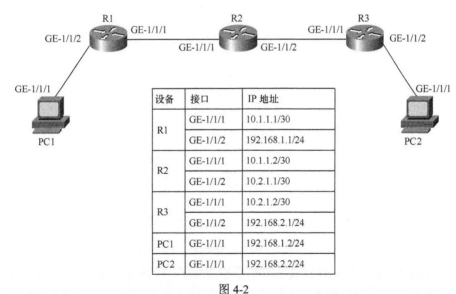

设备	接口	IP 地址
R1	GE-1/1/1	10.1.1.1/30
	GE-1/1/2	192.168.1.1/24
R2	GE-1/1/1	10.1.1.2/30
	GE-1/1/2	10.2.1.1/30
R3	GE-1/1/1	10.2.1.2/30
	GE-1/1/2	192.168.2.1/24
PC1	GE-1/1/1	192.168.1.2/24
PC2	GE-1/1/1	192.168.2.2/24

图 4-2

实训任务三： 局域网静态路由组网实训拓扑及数据规划如图 4-3 所示。

实训要求：路由器 R1 和交换机配置默认静态路由实现 PC-1 Ping 通 PC3、PC4。

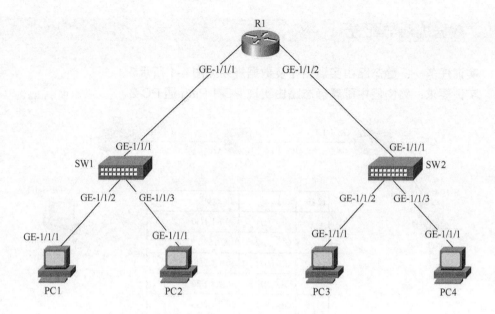

设备	接口	IP 地址	端口属性
R1	GE-1/1/1	10.1.1.1/30	三层接口
	GE-1/1/2	10.2.1.1/30	三层接口
SW1	GE-1/1/1	- - - - - - -	Access 10
	GE-1/1/2	- - - - - - -	Access 20
	GE-1/1/3	- - - - - - -	Access 20
	vlanif 10	10.1.1.2/30	逻辑接口
	vlanif 20	192.168.1.1/24	逻辑接口
SW2	GE-1/1/1	- - - - - - -	Access 30
	GE-1/1/2	- - - - - - -	Access 40
	GE-1/1/3	- - - - - - -	Access 40
	vlanif 30	10.2.1.2/30	逻辑接口
	vlanif 40	192.168.2.1/24	逻辑接口
PC1	GE-1/1/1	192.168.1.2/24	- - - - -
PC2	GE-1/1/1	192.168.1.3/24	- - - - -
PC3	GE-1/1/1	192.168.2.2/24	- - - - -
PC4	GE-1/1/1	192.168.2.3/24	- - - - -

图 4-3

实训任务四：静态浮动路由及链路负载实训如图 4-4 所示。

实训要求：① 当 R1 配置两条静态路由，目的地址为 192.168.2.0 时或路由的优先级不一致时，R1 中只有一条静态路由，PC1 与 PC2 可正常通信。

② 当优先级高的路由失效（链路中断，手工 shutdown 端口）时，次优路由生效，PC1 与 PC2 可正常通信（同时满足条件①）。

③ 当 R1 启用"静态路由负载均衡"后，配置两条静态路由，目的地址为 192.168.2.0 时、路由的优先级相同时，R1 存在两条等值的静路由，从 PC1 可 Ping 通 PC2，且两条链路均为转发报文。

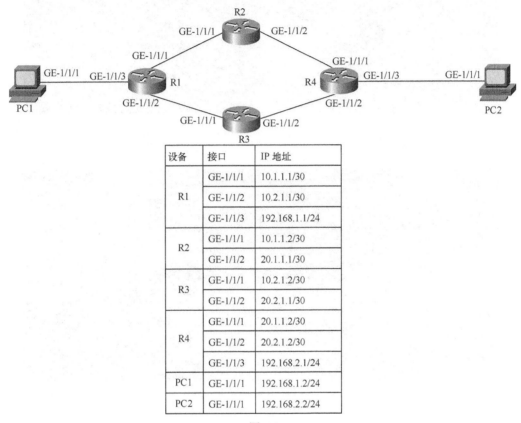

设备	接口	IP 地址
R1	GE-1/1/1	10.1.1.1/30
	GE-1/1/2	10.2.1.1/30
	GE-1/1/3	192.168.1.1/24
R2	GE-1/1/1	10.1.1.2/30
	GE-1/1/2	20.1.1.1/30
R3	GE-1/1/1	10.2.1.2/30
	GE-1/1/2	20.2.1.1/30
R4	GE-1/1/1	20.1.1.2/30
	GE-1/1/2	20.2.1.2/30
	GE-1/1/3	192.168.2.1/24
PC1	GE-1/1/1	192.168.1.2/24
PC2	GE-1/1/1	192.168.2.2/24

图 4-4

4.3　实训步骤

任务一：静态路由配置实训

步骤 1：新增实训建筑。打开 SIMNET 仿真软件，鼠标单击右侧资源池建筑 图标，选择"体育场"图标，将其拖放到校园场景中，完成实训建筑的部署，操作结果如图 4-5 所示。

步骤 2：添加机房。鼠标单击资源池中的机房 图标，单击"大型机房"图标，将其拖入左侧已添加的实训建筑"体育场"中，完成机房部署，操作结果如图 4-6 所示。

图 4-5

图 4-6

步骤 3：安装机柜。鼠标单击实训建筑中对应的大型机房图标，进入机房站点场景。然后鼠标单击右侧资源池中的机柜 ▯ 按钮，拖动鼠标将机柜安装到指定的位置（拖动机柜时机房地板会自动呈现可安装位置）放开鼠标即可，操作如图 4-7 所示。

步骤 4：添加路由器。单击已安装机柜，机柜门自动打开，资源池中自动弹出可选择网络设备。选中中型路由器 RT-M 拖入机柜中，路由器拖入机柜后将自动呈现可安装设备的插槽，如图 4-8 所示。

步骤 5：添加板卡。单击机柜中的网络设备安装单板，选择右边资源池中的单板▤按钮，可供安装的单板有 RT-8xGE-SFP、RT-8xGE-RJ45、RT-4x10GE-SFP+，拖动单板安放到已有的网络设备中。本例中，三台路由器各增加一块电接口板，操作如图 4-9 所示。

步骤 6：重复步骤 4 和步骤 5 的操作，一共添加三台路由器并增加相应单板，操作完成后的结果如图 4-10 所示。

图 4-7

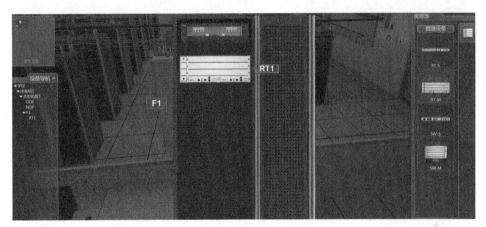

图 4-8

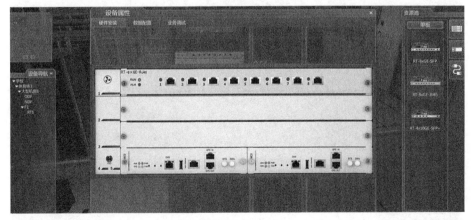

图 4-9

步骤 7：添加 PC 终端。单击鼠标左键机柜外空白位置，界面回切至"大型机房"场景。鼠标单击"资源池"终端图标，然后选中 PC 图标，单击 PC 图标拖入至办公桌。操作过程及结果如图 4-11 所示（重复两次操作，完成添加两台 PC 的操作）。

步骤 8：连接两台路由器。单击鼠标左键"设备导航"栏中 RT1，单击线缆　按钮，如图 4-12 所示，连接设备的线缆分别有 LC-LC 尾纤-S、LC-FC 尾纤-S、LC-LC 尾纤-M、LC-FC 尾纤-M、FC-FC 尾纤-S、FC-FC 尾纤-M、以太网线。根据端口类型选择相应的线缆（本次实训使用的是网口，因此选择以太网线），然后单击对应的网口 GE-1/1/1，完成网线一侧的连接。

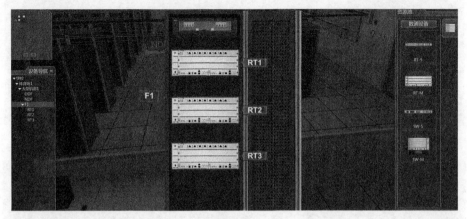

图 4-10

图 4-11

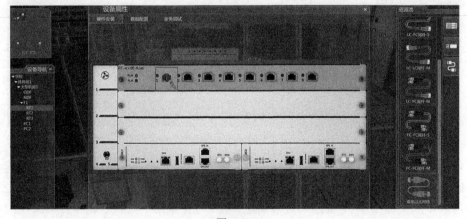

图 4-12

步骤 9：以太网线连接至另一台路由器的网口中。单击鼠标左键"设备导航"栏中 RT2，然后单击对应网口 GE-1/1/1，完成两台路由器之间的线缆连接，操作结果如图 4-13 所示。

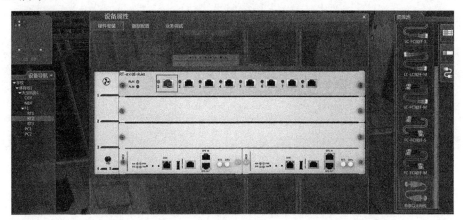

图 4-13

步骤 10：完成 PC1 与 RT1 间连接。单击线缆 🔁 按钮，在资源池中选择"以太网线"。鼠标单击对应的网口 GE-1/1/2，完成 RT1 侧的网线连接，如图 4-14 所示。在"设备导航"单击 PC1 页签进行切换，将网线的另外一侧连接到对应网口 GE-1/1/1，如图 4-15所示。

步骤 11：重复操作步骤 9 和步骤 10，完成 RT2 与 RT3、终端 PC2 与 RT3 的网线连接。完成设备间的连线后，单击"设备导航"上的自动拓扑图标，完成的自动拓扑如图 4-16 所示。

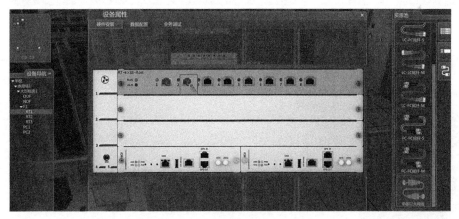

图 4-14

步骤 12：配置路由器 RT1 端口的 IP 地址。在机房视图下，鼠标单击路由器 RT1，在主界面"设备属性"中选择"数据配置"，然后选择"接口配置"→"物理接口配置"。配置 GE-1/1/1 的 IP 地址为"10.1.1.1"，子网掩码为"255.255.255.252"。配置 GE-1/1/2的 IP 地址为"192.168.1.1"，子网掩码为"255.255.255.0"，完成输入后单击"确认"按钮，配置结果如图 4-17 所示。

图 4-15

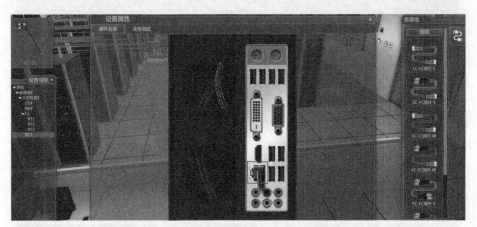

图 4-16

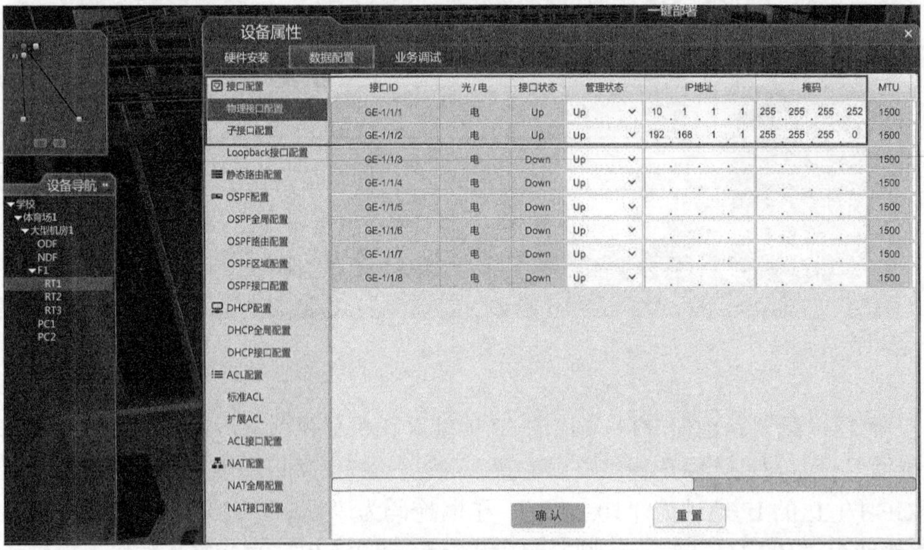

接口ID	光/电	接口状态	管理状态	IP地址	掩码	MTU
GE-1/1/1	电	Up	Up	10 1 1 1	255 255 255 252	1500
GE-1/1/2	电	Up	Up	192 168 1 1	255 255 255 0	1500
GE-1/1/3	电	Down	Up	. . .	. . .	1500
GE-1/1/4	电	Down	Up	. . .	. . .	1500
GE-1/1/5	电	Down	Up	. . .	. . .	1500
GE-1/1/6	电	Down	Up	. . .	. . .	1500
GE-1/1/7	电	Down	Up	. . .	. . .	1500
GE-1/1/8	电	Down	Up	. . .	. . .	1500

图 4-17

步骤 13：配置路由器 RT2 端口的 IP 地址。在机房视图下，鼠标单击路由器 RT2，在主界面"设备属性"中选择"数据配置"，然后选择"接口配置"→"物理接口配置"。配置 GE-1/1/1 的 IP 地址为"10.1.1.2"，子网掩码为"255.255.255.252"。配置 GE-1/1/2 的 IP 地址为"10.2.1.1"，子网掩码为"255.255.255.252"，完成输入后单击"确认"按钮，配置结果如图 4-18 所示。

图 4-18

步骤 14：配置路由器 RT3 端口的 IP 地址。在机房视图下，鼠标单击路由器 RT3，在主界面"设备属性"中选择"数据配置"，然后选择"接口配置"→"物理接口配置"。配置 GE-1/1/1 的 IP 地址为"10.2.1.2"，子网掩码为"255.255.255.252"。配置 GE-1/1/2 的 IP 地址为"192.168.2.1"，子网掩码为"255.255.255.0"，完成输入后单击"确认"按钮，配置结果如图 4-19 所示。

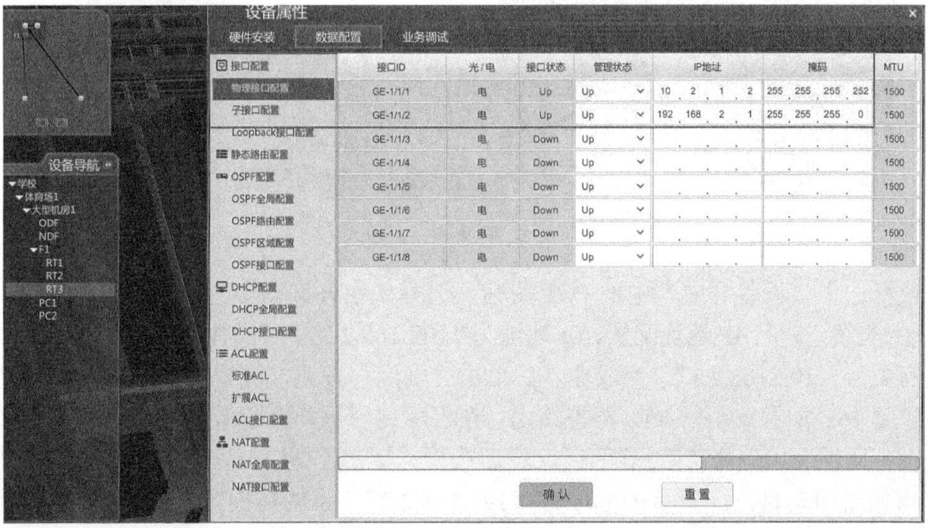

图 4-19

步骤 15：配置 PC 终端的 IP 地址。鼠标选中"设备导航"中的 PC1 图标，选择"业务调试"，在弹出的配置界面中单击"地址配置"进行 IP 地址配置。输入 IP 地址为"192.168.1.2"、子网掩码为"255.255.255.0"、默认网关为"192.168.1.1"。完成输入后单击"确定"按钮，配置结果如图 4-20、图 4-21 所示。

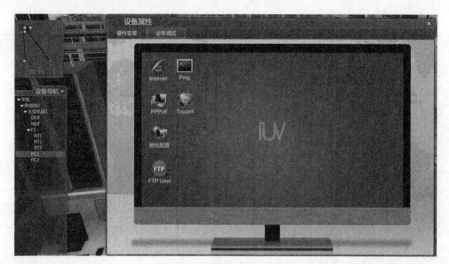

图 4-20

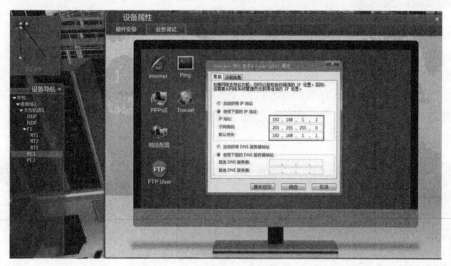

图 4-21

鼠标选中"设备导航"中的 PC2 图标，选择"业务调试"，在弹出的配置界面中单击"地址配置"进行 IP 地址配置，IP 地址为"192.168.2.2"，子网掩码为"255.255.255.0"，默认网关为"192.168.2.1"。完成输入后单击"确定"按钮，配置结果如图 4-22 所示。

步骤 16：配置路由器 RT1 静态路由。在机房视图下，鼠标单击路由器 RT1，在主界面"设备属性"中选择"数据配置"，然后选择"接口配置"→"静态路由配置"。单击"+"增加路由条目，配置目的地址为"192.168.2.2"，子网掩码为"255.255.255.255"，下一跳为"10.1.1.2"。完成输入后单击"确认"按钮，配置结果如图 4-23 所示。

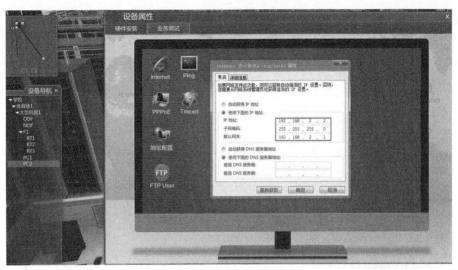

图 4-22

图 4-23

步骤 17：配置路由器 RT2 静态路由。在机房视图下，鼠标单击路由器 RT2，在主界面"设备属性"中选择"数据配置"，然后选择"接口配置"→"静态路由配置"。单击"+"增加第一条路由，配置目的地址为"192.168.2.2"，子网掩码为"255.255.255.255"，下一跳为"10.2.1.2"。

再次单击"+"增加另外一条路由，配置目的地址为"192.168.1.2"，子网掩码为"255.255.255.255"，下一跳为"10.1.1.1"。完成输入后单击"确认"按钮，配置结果如图 4-24 所示。

步骤 18：配置路由器 RT3 静态路由。在机房视图下，鼠标单击路由器 RT3，在主界面"设备属性"中选择"数据配置"，然后选择"接口配置"→"静态路由配置"。单击"+"增加路由条目，配置目的地址为"192.168.1.2"，子网掩码为"255.255.255.255"，下一跳为"10.2.1.1"。完成输入后单击"确认"按钮，配置结果如图 4-25 所示。

图 4-24

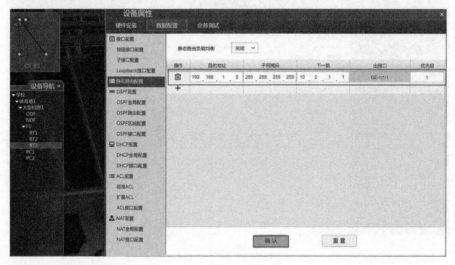

图 4-25

步骤 19：进行业务验证。鼠标选中设备导航中 PC1 图标，选择"业务调试"，在弹出的配置界面中单击"Ping"图标，如图 4-26 所示。然后在"目的 IP"处输入 PC2 的 IP 地址"192.168.2.2"。完成后单击"执行"按钮，验证结果如图 4-27 所示。

路由表用于指导路由器进行三层 IP 报文转发。如果路由器没有配置动态路由及静态路由，路由表中只有链路层发现的直连路由。链路层发现的直连路由在**默认情况下**只存在两台设备间，不能跨设备传播及指导其他网段报文转发。

为了实现多跳设备（路由器）间网络的互通。实现方式之一，在路由器（网关）中配置静态路由，人为在路由器中指定特定"目的地址"及"子网掩码"对应报文的出接口和下一跳。这时，需要手工配置网络中的每台路由器，网络中间的路由器还需要配置两个方向的静态路由（通信的源端和目的端两个方向）。

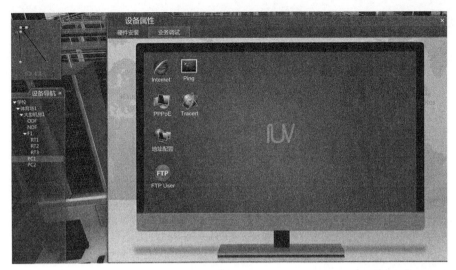

图 4-26

图 4-27

任务二：默认路由配置实训

步骤 1：完成网络设备部署及设备间互连。本实训任务二和任务一的网络拓扑相同，设备部署以及设备间互连的操作步骤请参考本实训任务一的步骤 1～15。

步骤 2：配置路由器 RT1 的静态路由。在机房视图下，鼠标单击路由器 RT1，在主界面"设备属性"中选择"数据配置"，然后选择"接口配置"→"静态路由配置"。单击"+"增加路由条目，配置目的地址为"0.0.0.0"，子网掩码为"0.0.0.0"，下一跳为"10.1.1.2"。完成输入后单击"确认"按钮，配置结果如图 4-28 所示。

步骤 3：配置路由器 RT2 的静态路由。在机房视图下，鼠标单击路由器 RT2，在主界面"设备属性"中选择"数据配置"，然后选择"接口配置"→"静态路由配置"。单击"+"增加路由条目，配置目的地址为"192.168.2.2"，子网掩码为"255.255.255.255"，下一跳为"10.2.1.2"。

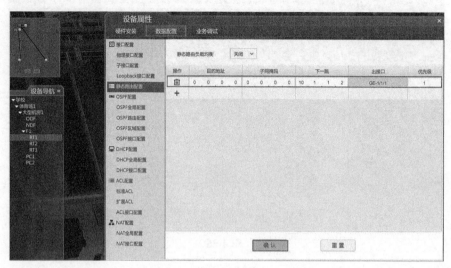

图 4-28

再次单击"+"增加另外一条路由，配置目的地址为"192.168.1.2"，子网掩码为"255.255.255.255"，下一跳为"10.1.1.1"。完成输入后单击"确认"按钮，配置结果如图 4-29 所示。

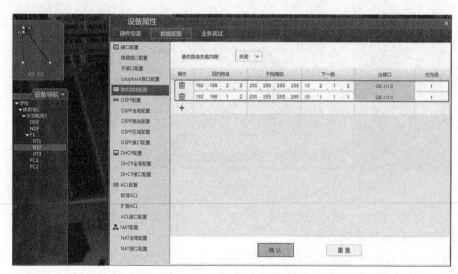

图 4-29

步骤 4：配置路由器 RT3 的默认路由。在机房视图下，鼠标单击路由器 RT3，在主界面"设备属性"中选择"数据配置"，然后选择"接口配置"→"静态路由配置"。单击"+"增加路由条目，配置目的地址为"0.0.0.0"，子网掩码为"0.0.0.0"，下一跳为"10.2.1.1"。完成输入后单击"确认"按钮，配置结果如图 4-30 所示。

步骤 5：进行业务验证。鼠标选中设备导航中 PC1 图标，选择"业务调试"，在弹出的配置界面中单击"Ping"图标。然后在"目的 IP"处输入 PC2 的 IP 地址"192.168.2.2"。

完成后单击"执行"按钮，验证结果如图 4-31 所示。

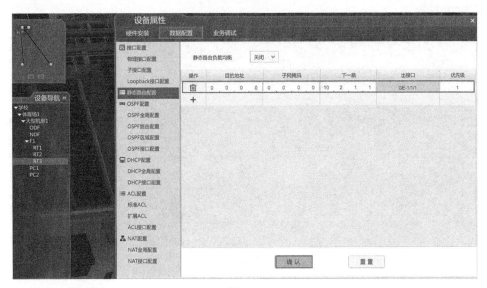

图 4-30

图 4-31

默认路由一种特殊的静态路由，它的"目的地址"及"子网掩码"为全 0，表示为"0.0.0.0"。默认路由又称之为缺省路由，它可以匹配任意网段的目的地址。

一般在网络的出口边界路由器（网关）中配置默认路由。

请思考：对于本实训任务中的路由器 R2（RT2）配置一条下一跳指向 R1（RT1）互连接口地址为"10.1.1.1"的默认路由后，如果 R1 与 PC 的互连链路中断，此时 PC2 有大量的报文发往 PC1 会出现什么网络问题？

任务三：局域网静态路由组网配置实训

步骤 1：新增实训建筑。打开 SIMNET 仿真软件，鼠标单击右侧资源池建筑 图标，选择"体育场"图标，将其拖放到校园场景中，完成实训建筑的部署，操作结果如图 4-32 所示。

图 4-32

步骤 2：添加机房。鼠标单击资源池中的机房 图标，单击"大型机房"图标，将其拖入左侧已添加的实训建筑"体育场"中，完成机房部署，操作结果如图 4-33 所示（本实训任务中实训建筑内需要添加两个大型机房）。

图 4-33

步骤 3：连接机房。可采用不同的线缆实现机房间的连接，可供选择的线缆有以太网电缆、单模多芯光缆、多模多芯光缆 3 种。单击右侧线缆 图标，选择以太网线将大型机房 1 与大型机房 2 连接起来，操作结果如图 4-34 所示。

步骤 4：安装机柜。鼠标单击实训建筑中对应的大型机房图标，进入机房站点场景。然后鼠标单击右侧资源池中的机柜 按钮，拖动鼠标将机柜安装到指定的位置（拖动机柜时机房地板会自动呈现可安装位置）放开鼠标即可，操作如图 4-35 所示。

步骤 5：添加交换机。单击已安装机柜，机柜门自动打开，资源池中自动弹出可选择网络设备。选择中型交换机 SW-M 拖入机柜中，交换机拖入机柜后将自动呈现可安装设备的插槽，如图 4-36 所示。

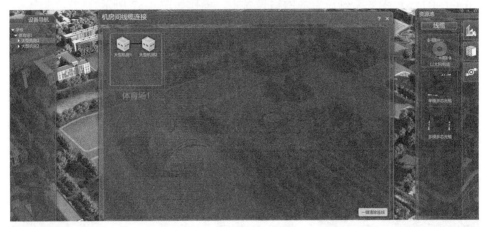

图 4-34

图 4-35

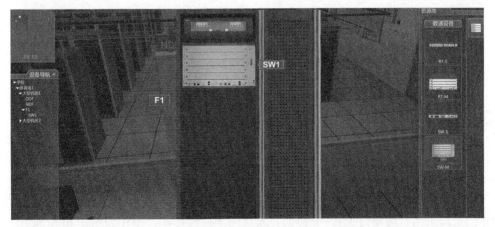

图 4-36

步骤 6：添加板卡。单击机柜中的网络设备安装单板，选择右边资源池中的单板 按钮，可供安装的单板有 SW-16xGE-SFP、SW-16xGE-RJ45、SW-4x10GE-SFP+，拖动 SW-16xGE-RJ45 单板安装到已有的网络设备中，操作如图 4-37 所示。

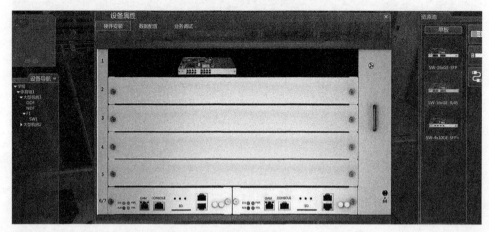

图 4-37

步骤 7：添加 PC 终端。单击鼠标左键机柜外空白位置，界面回切至"大型机房"场景。鼠标单击"资源池"终端图标，然后单击 PC 图标拖入至办公桌。如图 4-38 所示（重复两次操作，完成添加两台 PC 的操作）。

图 4-38

步骤 8：完成 SW1 与 NDF 间连接。鼠标左键单击"设备导航"栏中 SW1，单击线缆按钮，如图 4-39 所示，连接设备的线缆分别有 LC-LC 尾纤-S、LC-FC 尾纤-S、LC-LC 尾纤-M、LC-FC 尾纤-M、FC-FC 尾纤-S、FC-FC 尾纤-M、以太网线。根据端口类型选择相应的线缆（本次实训使用的是网口，因此选择以太网线），然后单击对应的网口 GE-1/1/1，完成交换机侧网线连接。

步骤 9：以太网线另一端连接至 NDF 的网口中。鼠标左键单击"设备导航"栏中 NDF，然后单击对应网口 1-1，完成两设备之间的网线连接。操作如图 4-40 所示。

步骤 10：完成 SW1 与 PC1 间连接。单击线缆按钮，在资源池中选择"以太网线"，鼠标单击对应的以太网口 GE-1/1/2，完成交换机侧的网线连接，如图 4-41 所示。然后切换到 PC1 终端界面，将网线的另外一端连接到对应的网口 GE-1/1/1 上，如图 4-42 所示。

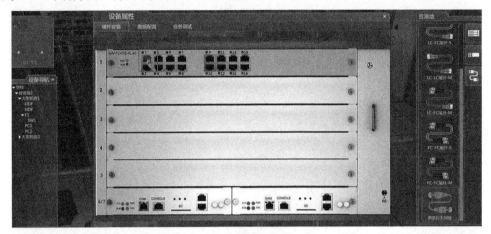

图 4-39

图 4-40

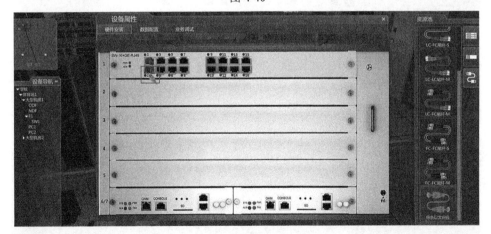

图 4-41

　　步骤 11：完成 SW1 与 PC2 间连接。单击线缆 按钮，在资源池中选择"以太网线"，鼠标单击对应的以太网口 GE-1/1/3，完成交换机侧的网线连接，如图 4-43 所示。然后切换到 PC1 终端界面，将网线的另外一侧连接到对应的网口 GE-1/1/1 上，如图 4-44 所示。完成两设备的连接后大型机房 1 的拓扑图，如图 4-45 所示。

图 4-42

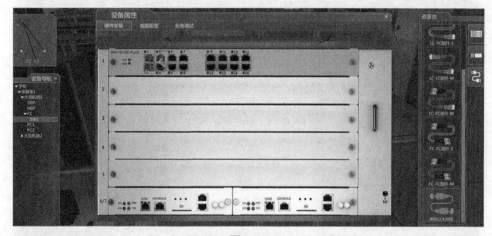

图 4-43

图 4-44

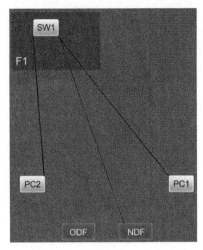

图 4-45

步骤 12：参考步骤 4～步骤 6，完成大型机房 2 中机柜、两台 PC、RT1 和 SW2 设备的安装，包括 RT1 和 SW2 的板卡安装，完成后的设备如图 4-46 所示。

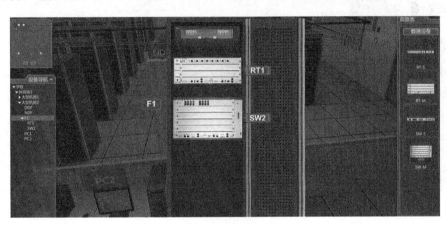

图 4-46

步骤 13：参考步骤 7～步骤 11 完成大型机房 2 中设备两两之间的线缆连接。完成后大型机房 2 的拓扑图如图 4-47 所示。

步骤 14：完成大型机房 1 中 SW1 的物理接口配置。在机房视图下，鼠标单击交换机 SW1，在主界面"设备属性"中选择"数据配置"，然后选择"接口配置"→"物理接口配置"。配置接口 GE-1/1/1 的 PVID，输入数值"10"；接口 GE-1/1/2 和 GE-1/1/3 的 PVID 都为"20"后，完成输入再单击"确认"按钮，配置结果如图 4-48 所示。

步骤 15：完成大型机房 1 中 SW1 的 VLAN 三层接口配置。鼠标单击交换机 SW1，在主界面"设备属性"中选择"数据配置"，然后选择"接口配置"→"VLAN 三层接口配置"。单击"+"增加配置，接口 ID 数值为"10"，IP 地址为"10.1.1.2"，子网掩码为"255.255.255.252"。

再次单击"+"号，接口 ID 数值为"20"，IP 地址为"192.168.1.1"，子网掩码为"255.255.255.0"。完成输入后单击"确认"按钮，操作如图 4-49 所示。

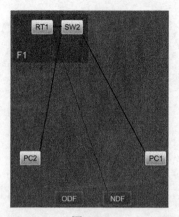

图 4-47

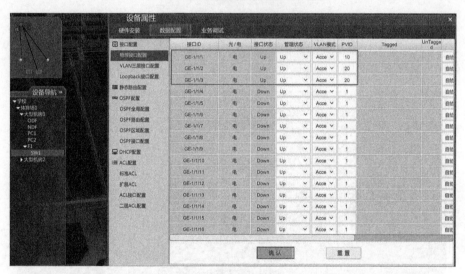

图 4-48

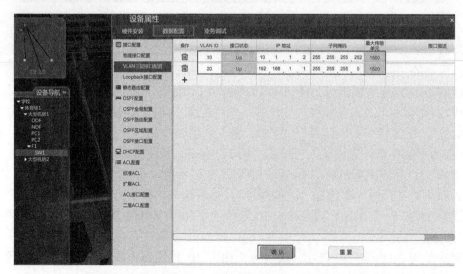

图 4-49

步骤 16：配置大型机房 1 中 PC 端的 IP 地址。鼠标选中"设备导航"中的 PC1 图标，选择"业务调试"，在弹出的配置界面中单击"地址配置"进行 IP 地址配置。输入 IP 地址为"192.168.1.2"，子网掩码为"255.255.255.0"，默认网关为"192.168.1.1"。完成输入后单击"确定"按钮，配置结果如图 4-50 所示。

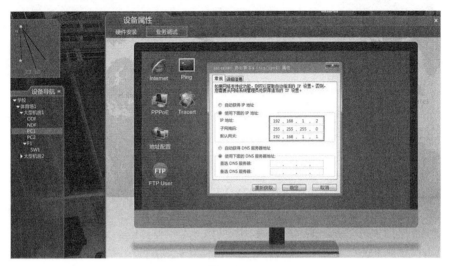

图 4-50

鼠标选中"设备导航"中的 PC2 图标，选择"业务调试"，在弹出的配置界面中单击"地址配置"进行 IP 地址配置，完成输入 IP 地址为"192.168.1.3"，子网掩码为"255.255.255.0"，默认网关为"192.168.1.1"后，单击"确定"按钮，配置结果如图 4-51 所示。

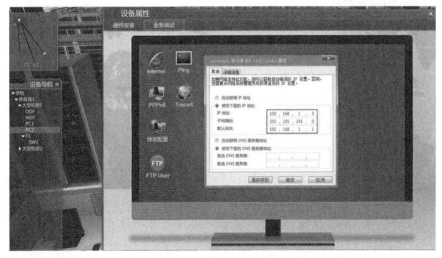

图 4-51

步骤 17：配置大型机房 1 中 SW1 的默认路由。在机房视图下，鼠标单击交换机 SW1，在主界面"设备属性"中选择"数据配置"，然后选择"接口配置"→"静态路由配置"。单击"+"增加路由条目，配置目的地址为"0.0.0.0"，子网掩码为"0.0.0.0"，下一跳为"10.1.1.1"。完成输入后单击"确认"按钮，配置结果如图 4-52 所示。

图 4-52

步骤 18：完成大型机房 2 中 RT1 的物理接口配置。在机房视图下，鼠标单击路由器 RT1，在主界面"设备属性"中选择"数据配置"，然后选择"接口配置"→"物理接口配置"。配置接口 GE-1/1/1 的 IP 地址为"10.1.1.1"，掩码为"255.255.255.252"；接口 GE-1/1/2 的 IP 地址为"10.2.1.1"，掩码为"255.255.255.252"。输入完成后单击"确认"按钮，配置结果如图 4-53 所示。

图 4-53

步骤 19：完成大型机房 2 中 SW2 的物理接口配置。在机房视图下，鼠标单击交换机 SW2，在主界面"设备属性"中选择"数据配置"，然后选择"接口配置"→"物理接口配置"。配置接口 GE-1/1/1 的 PVID，输入数值"30"；接口 GE-1/1/2 和 GE-1/1/3 的 PVID 都为"40"，完成输入后单击"确认"按钮，配置结果如图 4-54 所示。

步骤 20：完成大型机房 2 中 SW2 的 VLAN 三层接口配置。鼠标单击交换机 SW2，在主界面"设备属性"中选择"数据配置"，然后选择"接口配置"→"VLAN 三层接口配置"。单击"+"增加配置，接口 ID 数值为"30"，IP 地址为"10.2.1.2"，子网掩码为"255.255.255.252"。

图 4-54

另外，再次单击"+"号，接口 ID 数值为"40"，IP 地址为"192.168.2.1"，子网掩码为"255.255.255.0"。完成输入后单击"确认"按钮，操作如图 4-55 所示。

图 4-55

步骤 21：配置大型机房 2 中 PC 端的 IP 地址。鼠标选中"设备导航"中的 PC1 图标，选择"业务调试"，在弹出的配置界面中单击"地址配置"进行 IP 地址配置。输入 IP 地址为"192.168.2.2"，子网掩码为"255.255.255.0"，默认网关为"192.168.2.1"。完成输入后单击"确定"按钮，配置结果如图 4-56 所示。

鼠标选中"设备导航"中的 PC2 图标，选择"业务调试"，在弹出的配置界面中单击"地址配置"进行 IP 地址配置，完成输入 IP 地址为"192.168.2.3"、子网掩码为"255.255.255.0"、默认网关为"192.168.2.1"后，单击"确定"按钮，配置结果如图 4-57 所示。

步骤 22：配置大型机房 2 中路由器 RT1 的静态路由。在机房视图下，鼠标单击路由器 RT1，在主界面"设备属性"中选择"数据配置"，然后选择"接口配置"→"静态路由配置"。单击"+"增加路由条目，配置目的地址为"192.168.2.0"，子网掩码为"255.255.255.0"，下一跳为"10.2.1.2"。

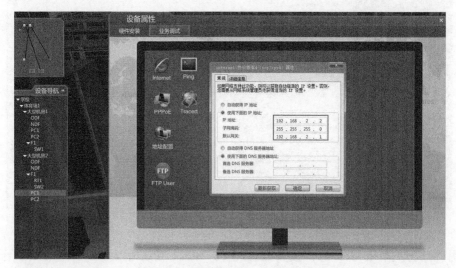

图 4-56

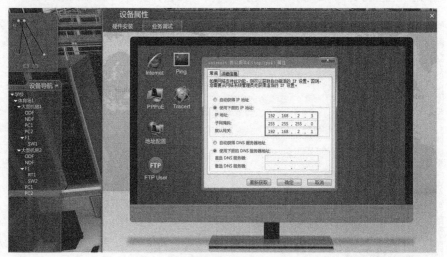

图 4-57

再次单击"+"号增加静态路由，配置目的地址为"192.168.1.0"，子网掩码为"255.255.255.0"，下一跳为"10.1.1.2"。完成输入后单击"确认"按钮，配置结果如图 4-58 所示。

步骤 23：配置大型机房 2 中交换机 SW2 的静态路由。在机房视图下，鼠标单击交换机 SW2，在主界面"设备属性"中选择"数据配置"，然后选择"接口配置"→"静态路由配置"。单击"+"增加路由条目，配置目的地址为"0.0.0.0"，子网掩码为"0.0.0.0"，下一跳为"10.2.1.1"。完成输入后单击"确认"按钮，配置结果如图 4-59 所示。

步骤 24：进行业务验证。鼠标选中设备导航中大型机房 1 的 PC1 图标，选择"业务调试"，在弹出的配置界面中单击"Ping"图标。然后在"目的 IP"处输入大型机房 2 中 PC1（即实训拓扑中的 PC3）的目的 IP 地址"192.168.2.2"。完成后单击"执行"按钮，验证结果如图 4-60 所示。

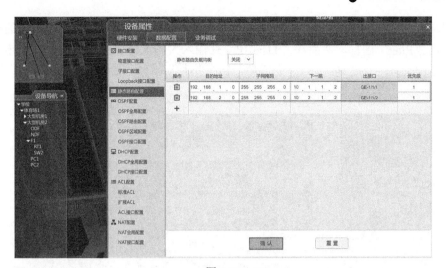

图 4-58

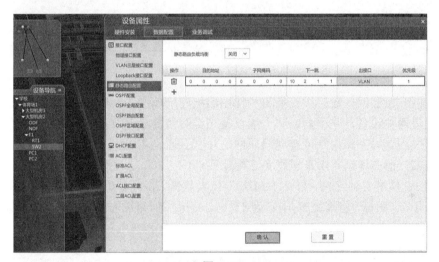

图 4-59

图 4-60

鼠标选中设备导航中大型机房 1 的 PC1 图标，选择"业务调试"，在弹出的配置界面中单击"Ping"图标。然后在"目的 IP"处输入大型机房 2 中 PC2（即实训拓扑中的 PC4）的 IP 地址"192.168.2.3"。完成后单击"执行"按钮，验证结果如图 4-61 所示。

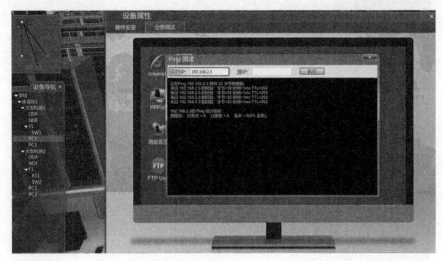

图 4-61

企业网和校园网一般采用交换机和路由器组建局域网。一般靠近用户侧的三层交换机作为用户网关设备，路由器或防火墙设备充当网络的出口设备。在网络规模较小的情况下，通过配置静态路由则可实现局域网的互联互通。

任务四：静态浮动路由及链路负载配置实训

步骤 1：新增实训建筑。打开 SIMNET 仿真软件，鼠标单击右侧资源池建筑 图标，选择"体育场"图标，将其拖放到校园场景中，完成实训建筑的部署，操作结果如图 4-62 所示。

图 4-62

步骤 2：添加机房。鼠标单击资源池中的机房 图标，单击 "大型机房"图标，将其拖入左侧已添加的实训建筑"体育场"中，完成机房部署，操作结果如图 4-63 所示。

图 4-63

步骤 3：安装机柜。鼠标单击实训建筑中对应的大型机房图标，进入机房站点场景。然后鼠标单击右侧资源池中的机柜 ▓ 按钮，拖动鼠标将机柜安装到指定的位置（拖动机柜时机房地板会自动呈现可安装位置）放开鼠标即可，操作如图 4-64 所示。

图 4-64

步骤 4：添加路由器。单击已安装机柜，机柜门自动打开，资源池中自动弹出可选择网络设备。选择中型路由器 RT-M 拖入机柜中，路由器拖入机柜后将自动呈现可安装设备的插槽，如图 4-65 所示。

图 4-65

步骤 5：添加板卡。单击机柜中的网络设备安装单板，选择右边资源池中的单板 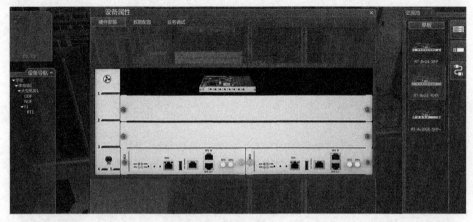 按钮，可供安装的单板有 RT-8xGE-SFP、RT-8xGE-RJ45、RT-4x10GE-SFP+，拖动 RT-8xGE-RJ45 单板安放到已有的网络设备中。本例中，四台路由器各增加一块电接口板，操作如图 4-66 所示。

图 4-66

步骤 6：重复步骤 4 和步骤 5 的操作，一共添加四台路由器并增加相应单板，完成操作后，结果如图 4-67 所示。

步骤 7：请参考任务一的步骤 8～10，完成所添加的设备两两之间的网线连接。完成相应的操作后，单击"设备导航"上的自动拓扑图标，完成的自动拓扑如图 4-68 所示。

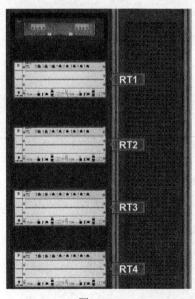

图 4-67

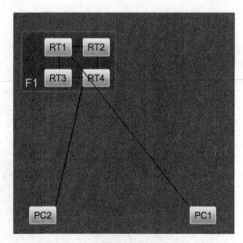

图 4-68

步骤 8：完成 RT1 的物理接口配置。在机房视图下，鼠标单击路由器 RT1，在主界面"设备属性"中选择"数据配置"，然后选择"接口配置"→"物理接口配置"。配置接口 GE-1/1/1 的 IP 地址为 "10.1.1.1"，掩码为 "255.255.255.252"；接口 GE-1/1/2 的 IP 地址为 "10.2.1.1"、掩码为 "255.255.255.252"；接口 GE-1/1/3 的 IP 地址为 "192.168.1.1"，掩码为 "255.255.255.0"。完成输入后单击 "确认" 按钮，配置结果如图 4-69 所示。

图 4-69

步骤 9：完成 RT2 的物理接口配置。在机房视图下，鼠标单击路由器 RT2，在主界面 "设备属性" 中选择 "数据配置"，然后选择 "接口配置"→"物理接口配置"。配置接口 GE-1/1/1 的 IP 地址为 "10.1.1.2"，掩码为 "255.255.255.252"；接口 GE-1/1/2 的 IP 地址为 "20.1.1.1"，掩码为 "255.255.255.252"。完成输入后单击 "确认" 按钮，配置结果如图 4-70 所示。

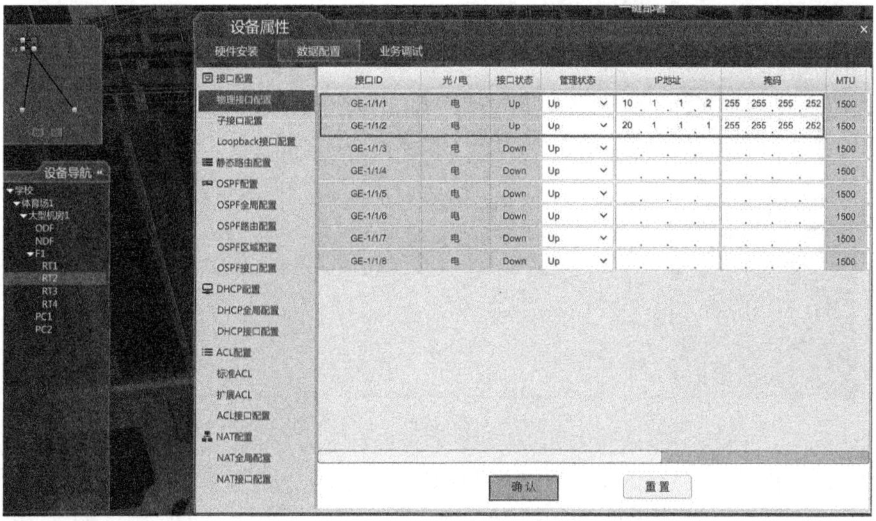

图 4-70

步骤 10：完成 RT3 的物理接口配置。在机房视图下，鼠标单击路由器 RT3，在主界面 "设备属性" 中选择 "数据配置"，然后选择 "接口配置"→"物理接口配置"。配置接口 GE-1/1/1 的 IP 地址为 "10.2.1.2"，掩码为 "255.255.255.252"；接口 GE-1/1/2 的 IP 地址为 "20.2.1.1"，掩码为 "255.255.255.252"。完成输入后单击 "确认" 按钮，配置结果如图 4-71 所示。

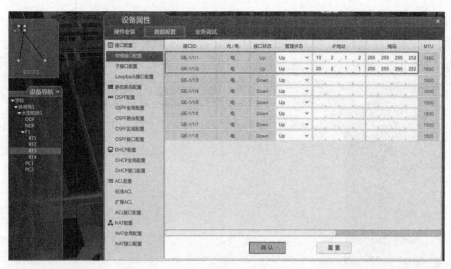

图 4-71

步骤 11：完成 RT4 的物理接口配置。在机房视图下，鼠标单击路由器 RT4，在主界面"设备属性"中选择"数据配置"，然后选择"接口配置"→"物理接口配置"。配置接口 GE-1/1/1 的 IP 地址为"20.1.1.2"，掩码为"255.255.255.252"；接口 GE-1/1/2 的 IP 地址为"20.2.1.2"，掩码为"255.255.255.252"；接口 GE-1/1/3 的 IP 地址为"192.168.2.1"，掩码为"255.255.255.0"。完成输入后单击"确认"按钮，配置结果如图 4-72 所示。

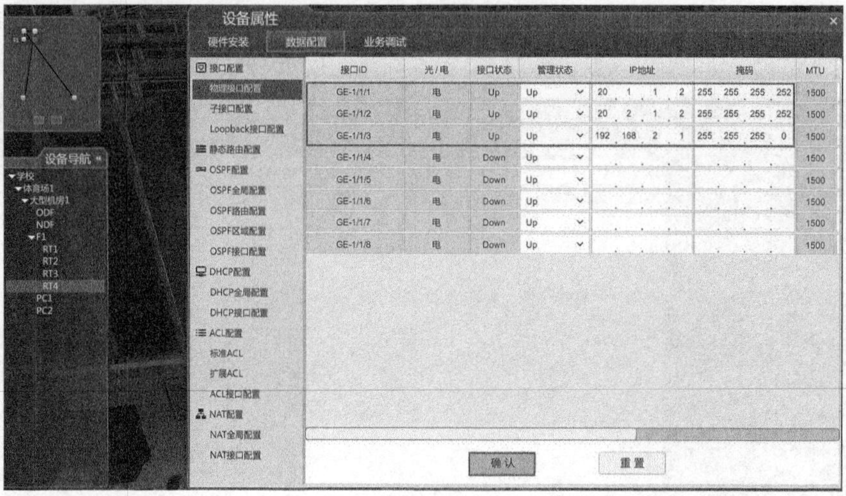

图 4-72

步骤 12：配置 PC 端的 IP 地址。鼠标选中"设备导航"中的 PC1 图标，选择"业务调试"，在弹出的配置界面中单击"地址配置"进行 IP 地址配置。输入 IP 地址为"192.168.1.2"，子网掩码为"255.255.255.0"，默认网关为"192.168.1.1"。完成输入后单击"确定"按钮，配置结果如图 4-73 所示。

鼠标选中"设备导航"中的 PC2 图标，选择"业务调试"，在弹出的配置界面中单击"地址配置"进行 IP 地址配置，完成输入 IP 地址为"192.168.2.2"，子网掩码为"255.255.255.0"，默认网关为"192.168.2.1"后，单击"确定"按钮，配置结果如图 4-74 所示。

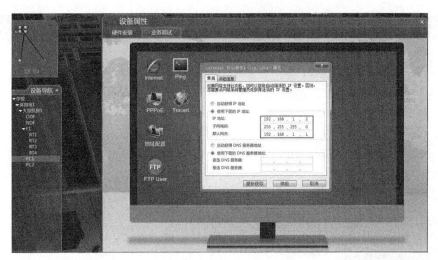

图 4-73

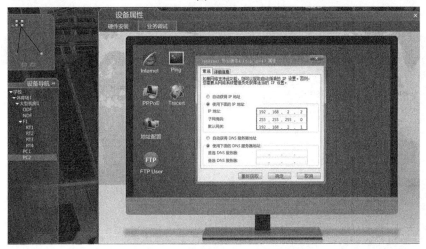

图 4-74

步骤 13：配置路由器 RT1 的静态路由。在机房视图下，鼠标单击路由器 RT1，在主界面"设备属性"中选择"数据配置"，然后选择"接口配置"→"静态路由配置"。单击"+"增加路由条目，配置目的地址为"192.168.2.0"，子网掩码为"255.255.255.0"，下一跳为"10.1.1.2"，优先级为"1"。

再次单击"+"增加一条路由配置目的地址为"192.168.2.0"，子网掩码为"255.255.255.0"，下一跳为"10.2.1.2"，优先级为"2"。完成输入后单击"确认"按钮，配置结果如图 4-75 所示。

步骤 14：配置路由器 RT2 的静态路由。在机房视图下，鼠标单击路由器 RT2，在主界面"设备属性"中选择"数据配置"，然后选择"接口配置"→"静态路由配置"。单击"+"增加路由条目，配置目的地址为"192.168.2.2"，子网掩码为"255.255.255.255"，下一跳为"20.1.1.2"。

再次单击"+"增加一条路由配置目的地址为"192.168.1.0"，子网掩码为"255.255.255.0"，下一跳为"10.1.1.1"。完成输入后单击"确认"按钮，配置结果如图 4-76 所示。

图 4-75

图 4-76

步骤 15：配置路由器 RT3 的静态路由。在机房视图下，鼠标单击路由器 RT3，在主界面"设备属性"中选择"数据配置"，然后选择"接口配置"→"静态路由配置"。单击"+"增加路由条目，配置目的地址为"192.168.2.2"，子网掩码为"255.255.255.255"，下一跳为"20.2.1.2"。

再次单击"+"增加一条路由配置目的地址为"192.168.1.2"，子网掩码为"255.255.255.255"，下一跳为"10.2.1.1"。完成输入后单击"确认"按钮，配置结果如图 4-77 所示。

步骤 16：配置路由器 RT4 的静态路由。在机房视图下，鼠标单击路由器 RT4，在主界面"设备属性"中选择"数据配置"，然后选择"接口配置"→"静态路由配置"。单击"+"增加路由条目，配置目的地址为"192.168.1.0"，子网掩码为"255.255.255.0"，下一跳为"20.1.1.1"，优先级为"1"。

再次单击"+"增加一条路由配置目的地址为"192.168.1.0"，子网掩码为"255.255.

255.0", 下一跳为"20.2.1.1", 优先级为"2"。完成输入后单击"确认"按钮, 配置结果如图 4-78 所示。

图 4-77

图 4-78

步骤 17: 进行业务验证。鼠标选中设备导航中 PC1 图标, 选择"业务调试", 在弹出的配置界面中单击"Ping"图标。然后在"目的 IP"处输入 PC2 的目的 IP 地址"192.168.2.2"。完成后单击"执行"按钮, 验证结果如图 4-79 所示。

步骤 18: 查看 RT1 路由表。在机房视图下, 鼠标单击路由器 RT1, 在主界面"设备属性"中选择"业务调试", 然后选择"路由表"即可查看, 此时 RT1 路由表中会出现一条去往 192.168.2.0 网段且优先级为"1"的路由, 如图 4-80 所示。

步骤 19: 手动关闭 RT1 的 GE1/1/1 端口。在机房视图下, 鼠标单击路由器 RT1, 在主界面"设备属性"中选择"数据配置", 然后选择"接口配置"→"物理接口配置"。在"管理状态"下找到 GE1/1/1 的状态后选择"Shutdown", 然后单击"确认"按钮, 操作结果如图 4-81 所示。

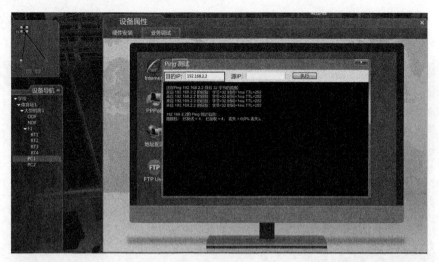

图 4-79

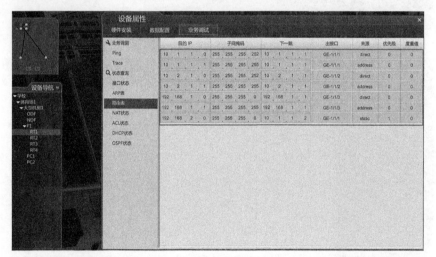

图 4-80

图 4-81

步骤 20：查看 RT1 路由表。在机房视图下，鼠标单击路由器 RT1，在主界面"设备属性"中选择"业务调试"，然后选择"路由表"即可查看 shutdown 端口后 RT1 的路由表，此时 RT1 路由表中会出现去往 192.168.2.0 网段且优先级为"2"的路由，如图 4-82 所示。

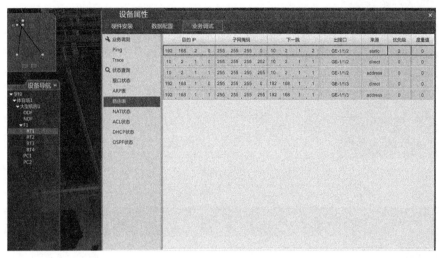

图 4-82

步骤 21：重新开启 RT1 的 GE1/1/1 端口。即重复步骤 19 将管理状态设为"Up"，如图 4-83 所示。然后在"静态路由配置"界面将两条静态路由的优先级设置相同，并开启静态路由负载均衡，如图 4-84 所示。

图 4-83

步骤 22：查看 RT1 路由表。在机房视图下，鼠标单击路由器 RT1，在主界面"设备属性"中选择"业务调试"，然后选择"路由表"即可查看开启静态路由负载均衡的 RT1 路由表，此时 RT1 路由表中会出现两条去往 192.168.2.0 网段且优先级为"1"路由，如图 4-85 所示。

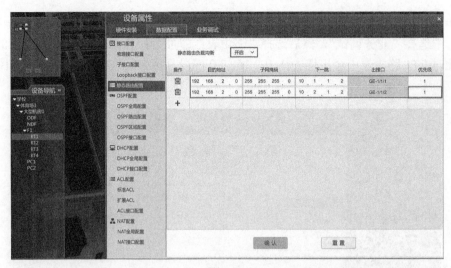

图 4-84

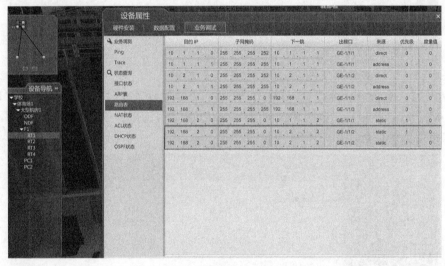

图 4-85

步骤 23：从 PC1 中 tracert PC2 地址。鼠标单击路由器 PC，在主界面"业务调试"双击桌面菜单"Tracert"，然后在目的 IP 项中输入 PC2 的地址"192.168.2.2"，输入完后执行多次"启动"。从 traceroute 执行结果可知，第一次 traceroute 报文经过了路由器 RT2（第二跳地址为 10.1.1.2）；第二次 traceroute 报文经过了路由器 RT3（第二跳地址为 10.2.1.2），如图 4-86 所示。

如果路由器配置了两条等值的静态路由，在默认情况下，路由表中只会产生一条路由。当开启静态路由负载均衡后，路由器将生成两条等值的路由。路由器转发报文时，将对应目的地址的报文发送到两条或多条等值路由的下一跳接口设备中，达到链路的负载均衡效果。同时，也增强了网的安全性。

虽然静态路由配置简单，但是网络设备无法感知网络拓扑的变化，当网络设备数量较多时，配置复杂，且容易引入路由环路。所以，在大型网络中主要采用动态路由协议

（当然，也会存在少量的静态路由配置）。

图 4-86

请思考：如图 4-87 所示，如果在路由器 R1 配置了两条等值静态路由，目的地址均为 "192.168.2.0"、子网掩码为 "255.255.255.0"；并配置了静态路由负载均衡。当 R2 与 R4 间的链路中断时，从 PC1 Ping PC2 会出现什么情况？

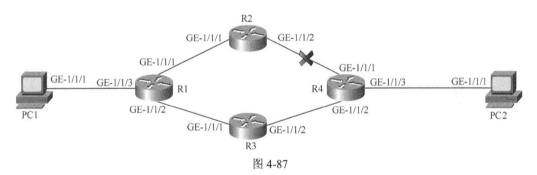

图 4-87

4.4　思考与总结

4.4.1　课后思考

1. 根据路由特性请说明在实训任务一中路由器 R2 中需要配置两条静态路由而才能实现 PC 间 Ping 通的原因？

2. 在实训任务二中，路由器 R1 配置默认路由，路由器 R2 中配置静态路由。当路由器 R1 与 PC1 互连链路中断，从 PC2 Ping PC1 会出现什么问题？

3. 在实训任务二中，路由器 R2 配置一条静态路由和一条默认路由是否可以实现 PC-1 和 PC-2 间互通？这样进行路由配置是否存在隐患？

4．请结合实训任务三，说明交换机中 VLANIF 的作用。

4.4.2 实训总结

1．在路由器或三层交换机配置静态路由时需要指定目的网络、子网掩码、出接口和下一跳。

2．路由具有单向性。若需要保证端到端的设备间通信正常，则需要在中间的网络设备中配置报文的源 IP 和目的 IP 两个方向的路由信息。

3．默认路由（缺省路由）可以匹配任何目的 IP 地址。配置默认路由可以减少路由配置数量，但是如果配置不当，容易引入路由环路。

4．配置静态浮动路由可以增强网络健壮性和冗余性，当网络中链路或设备状态发生变化时，可以保证网络的不发生中断。

实训单元 5

OSPF 动态路由协议

5.1 实训说明

5.1.1 实训目的

1. 掌握区域、认证、掩码字段对 OSPF 邻居建立的影响。
2. 掌握 OSPF 骨干区域和非骨干区域的区别、链路状态数据库内容。
3. 掌握 OSPF 骨干区域和非骨干区域链路状态数据库 LSA 的类型特点。
4. 掌握 OSPF 引入外部路由的方法及种类。
5. 掌握 Stub 区域链路状态数据库 LSA 类型特点。
6. 掌握 Totally-Stub 区域链路状态数据库 LSA 类型特点。
7. 掌握 NSSA 区域链路状态数据库 LSA 类型特点。
8. 掌握 Totally-NSSA 区域链路状态数据库 LSA 类型特点。
9. 掌握 OSPF 综合组网规划能力。

5.1.2 实训任务

任务一：OSPF 单区域及接口认证配置实训。
任务二：OSPF 多区域配置实训。
任务三：OSPF 引入直连路由配置实训。
任务四：OSPF 引入静态路由配置实训。
任务五：OSPF Stub 区域接入骨干区域配置实训。
任务六：OSPF Totally-Stub 区域接入骨干区域配置实训。
任务七：OSPF NSSA 区域接入骨干区域配置实训。

任务八：OSPF Totally-Nssa 区域接入骨干区域配置实训。

任务九：OSPF 路由汇聚配置实训。

任务十：OSPF 下发默认路由配置实训。

5.1.3 实训时长

6 课时。

5.2 数据规划与配置

实训任务一：OSPF 单区域及接口认证实训拓扑、数据规划如图 5-1 所示。

实训要求：路由器 OSPF 接口配置认证密钥、邻居/邻接关系正常，路由器的链路状态数据库保持一致。

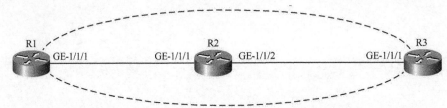

设备	Loopback 0	Router ID	接口	IP 地址	区域	区域类型
R1	1.1.1.1/32	1.1.1.1	GE-1/1/1	10.0.1.1/30	area 0.0.0.0	骨干
R2	2.2.2.2/32	2.2.2.2	GE-1/1/1	10.0.1.2/30	area 0.0.0.0	骨干
			GE-1/1/2	10.0.2.1/30	area 0.0.0.0	骨干
R3	3.3.3.3/32	3.3.3.3	GE-1/1/1	10.0.2.2/30	area 0.0.0.0	骨干

图 5-1

实训任务二：OSPF 多区域实训拓扑及数据规划如图 5-2 所示。

实训要求：路由器邻居/邻接关系正常，处于相同区域的路由器的链路状态数据库保持一致。

设备	Loopback 0	Router ID	接口	IP 地址	区域	区域类型
R1	1.1.1.1/32	1.1.1.1	GE-1/1/1	10.0.1.1/30	area 0.0.0.0	骨干
R2	2.2.2.2/32	2.2.2.2	GE-1/1/1	10.0.1.2/30	area 0.0.0.0	骨干
			GE-1/1/2	10.1.2.1/30	area 0.0.0.1	普通
R3	3.3.3.3/32	3.3.3.3	GE-1/1/1	10.1.2.2/30	area 0.0.0.1	普通

图 5-2

实训任务三：OSPF 引入直连路由实训拓扑及数据规划如图 5-3 所示。

实训要求：路由器邻居/邻接关系正常，各路由器存在 Type5 LSA 及对应的外部路由。

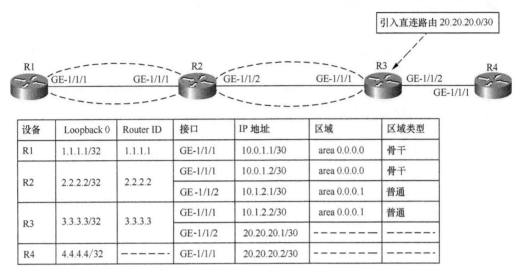

设备	Loopback 0	Router ID	接口	IP 地址	区域	区域类型
R1	1.1.1.1/32	1.1.1.1	GE-1/1/1	10.0.1.1/30	area 0.0.0.0	骨干
R2	2.2.2.2/32	2.2.2.2	GE-1/1/1	10.0.1.2/30	area 0.0.0.0	骨干
			GE -1/1/2	10.1.2.1/30	area 0.0.0.1	普通
R3	3.3.3.3/32	3.3.3.3	GE-1/1/1	10.1.2.2/30	area 0.0.0.1	普通
			GE-1/1/2	20.20.20.1/30	———————	———————
R4	4.4.4.4/32	———————	GE-1/1/1	20.20.20.2/30	———————	———————

图 5-3

实训任务四：OSPF 引入静态路由实训拓扑及数据规划如图 5-4 所示。

实训要求：路由器邻居/邻接关系正常，各路由器存在 Type5 LSA 及对应的外部路由。

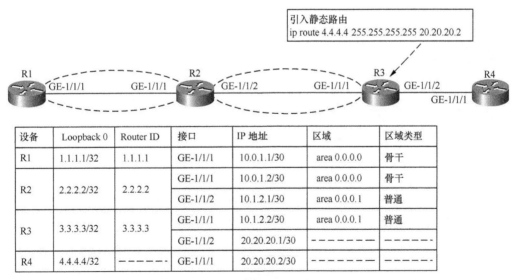

设备	Loopback 0	Router ID	接口	IP 地址	区域	区域类型
R1	1.1.1.1/32	1.1.1.1	GE-1/1/1	10.0.1.1/30	area 0.0.0.0	骨干
R2	2.2.2.2/32	2.2.2.2	GE-1/1/1	10.0.1.2/30	area 0.0.0.0	骨干
			GE-1/1/2	10.1.2.1/30	area 0.0.0.1	普通
R3	3.3.3.3/32	3.3.3.3	GE-1/1/1	10.1.2.2/30	area 0.0.0.1	普通
			GE-1/1/2	20.20.20.1/30	———————	———————
R4	4.4.4.4/32	———————	GE-1/1/1	20.20.20.2/30	———————	———————

图 5-4

实训任务五：OSPF Stub 区域接入骨干区域实训拓扑及数据规划如图 5-5 所示。

实训要求：路由器邻居/邻接关系正常，Stub 区域只存在 Type1/Type2/Type3 LSA，Stub 区域和其他区域正常连通。

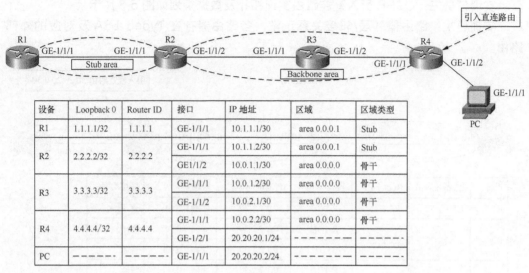

设备	Loopback 0	Router ID	接口	IP 地址	区域	区域类型
R1	1.1.1.1/32	1.1.1.1	GE-1/1/1	10.1.1.1/30	area 0.0.0.1	Stub
R2	2.2.2.2/32	2.2.2.2	GE-1/1/1	10.1.1.2/30	area 0.0.0.1	Stub
			GE1/1/2	10.0.1.1/30	area 0.0.0.0	骨干
R3	3.3.3.3/32	3.3.3.3	GE-1/1/1	10.0.1.2/30	area 0.0.0.0	骨干
			GE-1/1/2	10.0.2.1/30	area 0.0.0.0	骨干
R4	4.4.4.4/32	4.4.4.4	GE-1/1/1	10.0.2.2/30	area 0.0.0.0	骨干
			GE-1/2/1	20.20.20.1/24	-------	-------
PC	------	------	GE-1/1/1	20.20.20.2/24	-------	-------

图 5-5

实训任务六：OSPF Totally-Stub 区域接入骨干区域实训拓扑及数据规划如图 5-6 所示。

实训要求：路由器邻居/邻接关系正常，Totally-Stub 区域只存在 Type1/Type2 LSA 及缺省 Type3 LSA，Totally-Stub 区域和其他区域正常连通。

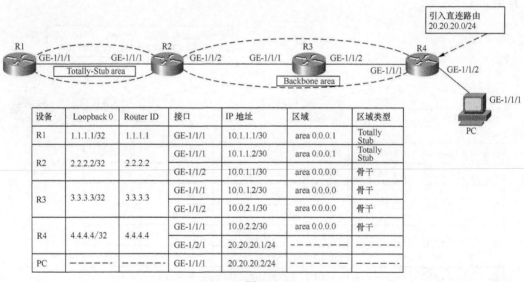

设备	Loopback 0	Router ID	接口	IP 地址	区域	区域类型
R1	1.1.1.1/32	1.1.1.1	GE-1/1/1	10.1.1.1/30	area 0.0.0.1	Totally Stub
R2	2.2.2.2/32	2.2.2.2	GE-1/1/1	10.1.1.2/30	area 0.0.0.1	Totally Stub
			GE-1/1/2	10.0.1.1/30	area 0.0.0.0	骨干
R3	3.3.3.3/32	3.3.3.3	GE-1/1/1	10.0.1.2/30	area 0.0.0.0	骨干
			GE-1/1/2	10.0.2.1/30	area 0.0.0.0	骨干
R4	4.4.4.4/32	4.4.4.4	GE-1/1/1	10.0.2.2/30	area 0.0.0.0	骨干
			GE-1/2/1	20.20.20.1/24	-------	-------
PC	------	------	GE-1/1/1	20.20.20.2/24	-------	-------

图 5-6

实训任务七：OSPF NSSA 区域接入骨干区域实训拓扑及数据规划如图 5-7 所示。

实训要求：路由器邻居/邻接关系正常，NSSA 区域内路由器链路状态数据库存在 Type7 LSA、但无 Type5 LSA。

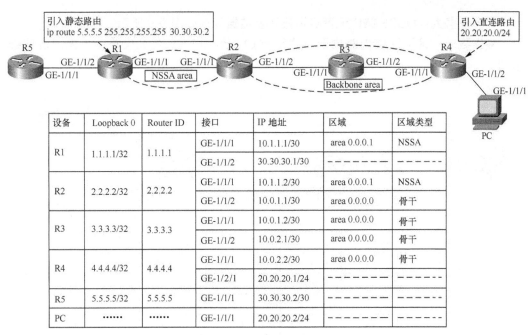

图 5-7

实训任务八：OSPF Totally-NSSA 区域接入骨干区域实训拓扑及数据规划如图 5-8所示。

实训要求：路由器邻居/邻接关系正常，Totally-NSSA 区域内路由器链路状态数据库存在 Type7 LSA 和默认 Type3 LSA、但无 Type5 LSA；Totally-NSSA 区域和其他区域的路由正常连通。

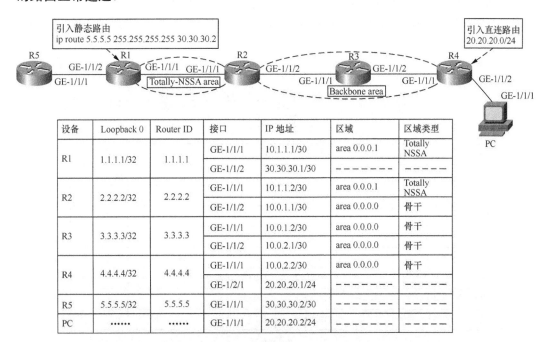

图 5-8

实训任务九：OSPF 路由汇聚实训拓扑及数据规划如图 5-9 所示。

实训要求：骨干区域内路由器存在汇聚的 Type5 LSA 及汇聚路由，无对应明细路由。

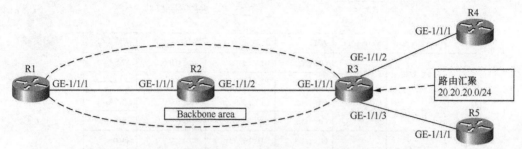

设备	Loopback 0	Router ID	接口	IP 地址	区域	区域类型
R1	1.1.1.1/32	1.1.1.1	GE-1/1/1	10.0.1.1/30	area 0.0.0.0	骨干
R2	2.2.2.2/32	2.2.2.2	GE-1/1/1	10.0.1.2/30	area 0.0.0.0	骨干
			GE-1/1/2	10.0.2.1/30	area 0.0.0.0	
R3	3.3.3.3/32	3.3.3.3	GE-1/1/1	10.0.2.2/30	area 0.0.0.0	骨干
			GE-1/1/2	20.20.20.1/25	— — — — —	— — — — —
			GE-1/1/3	20.20.20.129/25	— — — — —	— — — — —
R4	4.4.4.4/32	4.4.4.4	GE-1/1/1	20.20.20.2/25	— — — — —	— — — —
R5	5.5.5.5/32	5.5.5.5	GE-1/1/1	20.20.20.130/25	— — — — —	— — — —

图 5-9

实训任务十：OSPF 下发默认实训拓扑及数据规划如图 5-10 所示。

实训要求：路由器存在默认 Type5 LSA 和生成默认路由，保证区域间路由的连通性。

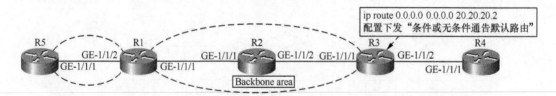

设备	Loopback 0	Router ID	接口	IP 地址	区域	区域类型
R1	1.1.1.1/32	1.1.1.1	GE-1/1/1	10.0.1.1/30	area 0.0.0.0	骨干
			GE-1/1/2	10.1.1.1/30	area 0.0.0.1	普通
R2	2.2.2.2/32	2.2.2.2	GE-1/1/1	10.0.1.2/30	area 0.0.0.0	骨干
			GE-1/1/2	10.0.2.1/30	area 0.0.0.0	骨干
R3	3.3.3.3/32	3.3.3.3	GE-1/1/1	10.0.2.2/30	area 0.0.0.0	骨干
			GE-1/1/2	20.20.20.1/24	— — — — —	— — — —
R4	4.4.4.4/32	……	GE-1/1/1	20.20.20.2/24	— — — — —	— — — —
R5	5.5.5.5/32	5.5.5.5	GE-1/1/1	10.1.1.2/30	area 0.0.0.1	普通

图 5-10

5.3　实训步骤

任务一：OSPF 单区域及接口认证配置实训

步骤 1：新增实训建筑。打开 SIMNET 仿真软件，鼠标单击右侧资源池建筑▲图标，选择"宿舍楼"图标，将其拖放到校园场景中，完成实训建筑的部署，操作结果如图 5-11 所示。

图 5-11

步骤 2：添加机房。鼠标单击资源池中的机房▉图标，单击"大型机房"图标，将其拖入至左侧已添加的实训建筑"宿舍楼"中，完成机房部署，操作结果如图 5-12 所示。

图 5-12

步骤 3：安装机柜。鼠标单击实训建筑中对应的大型机房图标，进入机房站点场景。然后鼠标单击右侧资源池中的机柜▉按钮，拖动鼠标将机柜安装到指定的位置（拖动机柜时机房地板会自动呈现可安装位置）放开鼠标即可，操作如图 5-13 所示。

步骤 4：添加路由器。单击已安装机柜，机柜门自动打开，资源池中自动弹出可选择网络设备。选中中型交换机 RT-M 拖入机柜中，路由器拖入机柜后将自动呈现可安装设备的插槽，如图 5-14 所示。

图 5-13

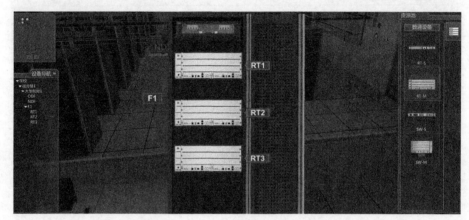

图 5-14

步骤 5：添加板卡。单击机柜中的网络设备安装单板，选择右边资源池中的单板 ▦ 按钮，可供安装的单板有 RT-8xGE-SFP、RT-8xGE-RJ45、RT-4x10GE-SFP+，拖动单板安放到已有的网络设备中，本例中三台路由器各增加一块光接口板，操作如图 5-15 所示。

图 5-15

步骤 6：重复步骤五的操作，给另两台路由器增加单板，完成操作后结果如图 5-16 所示。

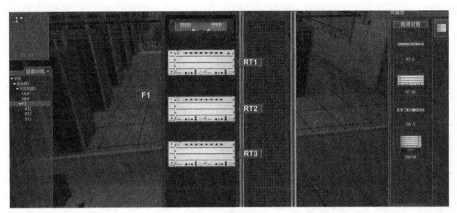

图 5-16

步骤 7：光接口板插入光模块。单击资源池中的光模块 ▣ 按钮，如图 5-17 所示。光模块根据传输模式分为两种，单模光模块和多模光模块。SIMNET 平台单模光模块有 S13-GE-10KM-SFP、S13-XGE-10KM-SFP+两种型号；多模光模块有 M85-GE-500M-SFP、M85-XGE-300M-SFP+两种型号。根据接口要求选择光模块（设备间对接端口的光模块类型和光纤类型须匹配），单击右侧光模块拖入交换机的光接口即可。重复本操作步骤，完成另两台路由器光模块插入（注意：第二台路由器根据拓扑规划，需插入两个光模块）。

图 5-17

步骤 8：单击线缆 ▣ 按钮，如图 5-18 所示，连接设备的线缆分别有 LC-LC 尾纤-S、LC-FC 尾纤-S、LC-LC 尾纤-M、LC-FC 尾纤-M、FC-FC 尾纤-S、FC-FC 尾纤-M、以太网线。根据端口插入的单模光模块选择相应的 LC-LC 尾纤，然后拖入对应的光模块中，完后一个光模块的尾纤连接。

步骤 9：尾纤连接至第二台路由器的光接口中。单击鼠标左键"设备导航"栏中第二台路由器，切换至第二台路由器，然后单击对应光口，完成尾纤连接，操作如图 5-19 和图 5-20 所示。

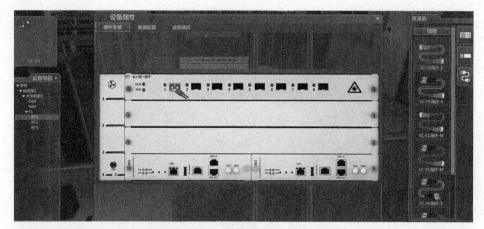

图 5-18

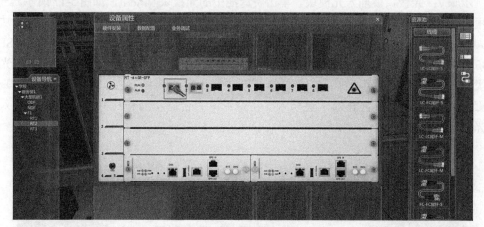

图 5-19

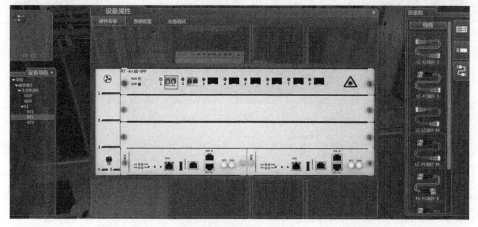

图 5-20

步骤 10：重复操作步骤 9，完成 RT2 与 RT3 的线缆连接。完成设备间的连线后，单击"设备导航"上的自动拓扑图标，完成的自动拓扑如图 5-21 所示。

步骤 11：配置路由器 RT-1 物理接口。在机房视图下，鼠标单击路由器 RT-1，在主界面"设备属性"中选择"数据配置"，然后选择"接口配置"→"物理接口配置"。配置接口 GE-1/1/1 的 IP 地址及掩码，输入数值"10.0.1.1"和

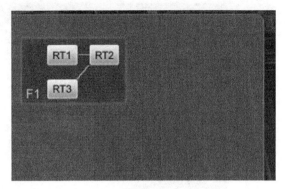

图 5-21

"255.255.255.252"，完成输入后单击"确认"按钮，操作如图 5-22 所示。

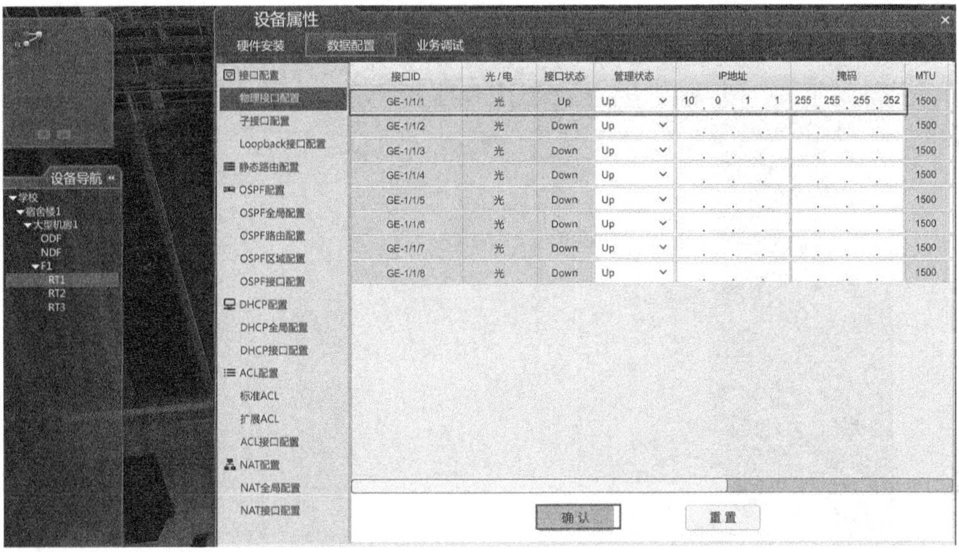

图 5-22

步骤 12：配置路由器 RT2 和 RT3 物理接口 IP 地址。在机房视图下，鼠标单击路由器 RT2，在主界面"设备属性"中选择"数据配置"，然后选择"接口配置"→"物理接口配置"。配置 RT-2 接口 GE-1/1/1 的 IP 地址及掩码，输入数值"10.0.1.2"、"255.255.255.252"，完成输入后单击确认。配置 RT-2 接口 GE-1/1/2 的 IP 地址及子网掩码，输入数值"10.0.2.1""255.255.255.252"，完成输入后单击"确认"按钮，操作如图 5-23 所示。

鼠标单击路由器 RT3，配置 RT-3 接口 GE-1/1/1 的 IP 地址及掩码，输入数值"10.0.2.2"和"255.255.255.252"，完成输入后单击"确认"按钮，操作如图 5-23 和图 5-24 所示。

步骤 13：配置路由器 RT-1、RT-2、RT-3 的 Loopback 接口 IP 地址。鼠标单击路由器 RT1，在主界面"设备属性"中选择"数据配置"，然后选择"接口配置"→"Loopback 接口配置"。接口 ID 数值为"0"，RT1 的 loopback0 的 IP 地址为 1.1.1.1，子网掩码为 255.255.255.255，完成输入后单击"确认"按钮，操作如图 5-25 所示。

图 5-23

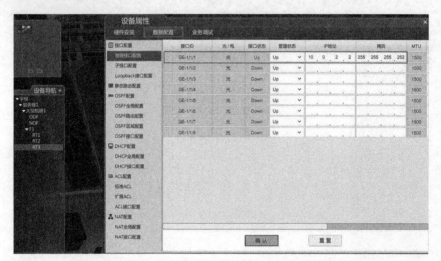

图 5-24

图 5-25

鼠标单击路由器 RT2，配置 RT2 的 Loopback0 的 IP 地址为 "2.2.2.2"，子网掩码为 "255.255.255.255"，完成输入后单击 "确认" 按钮，操作如图 5-26 所示。

图 5-26

鼠标单击路由器 RT3，配置 RT3 的 loopback0 的 IP 地址为 "3.3.3.3"，子网掩码为 "255.255.255.255"，完成输入后单击 "确认" 按钮，操作如图 5-27 所示。

图 5-27

步骤 14：完成路由器 RT1、RT2、RT3 的 OSPF 全局配置。鼠标单击路由器 RT1，在主界面 "设备属性" 中选择 "数据配置"，然后选择 "OSPF 配置" → "OSPF 全局配置"，设置全局 OSPF 状态选为 "启用"，进程号数值为 "1"，Router-Id 数值为 "1.1.1.1"，其他选项采用默认选项，操作如图 5-28 所示。

鼠标单击路由器 RT2，在主界面 "设备属性" 中选择 "数据配置"，然后选择 "OSPF

配置"→"OSPF 全局配置"，设置全局 OSPF 状态选为"启用"，进程号数值为"1"，Router-Id 数值为"2.2.2.2"，其他选项采用默认选项，操作如图 5-29 所示。

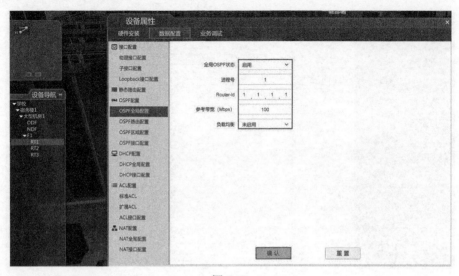

图 5-28

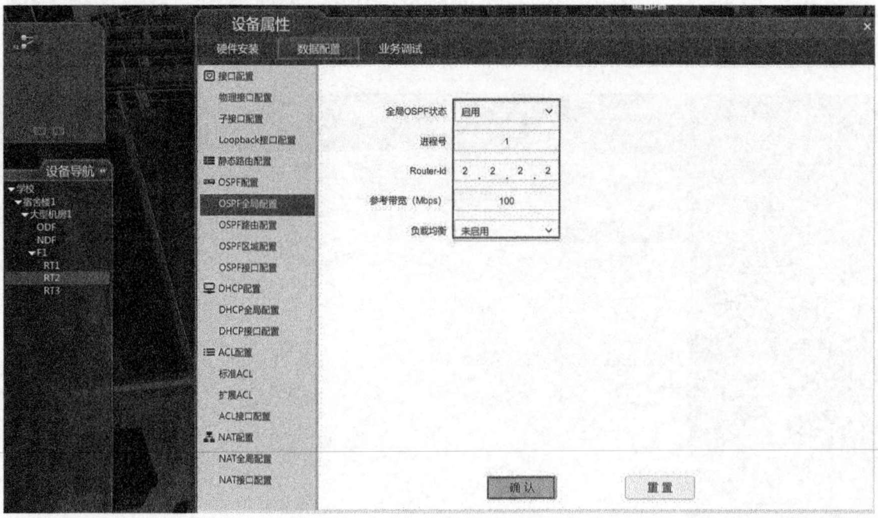

图 5-29

鼠标单击路由器 RT3，在主界面"设备属性"中选择"数据配置"，然后选择"OSPF 配置"→"OSPF 全局配置"，设置全局 OSPF 状态选为"启用"，进程号数值为"1"，Router-Id 数值为"3.3.3.3"，其他选项采用默认选项，操作如图 5-30 所示。

步骤15：完成路由器 RT1、RT2 和 RT3 的 OSPF 路由配置。鼠标单击路由器 RT1，在主界面"设备属性"中选择"数据配置"，然后选择"OSPF 配置"→"OSPF 路由配置"→"路由宣告"配置宣告对应的网段（端口激活 OSPF），单击"+"，输入网络地址为"10.0.1.0"，通配符为"0.0.0.3"，区域为"0.0.0.0"，完成输入后单击"确认"按钮，配置结果如图 5-31 所示。

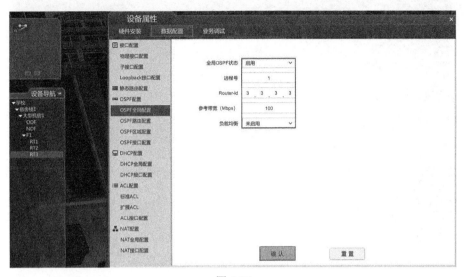

图 5-30

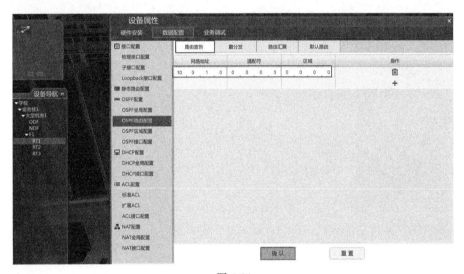

图 5-31

　　鼠标单击路由器 RT2，在主界面"设备属性"中选择"数据配置"，然后选择"OSPF 配置"→"OSPF 路由配置"→"路由宣告"配置宣告对应的网段（端口激活 OSPF），单击"+"。RT2 存在两个端口需要激活 OSPF，输入网络地址为"10.0.1.0"通配符为"0.0.0.3"，区域为"0.0.0.0"和网络地址为"10.0.2.0"，通配符为"0.0.0.3"，区域为"0.0.0.0"，完成输入后单击"确认"按钮，配置结果如图 5-32 所示。

　　鼠标单击路由器 RT3，在主界面"设备属性"中选择"数据配置"，然后选择"OSPF 配置"→"OSPF 路由配置"→"路由宣告"配置宣告对应的网段（端口激活 OSPF），单击"+"。RT2 只有一个端口需要激活 OSPF，输入网络地址为"10.0.2.0"、通配符为"0.0.0.3"、区域为"0.0.0.0"，完成输入后单击"确认"按钮，配置结果如图 5-33 所示。

图 5-32

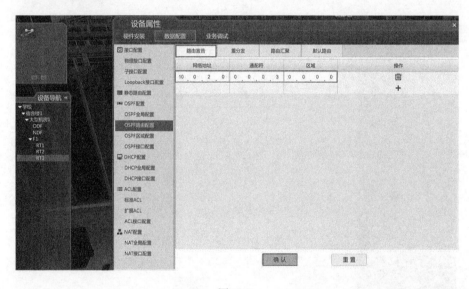

图 5-33

步骤 16：配置路由器 RT1、RT2 和 RT3 的 OSPF 接口配置。鼠标单击路由器 RT1，在主界面"设备属性"中选择"数据配置"，然后选择"OSPF 配置"→"OSPF 接口配置"，设置接口 GE-1/1/1 对应的认证字段为"启用"状态，认证密钥为"123"，其他参数采用默认设置，完成输入后单击"确认"按钮，配置结果如图 5-34 所示。

鼠标单击路由器 RT2，在主界面"设备属性"中选择"数据配置"，然后选择"OSPF 配置"→"OSPF 接口配置"，设置接口 GE-1/1/1 认证字段为"启用"状态，认证密钥为"123"，其他参数采用默认设置；设置接口 GE-1/1/2 认证字段为"启用"状态，认证密钥为"321"，其他参数采用默认设置；完成输入后单击"确认"按钮，配置结果如图 5-35 所示。

鼠标单击路由器 RT3，在主界面"设备属性"中选择"数据配置"，然后选择"OSPF 配置"→"OSPF 接口配置"，设置接口 GE-1/1/1 对应的认证字段为"启用"状态，认证密钥为"321"，其他参数采用默认设置，完成输入后单击"确认"按钮，配置结果如图 5-36 所示。

图 5-34

图 5-35

图 5-36

步骤 17：查看路由器 RT1、RT2 和 RT3 的 OSPF 接口表。鼠标单击对应路由器，在主界面"设备属性"中选择"业务调试"，然后选择"状态查询"→"OSPF 状态"→"OSPF 接口表"。RT1 的 OSPF 接口表如图 5-37 所示、RT2 的 OSPF 接口表如图 5-38 所示、RT3 的 OSPF 接口表如图 5-39 所示。

图 5-37

图 5-38

图 5-39

步骤 18：查看路由器 RT1、RT2 和 RT3 的 OSPF 邻居表。鼠标单击对应路由器，在主界面"设备属性"中选择"业务调试"，然后选择"状态查询"→"OSPF 状态"→"OSPF 邻居表"。RT1 的 OSPF 接口表如图 5-40 所示、RT2 的 OSPF 接口表如图 5-41 所示、RT3 的 OSPF 接口表如图 5-42 所示。

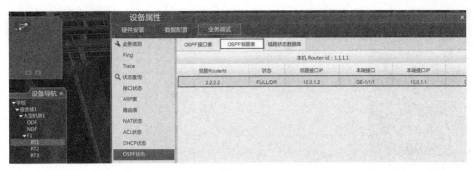

图 5-40

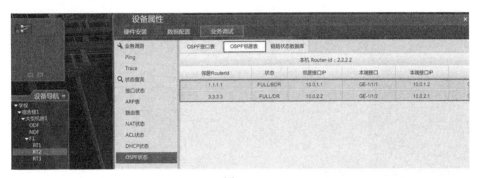

图 5-41

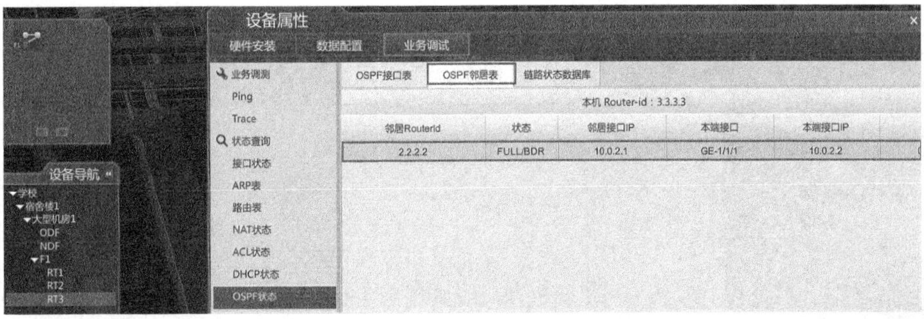

图 5-42

请思考：如果将 RT1 与 RT2 互联接口 GE-1/1/1 的认证密钥改为"123456"，RT1 的邻居接口表是否存在表项？

步骤 19：查看路由器 RT1、RT2、RT3 的 OSPF 链路状态数据库。鼠标单击对应路由器，在主界面"设备属性"中选择"业务调试"，然后选择"状态查询"→"OSPF 状态"→"OSPF 邻居表"。RT1 的 OSPF 链路状态数据库如图 5-43 所示、RT2 的 OSPF 链路状态数据库如图 5-44 所示、RT3 的 OSPF 链路状态数据库如图 5-45 所示。

通过查看 RT1、RT2 和 RT3 链路状态数据库可知，在同一区域内的路由器的链路状态数据库信息是完全一样的。路由器的链路状态数据库中共有三条 Type1 LSA（与 OSPF 路由器数量相同）、两条 Type2 LSA（与 DR 数量相同），路由器间达到了链路信息的同步。

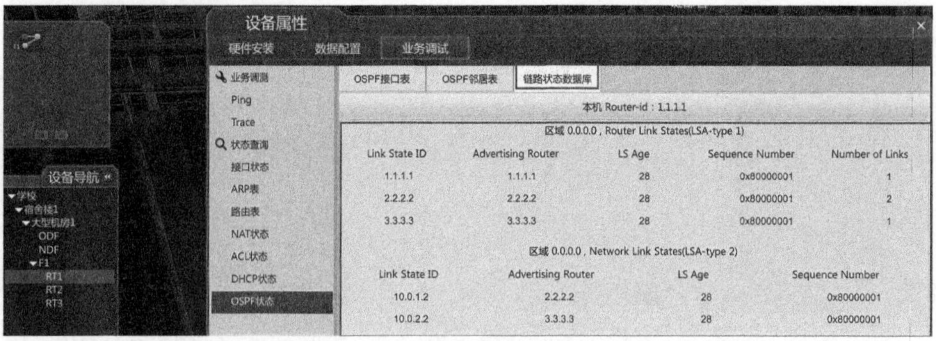

图 5-43

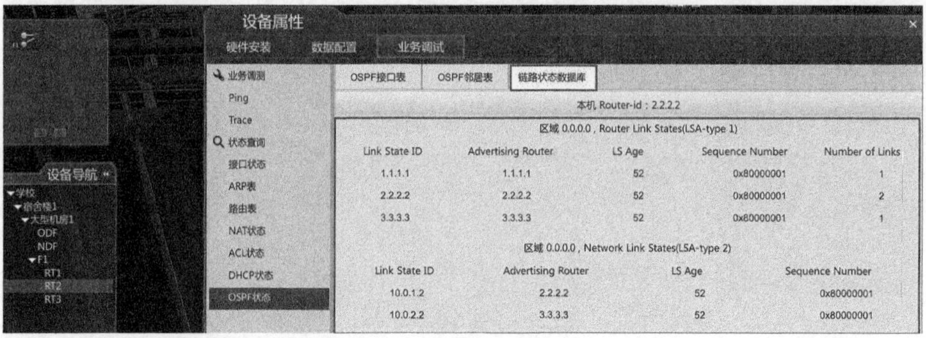

图 5-44

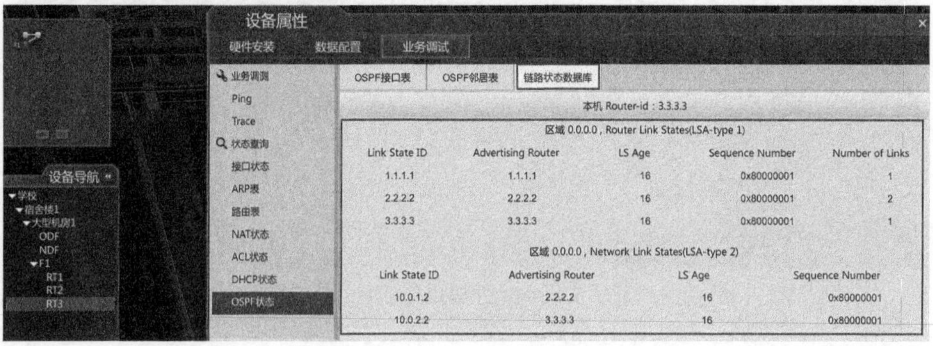

图 5-45

步骤 20：查看路由器 RT1、RT2、RT3 的 OSPF 路由表。鼠标单击对应路由器，在主界面"设备属性"中选择"业务调试"，然后选择"状态查询"→"路由表"。RT1 的路由表如图 5-46 所示、RT2 的路由表如图 5-47 所示、RT3 的路由表如图 5-48 所示。通过比较 R1、R2、R3 的路由表，请分析为什么路由表 R2 中没有 OSPF 路由？

步骤 21：路由器间的连通性测试（在 RT1 进行 Ping 测试 RT3 的接口地址）。鼠标单击路由器，在主界面"设备属性"中选择"业务调试"，然后选择"业务调测"→"Ping"。在"目的 IP"输入 RT3 对应接口 GE-1/1/1 的 IP 地址"10.0.2.2"，单击"执行"，查看实训结果如图 5-49 所示。

图 5-46

图 5-47

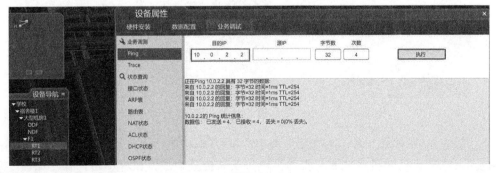

图 5-48

图 5-49

通过 Ping 测试，验证了路由器间通过配置 OSPF 协议实现了的网络的连通性。

当关闭 RT2（R2）与 RT3（R3）的互连链路后，能过实训可发现路由器 RT1、RT2 快速感知网络拓扑的变化，路由也重新进行了快速收敛。

任务二：OSPF 多区域配置实训

步骤 1：新增实训建筑。打开 SIMNET 仿真软件，鼠标单击右侧资源池建筑 图标，选择"体育场"图标，将其拖放到校园场景中，完成实训建筑的部署，操作结果如图 5-50 所示。

图 5-50

步骤 2：添加机房。鼠标单击资源池中的机房 图标，单击"大型机房"图标拖入至左侧已添加的实训建筑"体育场"中，完成机房部署，操作结果如图 5-51 所示。

图 5-51

步骤 3：安装机柜。单击右边资源池中的机柜 按钮，拖动鼠标将机柜安装到指定的位置（拖动机柜时机房地板会自动呈现可安装位置）放开鼠标即可，操作如图 5-52 所示。

图 5-52

步骤 4：添加路由器。单击已安装机柜，机柜门自动打开，资源池中自动弹出可选择网络设备。选中中型交换机 RT-M 拖入机柜中，路由器拖入机柜后将自动呈现可安装设备的插槽，如图 5-53 所示。

图 5-53

步骤 5：添加板卡。单击机柜中的网络设备安装单板，选择右边资源池中的单板 ▣ 按钮，可供安装的单板有 RT-8xGE-SFP、RT-8xGE-RJ45、RT-4x10GE-SFP+，拖动单板安放到已有的网络设备中，本例中三台路由器各增加一块光接口板，操作如图 5-54 所示。

步骤 6：重复步骤 5 的操作，给另两台路由器增加单板，完成操作后结果如图 5-55 所示。

步骤 7：光接口板插入光模块。单击资源池中的光模块 ▣ 按钮，如图 5-56 所示。光模块根据传输模式分为两种，单模光模块和多模光模块。SIMNET 平台单模光模块有 S13-GE-10KM-SFP、S13-XGE-10KM-SFP+ 两种型号；多模光模块有 M85-GE-500M-SFP、M85-XGE-300M-SFP+ 两种型号。根据接口要求选择光模块（设备间对接端口的光模块类型和光纤类型须匹配），单击右侧光模块拖入交换机的光接口即可。重复本操作步骤，完成另两台路由器光模块插入（注意：第二台路由器根据拓扑规划，需插入两个光模块）。

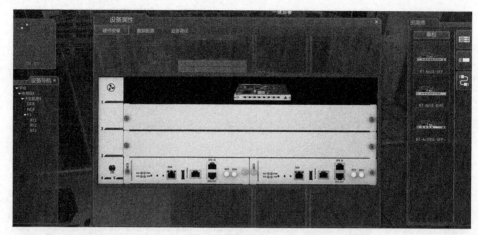

图 5-54

图 5-55

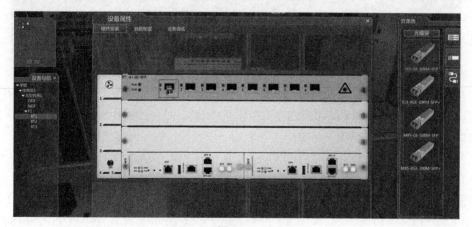

图 5-56

步骤 8：单击线缆 🔲 按钮，如图 5-8 所示，连接设备的线缆分别有 LC-LC 尾纤-S、LC-FC 尾纤-S、LC-LC 尾纤-M、LC-FC 尾纤-M、FC-FC 尾纤-S、FC-FC 尾纤-M、以太网线。根据端口插入的单模光模块选择相应的 LC-LC 尾纤，然后拖入对应的光模块中，完后一个光模块的尾纤连接，如图 5-57 所示。

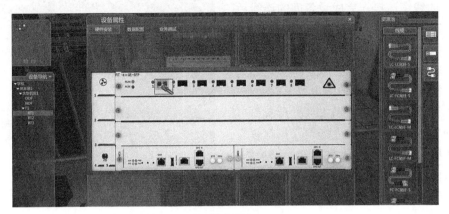

图 5-57

步骤 9：尾纤连接至第二台路由器 RT2 的光接口中。鼠标左键单击"设备导航"栏中第二台路由器，切换至第二台路由器，然后单击对应光口，完成尾纤连接，操作如图 5-58和图 5-59 所示。

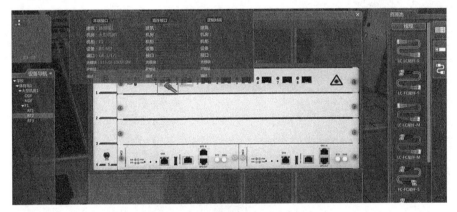

图 5-58

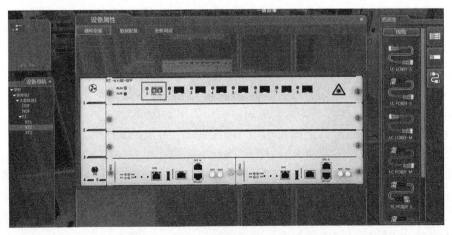

图 5-59

步骤 10：重复操作步骤 9，完成 RT2 与 RT3 的线缆连接。完成设备间的连线后，单击"设备导航"上的自动拓扑图标，完成的自动拓扑如图 5-60 所示。

步骤 11：配置路由器 RT-1 物理接口。在机房视图下，鼠标单击路由器 RT-1，在主界面"设备属性"中选择"数据配置"，然后选择"接口配置"→"物理接口配置"。配置接口 GE-1/1/1 的 IP 地址及子网掩码，输入数值 10.0.1.1 255.255.255.252，完成输入后单击"确认"按钮，操作如图 5-61 所示。

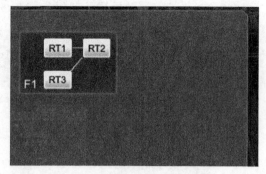

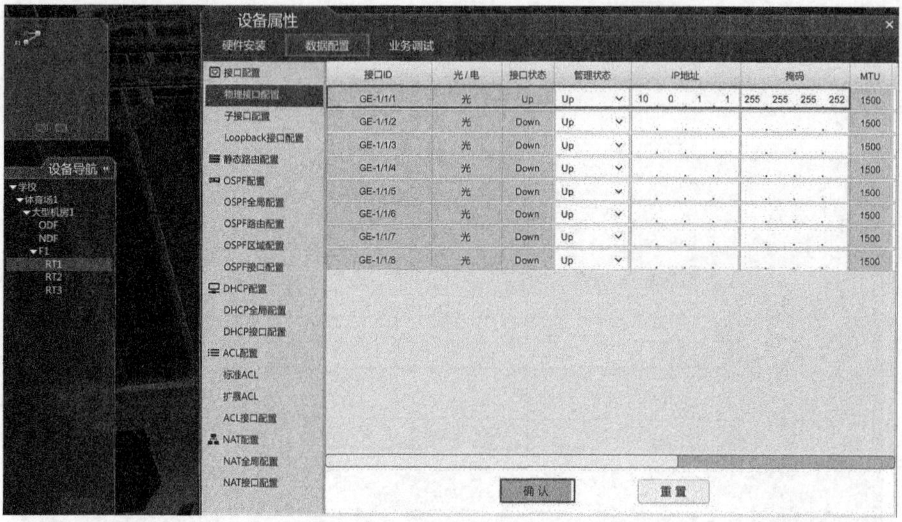

图 5-60

图 5-61

步骤 12：配置路由器 RT-2、RT-3 物理接口 IP 地址。在机房视图下，鼠标单击路由器 RT-2，在主界面"设备属性"中选择"数据配置"，然后选择"接口配置"→"物理接口配置"。配置 RT-2 接口 GE-1/1/1 的 IP 地址及掩码，输入数值"10.0.1.2"、"255.255.255.252"；配置 RT-2 接口 GE-1/1/2 的 IP 地址及掩码，输入数值"10.1.2.1"和"255.255.255.252"，完成输入后单击"确认"按钮，操作如图 5-62 所示。

鼠标单击路由器 RT3，配置 RT3 接口 GE-1/1/1 的 IP 地址及掩码，输入数值"10.1.2.2"和"255.255.255.252"，完成输入后单击"确认"按钮，操作如图 5-63 所示。

步骤 13：配置路由器 RT-1、RT-2 和 RT-3 的 Loopback 接口。鼠标单击路由器 RT1，在主界面"设备属性"中选择"数据配置"，然后选择"接口配置"→"Loopback 接口配置"。接口 ID 数值为"0"，配置 RT1 的 Loopback0 的 IP 地址为"1.1.1.1"，子网掩码为"255.255.255.255"，完成输入后单击"确认"按钮，如图 5-64 所示。

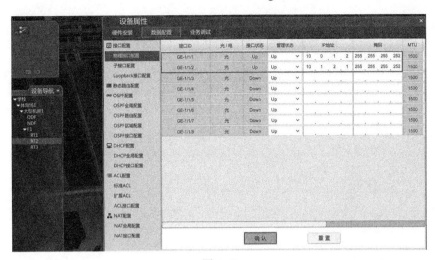

图 5-62

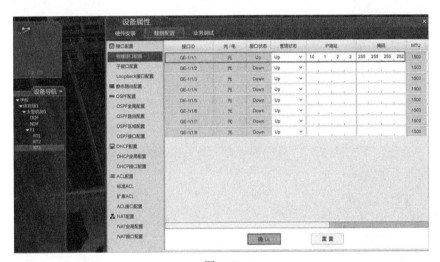

图 5-63

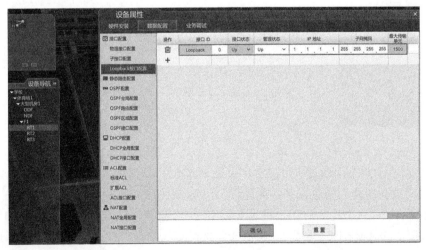

图 5-64

鼠标单击路由器 RT2，配置 RT2 的 Loopback0 接口 IP 地址为"2.2.2.2"，子网掩码为"255.255.255.255"，完成输入后单击"确认"按钮，操作如图 5-65 所示。

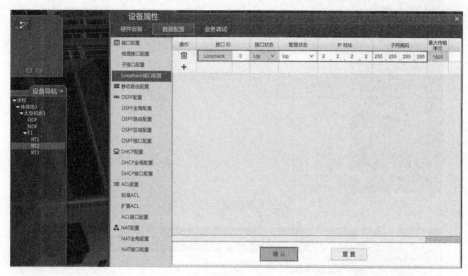

图 5-65

鼠标单击路由器 RT3，配置 RT3 的 Loopback0 的 IP 地址为"3.3.3.3"，子网掩码为"255.255.255.255"，完成输入后单击"确认"按钮，如图 5-66 所示。

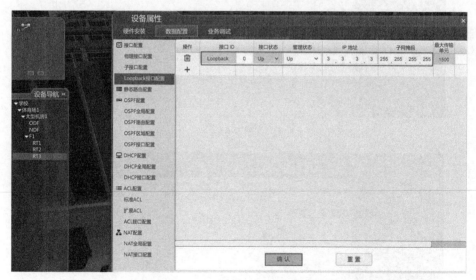

图 5-66

步骤 14：完成路由器 RT1、RT2 和 RT3 的 OSPF 全局配置。鼠标单击路由器 RT1，在主界面"设备属性"中选择"数据配置"，然后选择"OSPF 配置"→"OSPF 全局配置"，全局 OSPF 状态选为启用，进程号数值为"1"，Router-id 数值为"1.1.1.1"（该参数自动选择 Loopback 接口地址），其他选项采用默认参数，操作如图 5-67 所示。

鼠标单击路由器 RT2，在主界面"设备属性"中选择"数据配置"，然后选择"OSPF

配置"→"OSPF 全局配置"，全局 OSPF 状态选为启用，进程号数值为"1"，Router-id
数值为"2.2.2.2"，其他选项采用默认参数，操作如图 5-68 所示。

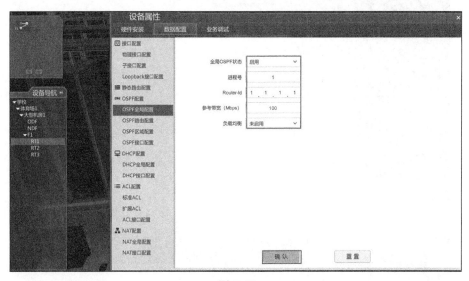

图 5-67

图 5-68

　　鼠标单击路由器 RT3，在主界面"设备属性"中选择"数据配置"，然后选择"OSPF
配置"→"OSPF 全局配置"，全局 OSPF 状态选为启用，进程号数值为"1"，Router-id
数值为"3.3.3.3"，其他选项采用默认参数，操作如图 5-69 所示。

　　步骤 15：完成路由器 RT1、RT2、RT3 的 OSPF 路由配置。鼠标单击路由器 RT1，
在主界面"设备属性"中选择"数据配置"，然后选择"OSPF 配置"→"OSPF 路由配
置"→"路由宣告"配置宣告对应的网段（端口激活 OSPF），单击"+"，输入网络地址
为"10.0.1.0"，通配符为"0.0.0.3"，区域为"0.0.0.0"，完成输入后单击"确认"按钮，
配置结果如图 5-70 所示。

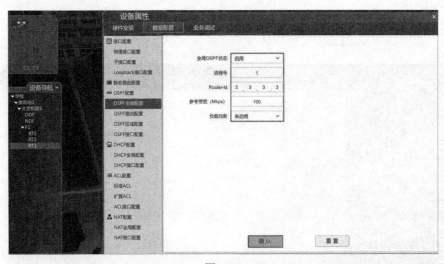

图 5-69

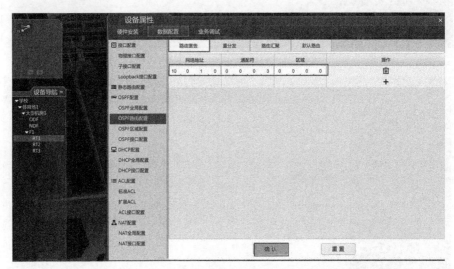

图 5-70

鼠标单击路由器 RT2，在主界面"设备属性"中选择"数据配置"，然后选择"OSPF配置"→"OSPF 路由配置"→"路由宣告"配置宣告对应的网段（端口激活 OSPF），单击"+"。RT2 存在两个端口需要激活 OSPF，输入网络地址为"10.0.1.0"，通配符为"0.0.0.3"、区域为"0.0.0.0"和网段地址为"10.1.2.0"，通配符为"0.0.0.3"，区域为"0.0.0.1"，完成输入后单击"确认"按钮，配置结果如图 5-71 所示。

鼠标单击路由器 RT3，在主界面"设备属性"中选择"数据配置"，然后选择"OSPF配置"→"OSPF 路由配置"→"路由宣告"配置宣告对应的网段（端口激活 OSPF），单击"+"。RT2 只有一个端口需要激活 OSPF，输入网络地址为"10.1.2.0"，通配符为"0.0.0.3"，区域为"0.0.0.1"，完成输入后单击"确认"按钮，配置结果如图 5-72 所示。

步骤 16：完成路由器 RT1 的 OSPF 的接口配置。配置路由器 RT1、RT2 和 RT3 的OSPF 接口配置。鼠标单击路由器 RT1，在主界面"设备属性"中选择"数据配置"，然后选择"OSPF 配置"→"OSPF 接口配置"，设置接口 GE-1/1/1 对应的认证字段为"启用"状态，认证密钥为"123"，其他参数采用默认设置，完成输入后单击"确认"按钮，配置结果如图 5-73 所示。

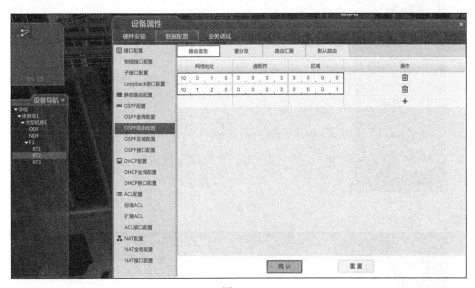

图 5-71

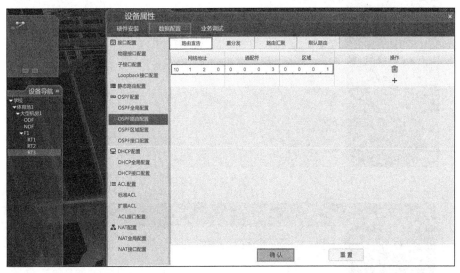

图 5-72

鼠标单击路由器 RT2，在主界面"设备属性"中选择"数据配置"，然后选择"OSPF配置"→"OSPF 接口配置"，设置接口 GE-1/1/1 认证字段为"启用"状态，认证密钥为"123"，其他参数采用默认设置；设置接口 GE-1/1/2 认证字段为"启用"状态，认证密钥为"321"，其他参数采用默认设置；完成输入后单击"确认"按钮，配置结果如图 5-74 所示。

鼠标单击路由器 RT3，在主界面"设备属性"中选择"数据配置"，然后选择"OSPF配置"→"OSPF 接口配置"，设置接口 GE-1/1/1 对应的认证字段为"启用"状态，认证密钥为"321"，其他参数采用默认设置，完成输入后单击"确认"按钮，配置结果如图 5-75 所示。

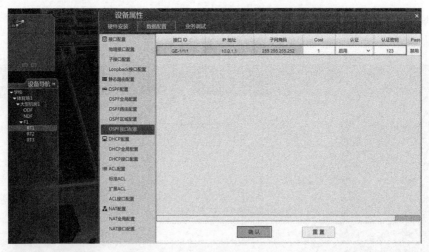

图 5-73

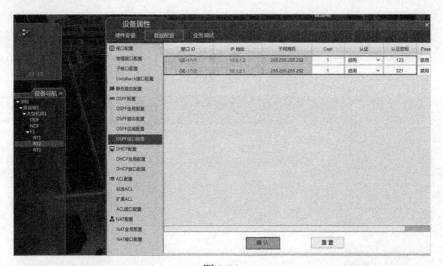

图 5-74

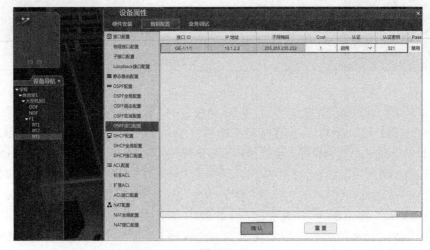

图 5-75

步骤 17：查看路由器 RT1、RT2、RT3 的 OSPF 接口表。鼠标单击对应路由器，在主界面"设备属性"中选择"业务调试"，然后选择"状态查询"→"OSPF 状态"→"OSPF 接口表"。RT1 的 OSPF 接口表如图 5-76 所示、RT2 的 OSPF 接口表如图 5-77 所示、RT3 的 OSPF 接口表如图 5-78 所示。

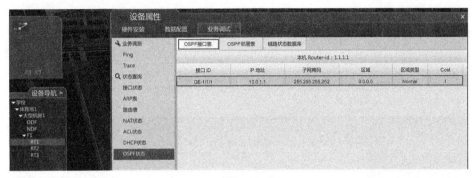

图 5-76

图 5-77

图 5-78

步骤 18：查看路由器 RT1、RT2、RT3 的 OSPF 邻居表。鼠标单击对应路由器，在主界面"设备属性"中选择"业务调试"，然后选择"状态查询"→"OSPF 状态"→"OSPF 邻居表"。RT1 的 OSPF 接口表如图 5-79 所示、RT2 的 OSPF 接口表如图 5-80 所示、RT3 的 OSPF 接口表如图 5-81 所示。

图 5-79

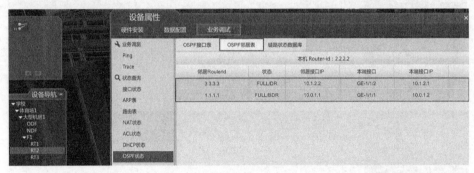

图 5-80

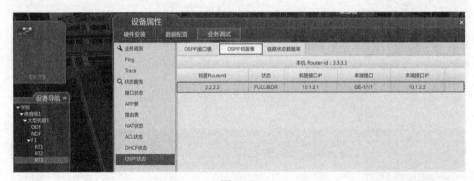

图 5-81

步骤 19：查看路由器 RT1、RT2 和 RT3 的 OSPF 链路状态数据库。鼠标单击对应路由器，在主界面"设备属性"中选择"业务调试"，然后选择"状态查询"→"OSPF 状态"→"OSPF 邻居表"。RT1 的 OSPF 链路状态数据库如图 5-82 所示、RT2 的 OSPF 链路状态数据库如图 5-83 所示、RT3 的 OSPF 链路状态数据库如图 5-84 所示。

在本实训任务中，RT1 与 RT2 在区域 0 内（骨干区域），RT2 与 RT3 处于区域 1 内（非骨干区域），RT2 为区域边界路由器（ABR）。

RT1 与 RT3 均只有一个区域的链路状态数据库。同时，两台路由器不在同一个区域内，所以链路状态数据库是不相同的。

路由器 RT2 区域 0 内的链路状态数据库与路由器 RT1 相同；路由器 RT2 区域 1 内的链路状态数据库与路由器 RT3 相同。

图 5-82

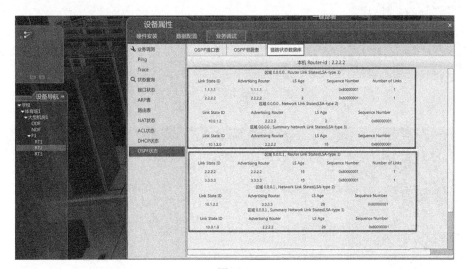

图 5-83

图 5-84

　　Type1 LSA 和 Type2 LSA 只能在路由器所在区域内泛洪，为了保障区域的连通性，ABR 路由器（RT2）中将会对区域内部的网段路由进行汇总，向其他区域泛洪。即，RT2 对区域 0 的网段路由 10.0.1.0 进行汇总，泛洪至区域 1；RT2 对区域 1 的网段路由 10.1.2.0 进行汇总，泛洪至区域 0。

所以，在区域 0 内，可看到 Type1 LSA 和 Type2 LSA，也可以看到 Type3 LSA。
在区域 1 内，可看到 Type1 LSA 和 Type2 LSA，也可以看到 Type3 LSA。

步骤 20：查看路由器 RT1、RT2 和 RT3 的 OSPF 路由表。鼠标单击对应路由器，在主界面"设备属性"中选择"业务调试"，然后选择"状态查询"→"路由表"。RT1 的路由表如图 5-85 所示、RT2 的路由表如图 5-86 所示、RT3 的路由表如图 5-87 所示。

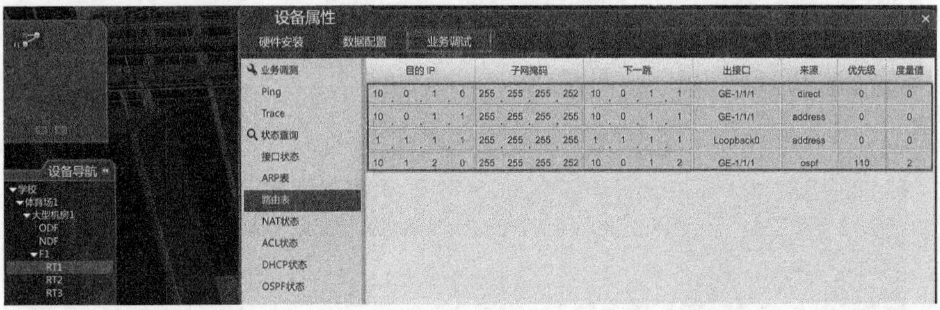

图 5-85

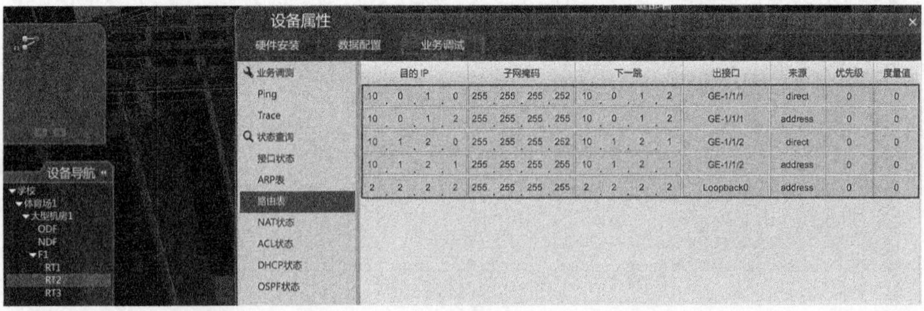

图 5-86

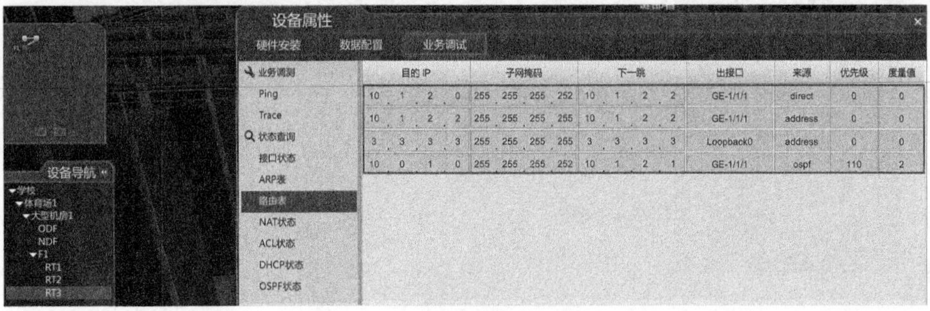

图 5-87

步骤 21：路由器间的连通性测试（在 RT1 进行 Ping 测试 RT3 的接口地址）。验证 RT1 Ping 测试 RT3 的接口地址。鼠标单击路由器，在主界面"设备属性"中选择"业务调试"，然后选择"业务调测"→"Ping"。在"目的 IP"对应输入框中输入为 RT3 接口

GE-1/1/1 的 IP 地址 "10.1.2.2"，单击 "执行"，测试结果如图 5-88 所示。

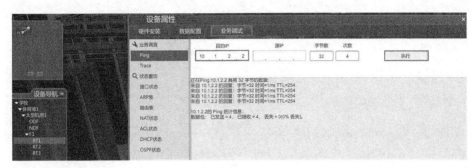

图 5-88

任务三：OSPF 引入直连路由配置实训

步骤 1：新增实训建筑。打开 SIMNET 仿真软件，鼠标单击右侧资源池建筑 图标，选择 "体育场" 图标，将其拖放到校园场景中，完成实训建筑的部署，操作结果如图 5-89 所示。

图 5-89

步骤 2：添加机房。鼠标单击资源池中的机房 图标，单击 "大型机房" 图标，将其拖入左侧已添加的实训建筑 "体育场" 中，完成机房部署，操作结果如图 5-90 所示。

步骤 3：安装机柜。单击右边资源池中的机柜 按钮，拖动鼠标将机柜安装到指定的位置（拖动机柜时机房地板会自动呈现可安装位置）放开鼠标即可，操作如图 5-91 所示。

步骤 4：添加路由器。单击已安装机柜，机柜门自动打开，资源池中自动弹出可选择网络设备。选中中型交换机 RT-M 拖入机柜中，路由器拖入机柜后将自动呈现可安装设备的插槽，如图 5-92 所示。

图 5-90

图 5-91

图 5-92

步骤 5：添加板卡。单击机柜中的网络设备安装单板，选择右边资源池中的单板 按钮，可供安装的单板有 RT-8xGE-SFP、RT-8xGE-RJ45、RT-4x10GE-SFP+，拖动单板安放到已有的网络设备中，本例中四台路由器各增加一块光接口板，操作如图 5-93 所示。

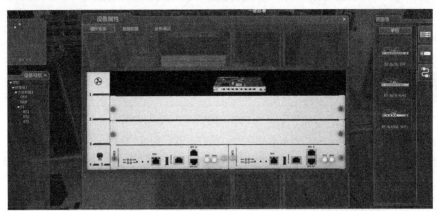

图 5-93

步骤 6：重复步骤 5 的操作，给另三台路由器增加单板，完成操作后结果如图 5-94 所示。

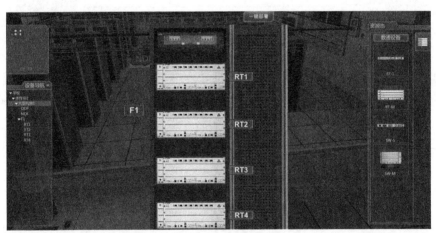

图 5-94

步骤 7：光接口板插入光模块。单击资源池中的光模块 按钮，如图 5-95 所示。光模块根据传输模式分为两种，单模光模块和多模光模块。SIMNET 平台单模光模块有 S13-GE-10KM-SFP、S13-XGE-10KM-SFP+两种型号；多模光模块有 M85-GE-500M-SFP、M85-XGE-300M-SFP+两种型号。根据接口要求选择光模块（设备间对接端口的光模块类型和光纤类型须匹配），单击右侧光模块拖入交换机的光接口即可。重复本操作步骤，完成另两台路由器光模块插入（注意：第二台路由器根据拓扑规划，需插入两个光模块）。

步骤 8：单击线缆 按钮，如图 5-96 所示，连接设备的线缆分别有 LC-LC 尾纤-S、LC-FC 尾纤-S、LC-LC 尾纤-M、LC-FC 尾纤-M、FC-FC 尾纤-S、FC-FC 尾纤-M、以太网线。根据端口插入的单模光模块选择相应的 LC-LC 尾纤，然后拖入对应的光模块中，完后一个光模块的尾纤连接。

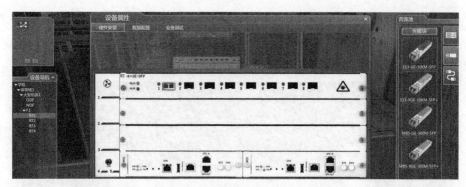

图 5-95

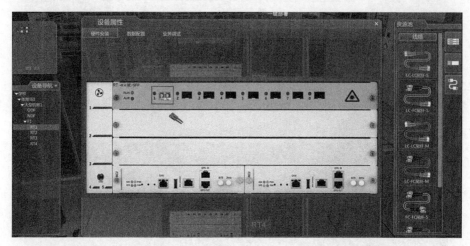

图 5-96

步骤 9：尾纤连接至第二台路由器 RT2 的光接口中。鼠标左键单击"设备导航"栏中第二台路由器，切换至第二台路由器，然后单击对应光口，完成尾纤连接，操作如图 5-97 和图 5-98 所示。

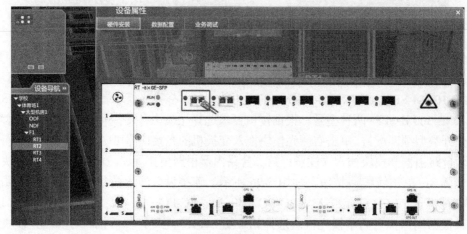

图 5-97

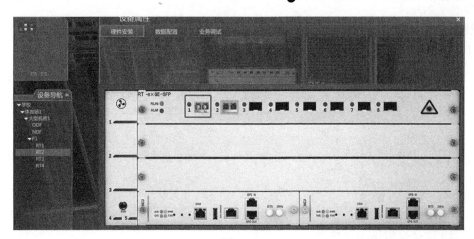

图 5-98

步骤 10：重复操作步骤 9，完成 RT2 与 RT3 的线
缆连接。完成设备间的连线后，单击"设备导航"上的
自动拓扑图标，完成的自动拓扑如图 5-99 所示。

步骤 11：配置路由器 RT1 物理接口 IP 地址。在机
房视图下，鼠标单击路由器 RT1，在主界面"设备属性"
中选择"数据配置"，然后选择"接口配置"→"物理
接口配置"。配置接口 GE-1/1/1 的 IP 地址及子网掩码，
输入"10.0.1.1""255.255.255.252"，完成输入后单击
"确认"按钮，操作如图 5-100 所示。

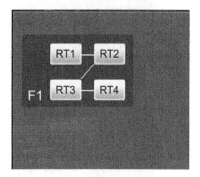

图 5-99

图 5-100

步骤 12：配置路由器物理接口 IP 地址。在机房视图下，鼠标单击路由器 RT2，在
主界面"设备属性"中选择"数据配置"，然后选择"接口配置"→"物理接口配置"。
配置 RT2 接口 GE-1/1/1 的 IP 地址及子网掩码，输入数值"10.0.1.2""255.255.255.252"，

完成输入后单击"确认"按钮。配置接口 GE-1/1/2 的 IP 地址及子网掩码，输入数值"10.1.2.1""255.255.255.252"，完成输入后单击"确认"按钮，如图 5-101 所示。

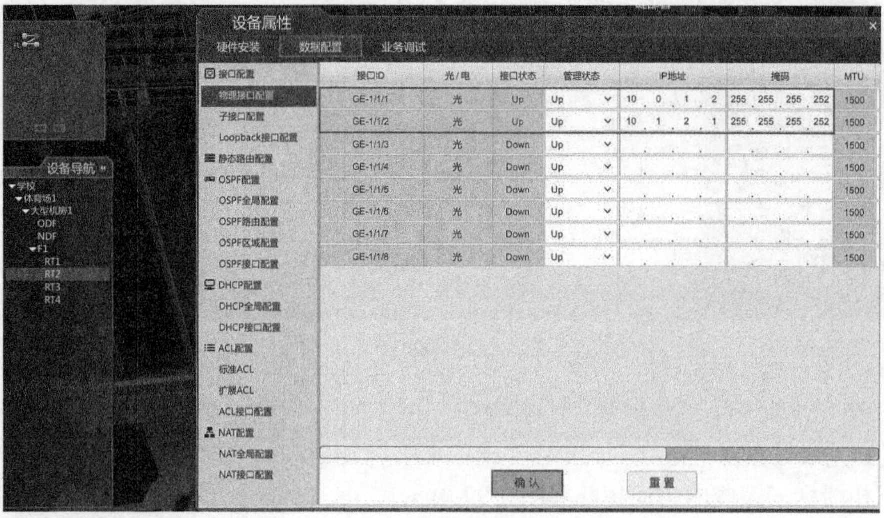

图 5-101

鼠标单击 RT3，配置 RT3 接口 GE-1/1/1 的 IP 地址及子网掩码，输入数值"10.1.2.2""255.255.255.252"，配置接口 GE-1/1/2 的 IP 地址及子网掩码，输入数值"20.20.20.1""255.255.255.252"，操作如图 5-102 所示。

图 5-102

鼠标单击 RT4，配置 RT4 接口 GE-1/1/1 的 IP 地址及子网掩码，输入数值"20.20.20.2""255.255.255.252"，操作如图 5-103 所示。

步骤 13：配置路由器 RT1、RT2、RT3、RT4 的 Loopback 接口。鼠标单击路由器 RT1，在主界面"设备属性"中选择"数据配置"，然后选择"接口配置"→"Loopback 接口配置"。接口 ID 数值为"0"，RT1 的 loopback0 的 IP 地址为"1.1.1.1"，子网掩码为

"255.255.255.255"，完成输入后单击"确认"按钮，操作如图 5-104 所示。

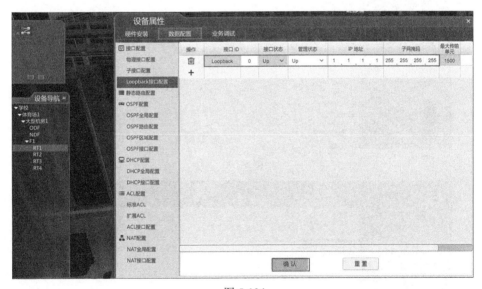

图 5-103

图 5-104

鼠标单击路由器 RT2，配置 RT2 的 loopback0 的 IP 地址为"2.2.2.2"，子网掩码为
"255.255.255.255"，完成输入后单击"确认"按钮，操作如图 5-105 所示。

鼠标单击路由器 RT3，配置 RT3 的 loopback0 的 IP 地址为"3.3.3.3"，子网掩码为
"255.255.255.255"，完成输入后单击"确认"按钮，操作如图 5-106 所示。

鼠标单击路由器 RT4，配置 RT4 的 loopback0 的 IP 地址为"4.4.4.4"，子网掩码为
"255.255.255.255"，完成输入后单击"确认"按钮，操作如图 5-107 所示。

图 5-105

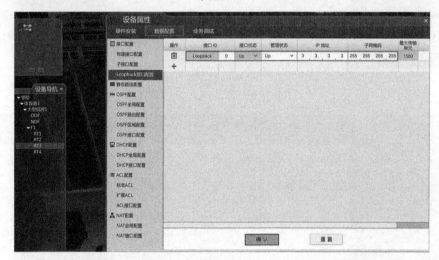

图 5-106

图 5-107

步骤 14：完成路由器 RT1 的 OSPF 全局配置。鼠标单击路由器 RT1，在主界面"设备属性"中选择"数据配置"，然后选择"OSPF 配置"→"OSPF 全局配置"。设置 OSPF 状态为"启用"，进程号数值为"1"，Router-id 数值为"1.1.1.1"，其他选项采用默认配置，操作如图 5-108 所示。

图 5-108

鼠标单击路由器 RT2，在主界面"设备属性"中选择"数据配置"，然后选择"OSPF 配置"→"OSPF 全局配置"，设置 OSPF 状态为"启用"，进程号数值为"1"，Router-id 数值为"2.2.2.2"，其他选项采用默认配置，操作如图 5-109 所示。

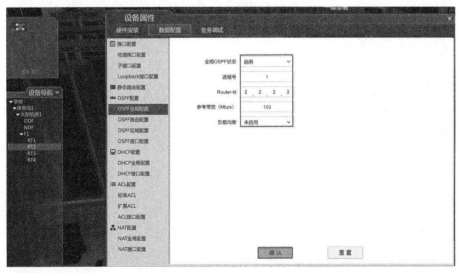

图 5-109

鼠标单击路由器 RT3，在主界面"设备属性"中选择"数据配置"，然后选择"OSPF 配置"→"OSPF 全局配置"，设置 OSPF 状态为"启用"，进程号数值为"1"，Router-id

数值为"3.3.3.3"，其他选项采用默认配置，操作如图 5-110 所示。

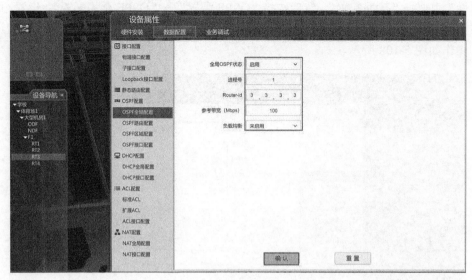

图 5-110

步骤 15：完成路由器 RT1、RT2、RT3 的 OSPF 路由配置。鼠标单击路由器 RT1，在主界面"设备属性"中选择"数据配置"，然后选择"OSPF 配置"→"OSPF 路由配置"→"路由宣告"配置宣告对应的网段（端口激活 OSPF），单击"+"，输入网段地址为"10.0.1.0"、通配符为"0.0.0.3"、区域为"0.0.0.0"，完成输入后单击"确认"按钮，配置结果如图 5-111 所示。

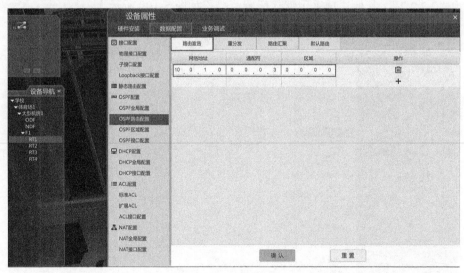

图 5-111

鼠标单击路由器 RT2，在主界面"设备属性"中选择"数据配置"，然后选择"OSPF 配置"→"OSPF 路由配置"→"路由宣告"配置宣告对应的网段（端口激活 OSPF），单击"+"，RT2 存在两个端口需要激活 OSPF，输入网段地址为"10.0.1.0"、通配符为

"0.0.0.3"、区域为"0.0.0.0"和网段地址为"10.1.2.0"、通配符为"0.0.0.3"、区域为"0.0.0.1"，完成输入后单击"确认"按钮，配置结果如图 5-112 所示。

图 5-112

鼠标单击路由器 RT3，在主界面"设备属性"中选择"数据配置"，然后选择"OSPF配置"→"OSPF 路由配置"→"路由宣告"配置宣告对应的网段（端口激活 OSPF），单击"+"，RT3 只有一个端口需要激活 OSPF，输入网段地址为"10.1.2.0"、通配符为"0.0.0.3"、区域为"0.0.0.1"，完成输入后单击"确认"按钮，配置结果如图 5-113 所示。

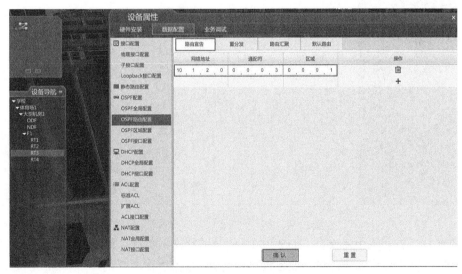

图 5-113

步骤 16：RT3 重分发直连路由。鼠标单击路由器 RT3，在主界面"设备属性"中选择"数据配置"，然后选择"OSPF 配置"→"OSPF 路由配置"，单击"重分发"，设置直连路由的重分发状态为"启用"，完成设置后单击"确认"按钮，操作如图 5-114 所示。

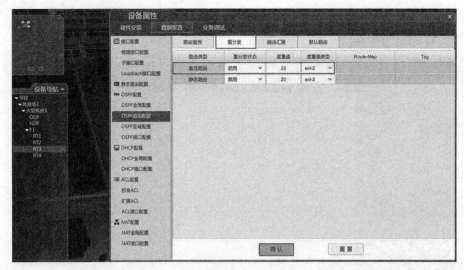

图 5-114

步骤 17：RT4 配置默认路由。鼠标单击 RT4 路由器，在主界面"设备属性"中选择"数据配置"，然后选择"静态路由配置"，单击"+"，添加一条默认路由，默认路由参数目的地址为"0.0.0.0"、子网掩码为"0.0.0.0"、下一跳为"20.20.20.1"，完成输入后单击"确认"按钮，配置结果如图 5-115 所示。

图 5-115

步骤 18：查看路由器 RT1、RT2、RT3 的链路状态数据库。鼠标单击对应的路由器，在主界面"设备属性"中选择"业务调试"，然后选择"状态查询"→"OSPF 状态"，查看各路由器 OSPF 链路状态数据库，如图 5-116、图 5-117、图 5-118 所示。

通过比较 R1、R2、R3 的链路状态数据库，可以发现三台路由器均存在了两条 Type5 LSA（在路由器 RT3 重分发直连路由，产生两条 Type5 LSA，为什么会产生两条 Type5 LSA 呢？）。直连路由相对于 OSPF 路由来说，不是 OSPF 协议自动生成的路由，需要在 ASBR 路由器中进行重分发引入。Type5 LSA 在传递的过程中，不会发生变化。

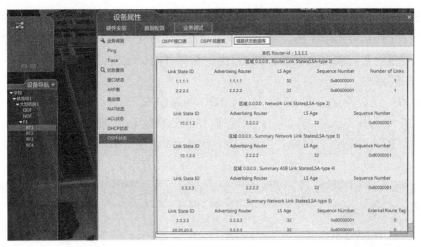

图 5-116

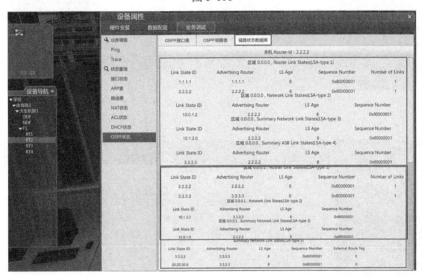

图 5-117

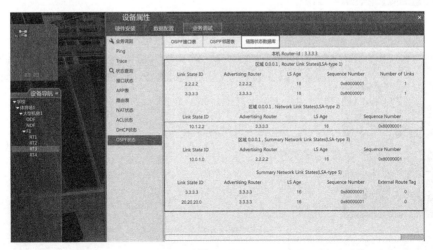

图 5-118

在 RT1、RT2 中同时存在一条 Type4 LSA，它由 ABR（RT2）生成，描述 ABR（RT2）到 ASBR（RT3）的 Type4 LSA，然后由 ABR（RT2）向除 ASBR 所在区域外泛洪。Type4 LSA 的产生是为了计算 Type5 LSA 的路由，否则 Type5 LSA 跨区域传播后，无法迭代计算对应外部路由。

步骤 19：查看各路由器 RT1、RT2、RT3 的路由表。鼠标单击各路由器，在主界面"设备属性"中选择"业务调试"，然后选择"状态查询"→"路由表"，单击查看，RT1、RT2、RT3、RT4 的路由表分别如图 5-119、图 5-120、图 5-121、图 5-122 所示。

目的 IP				子网掩码				下一跳				出接口	来源	优先级	度量值
10	0	1	0	255	255	255	252	10	0	1	1	GE-1/1/1	direct	0	0
10	0	1	1	255	255	255	255	10	0	1	1	GE-1/1/1	address	0	0
1	1	1	1	255	255	255	255	1	1	1	1	Loopback0	address	0	0
10	0	1	2	255	255	255	252	10	0	1	1	GE-1/1/1	ospf	110	2
20	20	20	0	255	255	255	0	10	0	1	1	GE-1/1/1	ospf	110	20
3	3	3	3	255	255	255	255	10	0	1	1	GE-1/1/1	ospf	110	20

图 5-119

目的 IP				子网掩码				下一跳				出接口	来源	优先级	度量值
10	0	1	0	255	255	255	252	10	0	1	2	GE-1/1/1	direct	0	0
10	0	1	2	255	255	255	255	10	0	1	2	GE-1/1/1	address	0	0
10	1	2	0	255	255	255	252	10	1	2	1	GE-1/1/2	direct	0	0
10	1	2	1	255	255	255	255	10	1	2	1	GE-1/1/2	address	0	0
2	2	2	2	255	255	255	255	2	2	2	2	Loopback0	address	0	0
20	20	20	0	255	255	255	0	10	1	2	2	GE-1/1/2	ospf	110	20
3	3	3	3	255	255	255	255	10	1	2	2	GE-1/1/2	ospf	110	20

图 5-120

目的 IP				子网掩码				下一跳				出接口	来源	优先级	度量值
10	1	2	0	255	255	255	252	10	1	2	1	GE-1/1/1	direct	0	0
10	1	2	1	255	255	255	255	10	1	2	1	GE-1/1/1	address	0	0
20	20	20	0	255	255	255	252	20	20	20	1	GE-1/1/2	direct	0	0
20	20	20	1	255	255	255	255	20	20	20	1	GE-1/1/2	address	0	0
3	3	3	3	255	255	255	255	3	3	3	3	Loopback0	address	0	0
10	0	1	0	255	255	255	252	10	1	2	1	GE-1/1/1	ospf	110	2

图 5-121

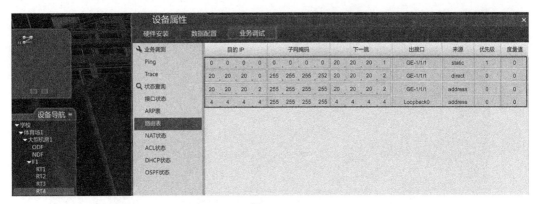

图 5-122

步骤 20：验证路由器间的连通性。鼠标单击路由器 RT1，在主界面"设备属性"中选择"业务调试"，然后选择"业务调测"→"Ping"。"目的 IP"为 RT4 接口 GE-1/1/1 的 IP 地址，数值为"20.20.20.2"，然后单击"执行"，查看实训结果如图 5-123 所示。

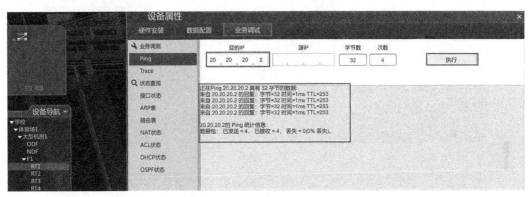

图 5-123

请思考：在 RT4 中没有启用 OSPF 协议，为什么 RT1 可以 Ping 通 RT4 的接口地址？

任务四：OSPF 引入静态路由配置实训

步骤 1：新增实训建筑。打开 SIMNET 仿真软件，鼠标单击右侧资源池建筑 🏛 图标，选择"体育场"图标，将其拖放到校园场景中，完成实训建筑的部署，操作结果如图 5-124 所示。

步骤 2：添加机房。鼠标单击资源池中的机房 🖿 图标，单击"大型机房"图标，将其拖入左侧已添加的实训建筑"体育场"中，完成机房部署，操作结果如图 5-125 所示。

步骤 3：安装机柜。单击右边资源池中的机柜 🞌 按钮，拖动鼠标将机柜安装到指定的位置（拖动机柜时机房地板会自动呈现可安装位置）放开鼠标即可，操作如图 5-126 所示。

图 5-124

图 5-125

图 5-126

步骤 4：添加路由器。单击已安装机柜，机柜门自动打开，资源池中自动弹出可选择网络设备。选中中型交换机 RT-M 将其拖入机柜中，路由器被拖入机柜后将自动呈现可安装设备的插槽，如图 5-127 所示（本实训任务中共需要添加 4 台路由器）。

图 5-127

步骤 5：添加板卡。单击机柜中的网络设备安装单板，选择右边资源池中的单板▦按钮，可供安装的单板有 RT-8xGE-SFP、RT-8xGE-RJ45、RT-4x10GE-SFP+，拖动单板安放到已有的网络设备中，本例中，4 台路由器各增加一块光接口板，操作如图 5-128 所示。

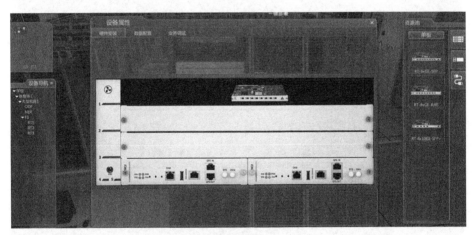

图 5-128

步骤 6：重复步骤 5 的操作，给另外 3 台路由器增加单板，完成操作后结果如图 5-129 所示。

步骤 7：光接口板插入光模块。单击资源池中的光模块▦按钮，如图 5-130 所示。光模块根据传输模式分为两种：单模光模块和多模光模块。SIMNET 平台单模光模块有 S13-GE-10KM-SFP、S13-XGE-10KM-SFP+两种型号；多模光模块有 M85-GE-500M-SFP、M85-XGE-300M-SFP+两种型号。根据接口要求选择光模块（设备间对接端口的光模块类型和光纤类型须匹配），单击右侧光模块拖入交换机的光接口即可。重复本操作步骤，完成另两台路由器光模块插入（注意：第二台路由器根据拓扑规划，需插入两个光模块）。

步骤 8：单击线缆▣按钮，如图 5-131 所示，连接设备的线缆分别有 LC-LC 尾纤-S、

LC-FC 尾纤-S、LC-LC 尾纤-M、LC-FC 尾纤-M、FC-FC 尾纤-S、FC-FC 尾纤-M、以太网线。根据端口插入的单模光模块选择相应的 LC-LC 尾纤，然后拖入对应的光模块中，完后一个光模块的尾纤连接。

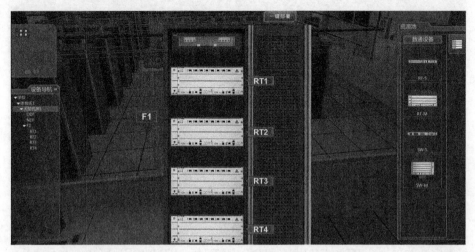

图 5-129

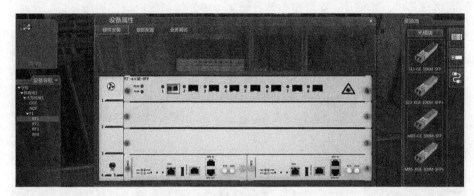

图 5-130

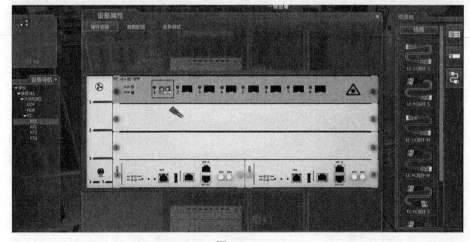

图 5-131

步骤 9：尾纤连接至第二台路由器 RT2 的光接口中。鼠标左键单击"设备导航"栏中第二台路由器，切换至第二台路由器，然后单击对应光口，完成尾纤连接，操作如图 5-132 和图 5-133 所示。

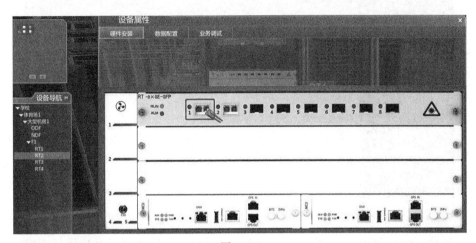

图 5-132

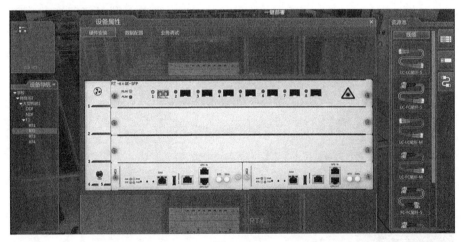

图 5-133

步骤 10：重复操作步骤 9，完成 RT2 与 RT3 的线缆连接。完成设备间的连线后，单击"设备导航"上的自动拓扑图标，完成的自动拓扑如图 5-134 所示。

步骤 11：配置路由器 RT1 物理接口 IP 地址。在机房视图下，鼠标单击路由器 RT1，在主界面"设备属性"中选择"数据配置"，然后选择"接口配置"→"物理接口配置"。配置接口 GE-1/1/1 的 IP 地址及子网掩码，输入数值"10.0.1.1""255.255.255.252"，完成输入后单击"确认"按钮，操作如图 5-135 所示。

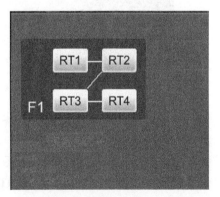

图 5-134

图 5-135

步骤 12：配置路由器 RT2、RT3、RT4 物理接口 IP 地址及子网掩码。在机房视图下，鼠标单击路由器 RT2，在主界面"设备属性"中选择"数据配置"，然后选择"接口配置"→"物理接口配置"。配置 RT2 接口 GE-1/1/1 的 IP 地址及子网掩码，输入数值"10.0.1.2""255.255.255.252"；配置 RT2 接口 GE-1/1/2 的 IP 地址及子网掩码，输入数值"10.1.2.1""255.255.255.252"，操作如图 5-136 所示。

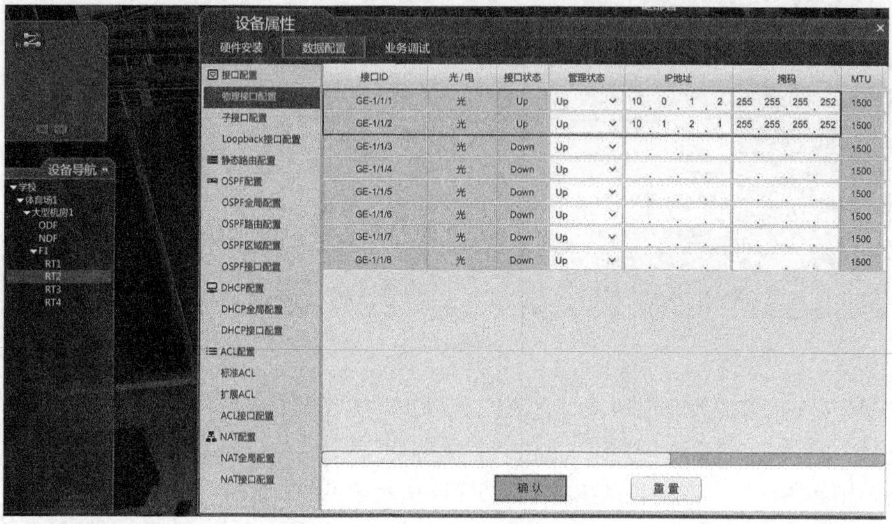

图 5-136

鼠标单击路由器 RT3，配置 RT-3 接口 GE-1/1/1 的 IP 地址及子网掩码，输入数值"10.1.2.2""255.255.255.252"；配置接口 GE-1/1/2 的 IP 地址及子网掩码，输入数值"20.20.20.1""255.255.255.252"，操作如图 5-137 所示。

鼠标单击路由器 RT4，配置 RT-4 接口 GE-1/1/1 的 IP 地址及子网掩码，输入数值"20.20.20.2""255.255.255.252"，操作如图 5-138 所示。

图 5-137

图 5-138

步骤 13：配置路由器 RT1、RT2、RT3、RT4 的 Loopback 接口地址。鼠标单击路由器 RT1，在主界面"设备属性"中选择"数据配置"，然后选择"接口配置"→"Loopback 接口配置"。接口 ID 数值为"0"，RT1 的 Loopback0 的 IP 地址为"1.1.1.1"，子网掩码为"255.255.255.255"，完成输入后单击"确认"按钮，操作如图 5-139 所示。

鼠标单击路由器 RT2，配置 RT2 的 Loopback0 的 IP 地址为"2.2.2.2"，子网掩码为"255.255.255.255"，完成输入后单击"确认"按钮，操作如图 5-140 所示。

鼠标单击路由器 RT3，配置 RT3 的 Loopback0 的 IP 地址为"3.3.3.3"，子网掩码为"255.255.255.255"，完成输入后单击"确认"按钮，操作如图 5-141 所示。

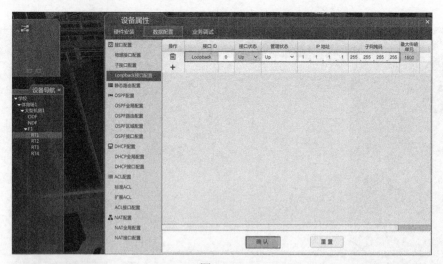

图 5-139

图 5-140

图 5-141

鼠标单击路由器 RT4，配置 RT4 的 Loopback0 的 IP 地址为"4.4.4.4"，子网掩码为"255.255.255.255"，完成输入后单击"确认"按钮，操作如图 5-142 所示。

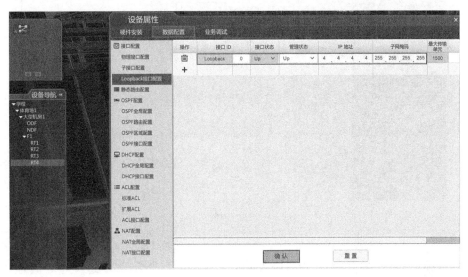

图 5-142

步骤 14：完成路由器 RT1、RT2、RT3 的 OSPF 全局配置。鼠标单击路由器 RT1，在主界面"设备属性"中选择"数据配置"，然后选择"OSPF 配置"→"OSPF 全局配置"，设置全局 OSPF 状态选为"启用"，进程号数值为"1"，Router-id 数值为"1.1.1.1"，其他选项采用默认选项，操作如图 5-143 所示。

图 5-143

鼠标单击路由器 RT2，在主界面"设备属性"中选择"数据配置"，然后选择"OSPF 配置"→"OSPF 全局配置"，设置全局 OSPF 状态选为"启用"，进程号数值为"1"，Router-id 数值为"2.2.2.2"，其他选项采用默认选项，操作如图 5-144 所示。

图 5-144

　　鼠标单击路由器 RT3，在主界面"设备属性"中选择"数据配置"，然后选择"OSPF 配置"→"OSPF 全局配置"，设置全局 OSPF 状态选为"启用"，进程号数值为"1"，Router-id 数值为"3.3.3.3"，其他选项采用默认选项，操作如图 5-145 所示。

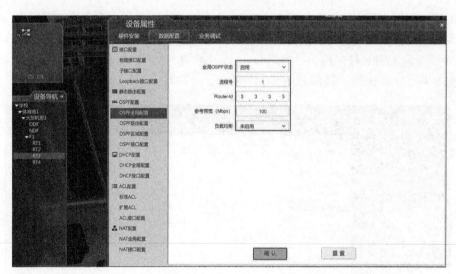

图 5-145

　　步骤 15：完成路由器 RT1、RT2、RT3 的 OSPF 路由配置。鼠标单击路由器 RT1，在主界面"设备属性"中选择"数据配置"，然后选择"OSPF 配置"→"OSPF 路由配置"→"路由宣告"配置宣告各自接口的网段路由（端口激活 OSPF）。单击"+"，输入对应接口的网络地址为"10.0.1.0"、通配符为"0.0.0.3"（子网掩码的反掩码）、区域为"0.0.0.0"，完成输入后单击"确认"按钮，配置结果如图 5-146 所示。

　　鼠标单击路由器 RT2，如上操作步骤进入"路由宣告"。RT2 两个端口需要激活 OSPF，根据接口属性，输入对应的网络地址、通配符、区域参数分别为"10.0.1.0""0.0.0.3""0.0.0.0"和"10.1.2.0""0.0.0.3""0.0.0.1"，完成输入后单击"确认"按钮，配置结果如图 5-147 所示。

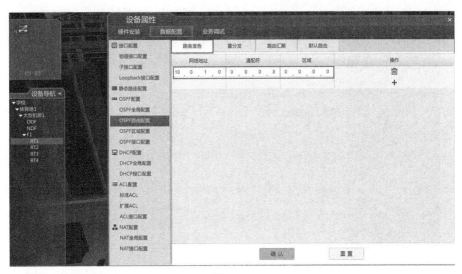

图 5-146

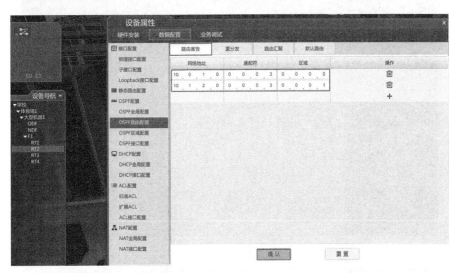

图 5-147

鼠标单击路由器 RT3，如上操作步骤进入"路由宣告"。RT3 只有一个端口需要激活 OSPF，根据接口属性，输入对应的网络地址、通配符、区域参数为"10.1.2.0""0.0.0.3" "0.0.0.1"，完成输入后单击"确认"按钮，配置结果如图 5-148 所示。

步骤 16：路由器 RT3 重分发静态路由。鼠标单击 RT3 路由器，在路由器主界面"设备属性"中选择"数据配置"，然后选择"OSPF 配置"→"OSPF 路由配置"，单击"重分发"，将路由类型为"静态路由"的重分发状态选择"启用"，完成选择后单击"确认"按钮，操作如图 5-149 所示。

步骤 17：路由器 RT3、RT4 配置一条静态/默认路由。鼠标单击路由器 RT3，在主界面"设备属性"中选择"数据配置"，然后选择"静态路由配置"，单击"+"添加一条静态路由，目的地址、子网掩码、下一跳对应参数分别为"4.4.4.4""255.255.255.255" "20.20.20.2"，完成输入后单击"确认"按钮，操作结果如图 5-150 所示。

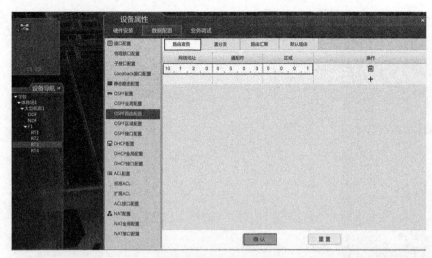

图 5-148

图 5-149

图 5-150

鼠标单击路由器 RT4，在主界面"设备属性"中选择"数据配置"，然后选择"静态路由配置"，单击"+"添加一条静态路由，目的地址、子网掩码、下一跳对应参数分别为"0.0.0.0""0.0.0.0""20.20.20.1"，完成输入后单击"确认"按钮，操作结果如图 5-151 所示。

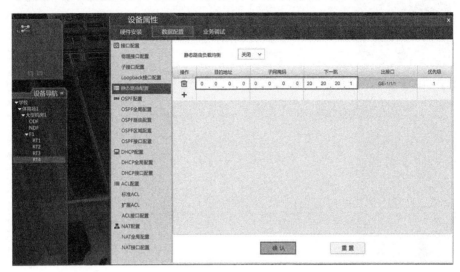

图 5-151

步骤 18：查看各路由器 R1、R2、R3 的 OSPF 链路状态数据库。鼠标分别单击对应的路由器，在主界面"设备属性"中选择"业务调试"，然后选择"状态查询"→"OSPF状态"，查看单击各路由器的链路状态数据库。RT1 的链路数据库如图 5-152 所示，RT2的链路数据库如图 5-153 所示，RT3 的链路数据库如图 5-154 所示。

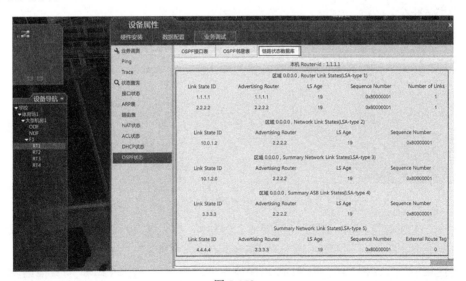

图 5-152

从 RT1、RT2、RT3 的链路状态数据库中可以发现，在 RT3 中重分发静态路由后，各路由器的链路状态数据库均存在一条 Type5 LSA（和直连路由一样，相对 OSPF 而言它们都是外部路由），且 Type5 LSA 单独于其他区域存在数据库中（请想想为什么路由器中只有一条 Type5 LSA 呢？）。

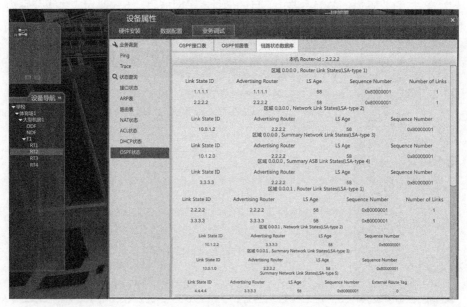

图 5-153

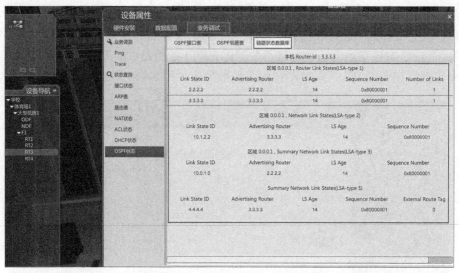

图 5-154

同时，在路由器 RT1、RT2 的区域 0.0.0.0 中，有一条 Type4 LSA。该 LSA 的生成者（Advertising Router）是路由器 RT2（RouterID 为 2.2.2.2）。由实训验证了，当 Type5 LSA 跨区域泛洪（传播）时，在 ABR 路由器中会产生一条 Type4 LSA 向其他区域泛洪。

ABR 产生 Type4 LSA 是为了其他区域通过 Type5 LSA 计算路由时，保证路由可正常迭代。其他区域通过 Type5 LSA 计算外部路由时，生成的 Type4 LSA 或其他 ABR 传递的 Type4 LSA 可迭代计算出去往目的地址的外部路由（其他区域去往外部路由必须迭代经过 ABR 设备）。如果不能迭代则无法计算出外部路由。

步骤 19：查看各路由器的路由表。鼠标分别单击各路由器，在主界面"设备属性"中选择"业务调试"，然后选择"状态查询"→"路由表"，单击查看，RT1、RT2、RT3、RT4 查看结果如图 5-155、图 5-156、图 5-157、图 5-158 所示。

目的 IP	子网掩码	下一跳	出接口	来源	优先级	度量值
10 0 1 0	255 255 255 252	10 0 1 1	GE-1/1/1	direct	0	0
10 0 1 0	255 255 255 255	10 0 1 1	GE-1/1/1	address	0	0
1 1 1 1	255 255 255 255	1 1 1 1	Loopback0	address	0	0
10 1 2 0	255 255 255 252	10 0 1 1	GE-1/1/1	ospf	110	2
4 4 4 4	255 255 255 255	10 0 1 1	GE-1/1/1	ospf	110	20

图 5-155

目的 IP	子网掩码	下一跳	出接口	来源	优先级	度量值
10 0 1 0	255 255 255 252	10 0 1 1	GE-1/1/1	direct	0	0
10 0 1 0	255 255 255 255	10 0 1 2	GE-1/1/1	address	0	0
10 1 2 0	255 255 255 252	10 1 2 1	GE-1/1/2	direct	0	0
10 1 2 0	255 255 255 255	10 1 2 1	GE-1/1/2	address	0	0
2 2 2 2	255 255 255 255	2 2 2 2	Loopback0	address	0	0
4 4 4 4	255 255 255 255	10 1 2 1	GE-1/1/2	ospf	110	20

图 5-156

目的 IP	子网掩码	下一跳	出接口	来源	优先级	度量值
4 4 4 4	255 255 255 255	20 20 20 2	GE-1/1/2	static	1	0
10 1 2 0	255 255 255 252	10 1 2 1	GE-1/1/1	direct	0	0
10 1 2 0	255 255 255 255	10 1 2 2	GE-1/1/1	address	0	0
20 20 20 0	255 255 255 252	20 20 20 1	GE-1/1/2	direct	0	0
20 20 20 0	255 255 255 255	20 20 20 1	GE-1/1/2	address	0	0
3 3 3 3	255 255 255 255	3 3 3 3	Loopback0	address	0	0
10 0 1 0	255 255 255 252	10 1 2 1	GE-1/1/1	ospf	110	2

图 5-157

目的 IP	子网掩码	下一跳	出接口	来源	优先级	度量值
0 0 0 0	0 0 0 0	20 20 20 1	GE-1/1/1	static	1	0
20 20 20 0	255 255 255 252	20 20 20 1	GE-1/1/1	direct	0	0
20 20 20 0	255 255 255 255	20 20 20 2	GE-1/1/1	address	0	0
4 4 4 4	255 255 255 255	4 4 4 4	Loopback0	address	0	0

图 5-158

步骤 20：验证路由器间的连通性（测试 RT1 与 RT4 的连通性）。鼠标单击路由器 RT1，在主界面"设备属性"中选择"业务调试"，然后选择"业务调测"→"Ping"，在"目的 IP"选择输入为 RT4 接口 loopback0 的 IP 地址，数值为"4.4.4.4"，单击"执行"，验证结果如图 5-159 所示，测试正常。

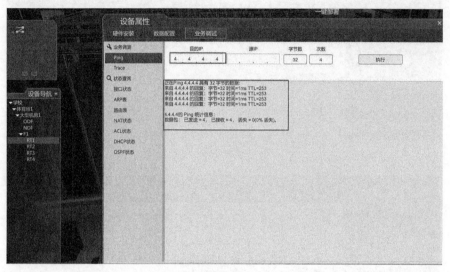

图 5-159

通过实训任务三、任务四可知，静态路由/直连路由相对于 OSPF 进程而言，它们都是自治系统外部的路由。如果需要在 OSPF 中引入这些外部路由，就要在 ASBR 路由器中产生一条 Type5 LSA，它将被泛洪至所有其他普通和骨干区域（特殊区域除外）。

任务五：OSPF Stub 区域接入骨干区域配置实训

步骤 1：新增实训建筑。打开 SIMNET 仿真软件，鼠标单击右侧资源池建筑图标，选择"体育场"图标，将其拖放到校园场景中，完成实训建筑的部署，操作结果如图 5-160 所示。

图 5-160

步骤 2：添加机房。鼠标单击资源池中的机房◻图标，单击"大型机房"图标，将其拖入至左侧已添加的实训建筑"体育场"中，完成机房部署，操作结果如图 5-161 所示。

图 5-161

步骤 3：安装机柜和 PC。单击右边资源池中的机柜◻按钮，拖动鼠标将机柜安装到指定的位置（拖动机柜时机房地板会自动呈现可安装位置）放开鼠标即可，操作如图 5-162、图 5-163 所示。

图 5-162

步骤 4：添加路由器。单击已安装机柜，机柜门自动打开，资源池中自动弹出可选择的网络设备。选中中型交换机 RT-M 拖入机柜中，将路由器拖入机柜后自动呈现可安装设备的插槽，操作如图 5-164 所示。

步骤 5：添加板卡。单击机柜中的网络设备安装单板，选择右边资源池中的单板◻按钮，可供安装的单板有 RT-8xGE-SFP、RT-8xGE-RJ45、RT-4x10GE-SFP+，拖动单板安放到已有的网络设备中，本例中 4 台路由器各增加一块光接口板，操作如图 5-165 所示。

图 5-163

图 5-164

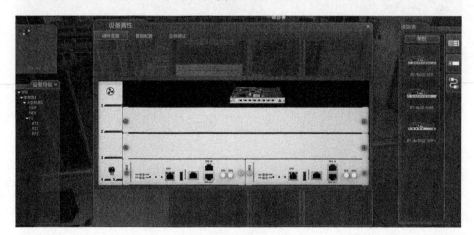

图 5-165

步骤 6：重复步骤 5 的操作，给另外 3 台路由器增加单板，完成操作后结果如图 5-166
所示（注意 RT4 需要添加一块 RT-8xGE-RJ45 单板与电脑相连）。

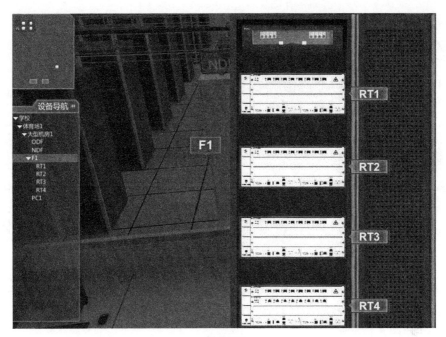

图 5-166

步骤 7：光接口板插入光模块。单击资源池中的光模块 ▉ 按钮，如图 5-167 所示。光模块根据传输模式分为两种：单模光模块和多模光模块。SIMNET 平台单模光模块有 S13-GE-10KM-SFP、S13-XGE-10KM-SFP+ 两种型号；多模光模块有 M85-GE-500M-SFP、M85-XGE-300M-SFP+ 两种型号。根据板卡接口类型选择光模块（设备间对接端口的光模块类型和光纤类型须匹配），单击右侧光模块拖入交换机的光接口。重复本操作步骤，完成另两台路由器光模块插入（注意：根据拓扑规划，RT2、RT3 路由器需插两个光模块）。

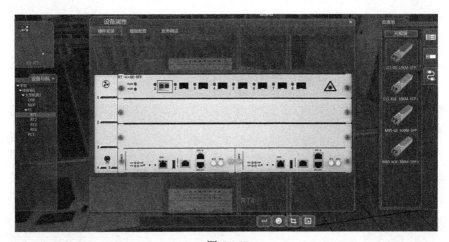

图 5-167

步骤 8：单击线缆 ▉ 按钮，如图 5-168 所示，连接设备的线缆分别有 LC-LC 尾纤-S、LC-FC 尾纤-S、LC-LC 尾纤-M、LC-FC 尾纤-M、FC-FC 尾纤-S、FC-FC 尾纤-M、以太网线。根据端口插入的单模光模块选择相应的 LC-LC 尾纤，然后将其拖入对应的光模块中，完后一个光模块的尾纤连接。

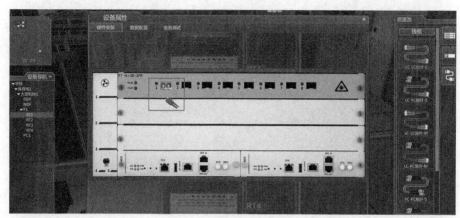

图 5-168

步骤 9：尾纤连接至第二台路由器 RT2 的光接口中。鼠标左键单击"设备导航"栏中第二台路由器，切换至第二台路由器，然后单击对应光口，完成尾纤连接，操作如图 5-169 和图 5-170 所示。

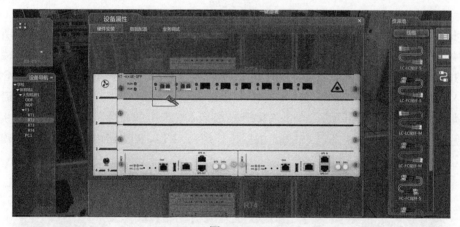

图 5-169

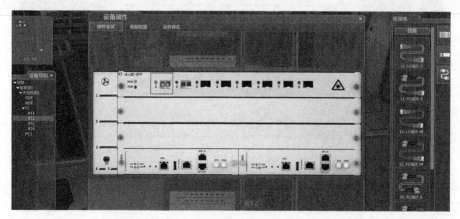

图 5-170

步骤 10：重复操作步骤 9，完成各路由器的线缆连接。完成设备间的连线后，单击"设备导航"上的自动拓扑图标，完成的自动拓扑如图 5-171 所示。

步骤 11：配置路由器 RT1 物理接口 IP 地址。在机房视图下，鼠标单击路由器 RT1，在主界面"设备属性"中选择"数据配置"，然后选择"接口配置"→"物理接口配置"。配置 RT1 接口 GE-1/1/1 的 IP 地址及子网掩码，输入数值"10.1.1.1""255.255.255.252"，完成输入后单击"确认"按钮，操作如图 5-172 所示。

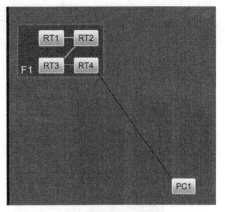

图 5-171

图 5-172

步骤 12：配置路由器 RT2、RT3 物理接口的 IP 地址及 PC 的 IP 地址。在机房视图下，鼠标单击路由器 RT1，在主界面"设备属性"中选择"数据配置"，然后选择"接口配置"→"物理接口配置"。配置 RT2 接口 GE-1/1/1 的 IP 地址及子网掩码，输入数值"10.1.1.2""255.255.255.252"；配置接口 GE-1/1/2 的 IP 地址及子网掩码，输入数值"10.0.1.1""255.255.255.252"，完成输入后单击"确认"按钮，操作如图 5-173 所示。

鼠标单击路由器 RT3，配置 RT-3 接口 GE-1/1/1 的 IP 地址及子网掩码，输入数值"10.0.1.2""255.255.255.252"。配置接口 GE-1/1/2 的 IP 地址及子网掩码，输入数值"10.0.2.1""255.255.255.252"，完成输入后单击"确认"按钮，操作如图 5-174 所示。

鼠标单击路由器 RT4，配置 RT-4 接口 GE-1/1/1 的 IP 地址及子网掩码，输入数值"10.0.2.2""255.255.255.252"。配置接口 GE-1/2/1 的 IP 地址及子网掩码，输入数值"20.20.20.1""255.255.255.0"，完成输入后单击"确认"按钮，操作如图 5-175 所示。

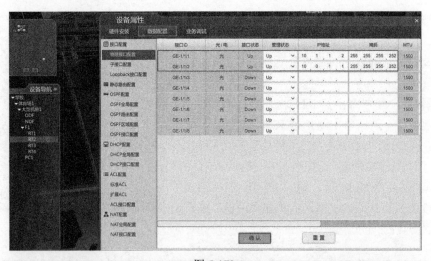

图 5-173

图 5-174

图 5-175

鼠标单击 PC，配置 PC 端的 IP 地址及子网掩码，输入数值"20.20.20.2""255.255.255.0"，完成输入后单击"确认"按钮，操作如图 5-176 所示。

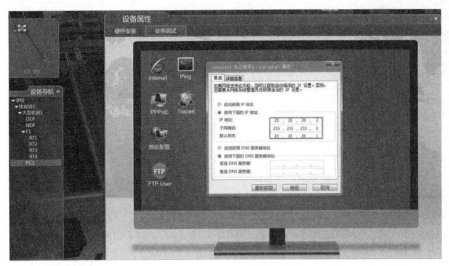

图 5-176

步骤 13：配置路由器 RT1、RT2、RT3、RT4 的 Loopback 接口。鼠标单击路由器，在主界面"设备属性"中选择"数据配置"，然后选择"接口配置"→"Loopback 接口配置"。接口 ID 数值为"0"，RT1 的 Loopback0 的 IP 地址为"1.1.1.1"，子网掩码为"255.255.255.255"，完成输入后单击"确认"按钮，操作如图 5-177 所示。

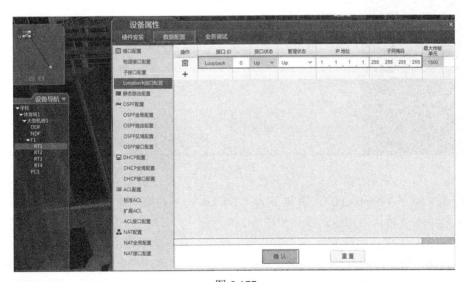

图 5-177

配置 RT2 的 Loopback0 的 IP 地址为"2.2.2.2"，子网掩码为"255.255.255.255"，完成输入后单击"确认"按钮，操作如图 5-178 所示。

配置 RT3 的 Loopback0 的 IP 地址为"3.3.3.3"，子网掩码为"255.255.255.255"，完成输入后单击"确认"按钮，操作如图 5-179 所示。

图 5-178

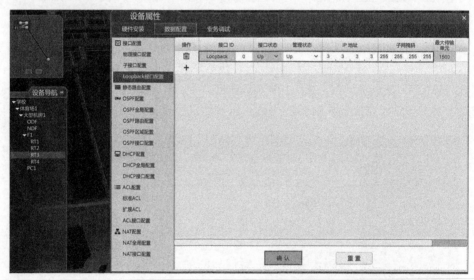

图 5-179

配置 RT4 的 Loopback0 的 IP 地址为 "4.4.4.4"，子网掩码为 "255.255.255.255"，完成输入后单击 "确认" 按钮，操作如图 5-180 所示。

步骤 14：完成路由器 RT1 的 OSPF 全局配置。鼠标单击路由器，在主界面 "设备属性" 中选择 "数据配置"，然后选择 "OSPF 配置" → "OSPF 全局配置"，全局 OSPF 状态选为启用，进程号数值为 "1"，Router-id 数值为 "1.1.1.1"，其他选项采用默认配置，操作如图 5-181 所示。

RT2、RT3、RT4 的 OSPF 全局配置方法与 RT1 类似，OSPF 进程号数值均为 "1"，Router-id 采用 Loopback0 接口 IP（自动匹配，无需要手工输入），完成输入后单击 "确认" 按钮，操作结果如图 5-182、图 5-183、图 5-184 所示。

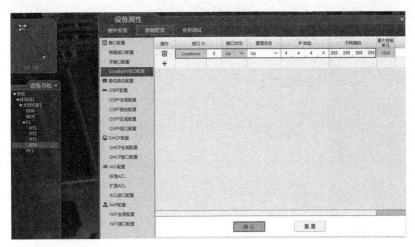

图 5-180

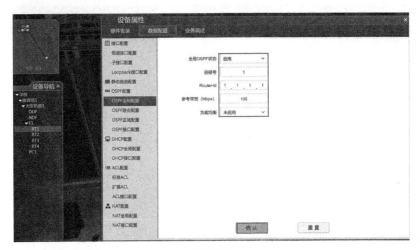

图 5-181

图 5-182

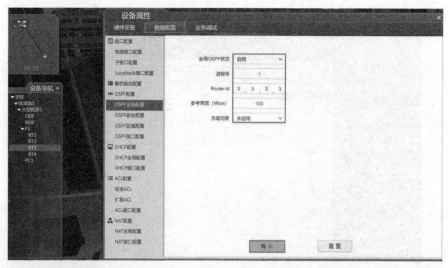

图 5-183

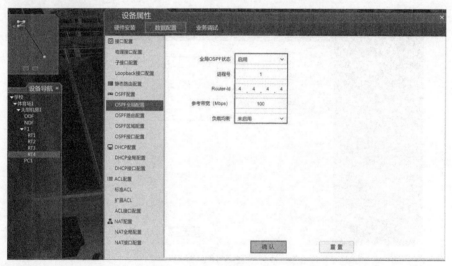

图 5-184

步骤 15：完成路由器 RT1、RT2、RT3、RT4 的 OSPF 路由配置。鼠标单击路由器 RT1，在主界面"设备属性"中选择"数据配置"，然后选择"OSPF 配置"→"OSPF 路由配置"→"路由宣告"配置宣告各自接口的网段路由（端口激活 OSPF）。单击"+"，输入对应接口的网络地址为"10.1.1.0"、通配符为"0.0.0.3"（子网掩码的反掩码）、区域为"0.0.0.1"，完成输入后单击"确认"按钮，配置结果如图 5-185 所示。

鼠标单击路由器 RT2，如上操作步骤进入"路由宣告"。RT2 两个端口需要激活 OSPF，根据接口属性，输入对应的网络地址、通配符、区域参数分别为"10.0.1.0""0.0.0.3""0.0.0.0"和"10.1.1.0""0.0.0.3""0.0.0.1"，完成输入后单击"确认"按钮，配置结果如图 5-186 所示。

鼠标单击路由器 RT3，如上操作步骤进入"路由宣告"。RT3 两个端口需要激活 OSPF，根据接口属性，输入对应的网络地址、通配符、区域参数分别为"10.0.2.0""0.0.0.3""0.0.0.0"和"10.0.1.0""0.0.0.3""0.0.0.0"，完成输入后单击"确认"按钮，配置结果如图 5-187 所示。

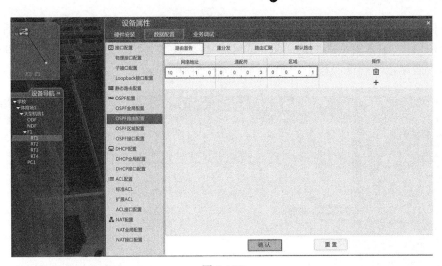

图 5-185

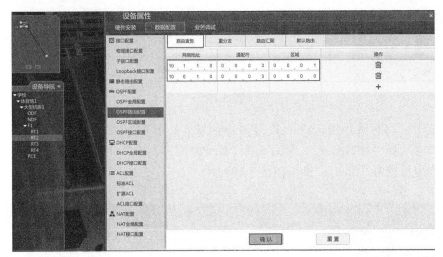

图 5-186

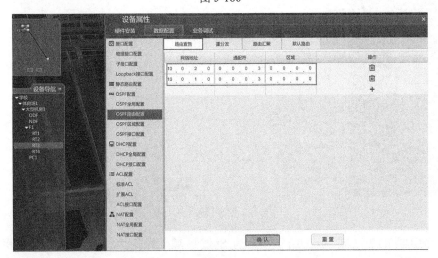

图 5-187

鼠标单击路由器 RT4，如上操作步骤进入"路由宣告"。RT4 一个端口需要激活 OSPF，根据接口属性，输入对应的网络地址、通配符、区域参数为"10.0.2.0""0.0.0.3""0.0.0.0"，完成输入后单击"确认"按钮，配置结果如图 5-188 所示。

图 5-188

步骤 16：将区域"0.0.0.1"设置为 Stub 区域。鼠标单击 RT1 路由器，在主界面"设备属性"中选择"数据配置"，然后选择"OSPF 配置"→"OSPF 区域配置"，将区域 0.0.0.1 类型设置为"Stub"，操作如图 5-189 所示。

图 5-189

将路由器 RT2 区域"0.0.0.1"设置为 Stub 区域，操作步骤类似 RT1 设置步骤，如图 5-190 所示。

步骤 17：配置路由器 RT4 重分发直连路由。鼠标单击 RT4 路由器，在主界面"设备属性"中选择"数据配置"，然后选择"OSPF 配置"→"OSPF 路由配置"，单击"重分发"，把路由类型为"直连路由"的重分发状态设置为"启用"，完成设置后单击"确认"按钮，操作如图 5-191 所示。

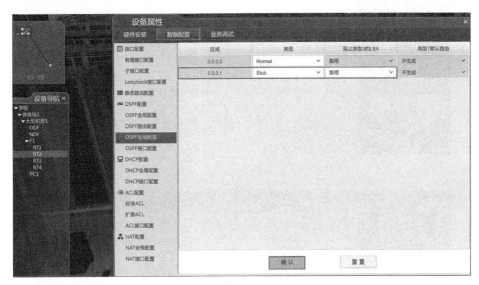

图 5-190

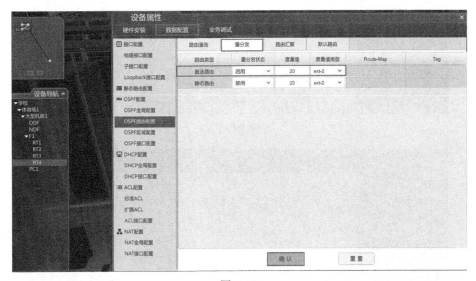

图 5-191

步骤 18：查看各路由器的链路状态数据库。鼠标单击对应的路由器，在主界面"设备属性"中选择"业务调试"，然后选择"状态查询"→"OSPF 状态"，查看各路由器 OSPF 链路状态数据库，RT1、RT2、RT3、RT4 对应的 OSPF 链路状态数据库分别如图 5-192、图 5-193、图 5-194、图 5-195 所示（本实训已忽略 OSPF 接口表和邻居表的查看）。

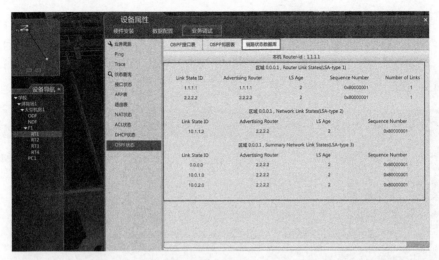

图 5-192

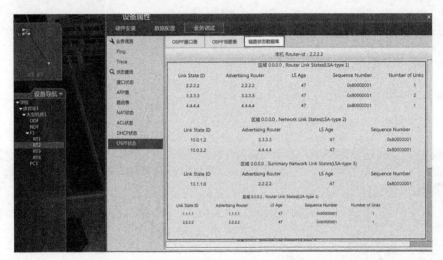

图 5-193

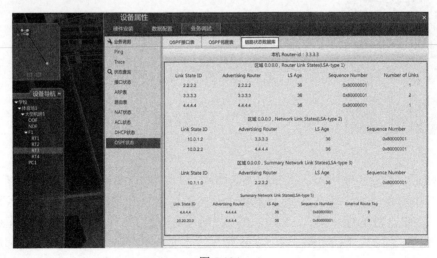

图 5-194

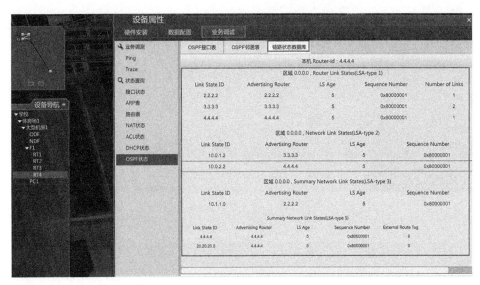

图 5-195

通过查看路由器 RT1 的链路状态数据库可以发现，在 Stub 区域"0.0.0.1"不存在 Type5 LSA，而在路由器 RT2、RT3、RT4 的骨干区域中存在 Type5 LSA。由此可知，Stub 区域阻止了 Type5 LSA 的传播。

为了保证 Stub 区域的连通性（即 Stub 区域内的主机或网络设备去往其他区域的路由），ABR 路由器 RT2 生成了一条缺省 Type3 LSA，并在 Stub 区域内传播。由此，Stub 区域内路由器可生成一条指间 ABR 的默认路由，该默认路由将引导区域内设备发送至其他区域的报文发往 ABR，然后由 ABR 转发。

RT1 和 RT2 的区域 0.0.0.1 中存在 Type3 LSA，说明 Stub 区域允许 Type3 LSA 在不同区域间泛洪。

请思考：如果在其他区域中不重分发外部路由或重分发多条外部路由，在 ABR 路由器中会产生多少条生成缺省路由的 Type3 LSA 向 Stub 区域泛洪？

步骤 19：查看路由器的路由表。查询各个路由器的路由表项，在主界面"设备属性"中选择"业务调试"，然后选择"业务调试"→"路由表"。RT1、RT2、RT3、RT4 的路由表分别如图 5-196、图 5-197、图 5-198、图 5-199 所示。

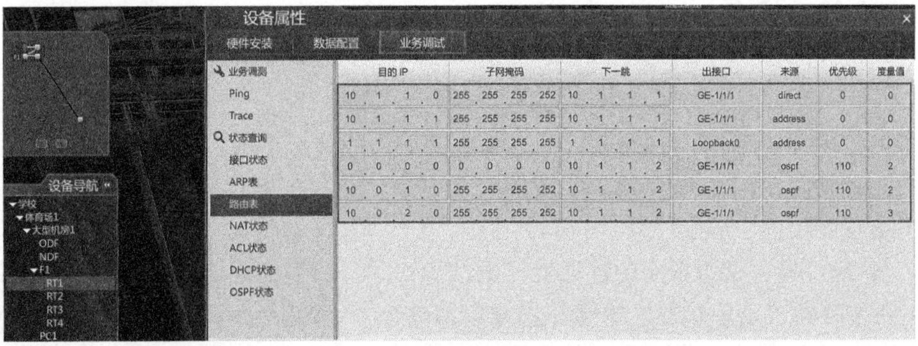

图 5-196

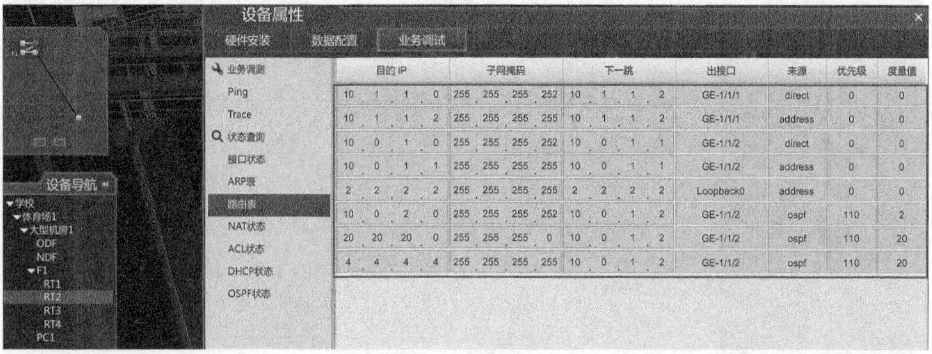

目的IP	子网掩码	下一跳	出接口	来源	优先级	度量值
10.1.1.0	255.255.255.252	10.1.1.2	GE-1/1/1	direct	0	0
10.1.1.2	255.255.255.255	10.1.1.2	GE-1/1/1	address	0	0
10.0.1.0	255.255.255.252	10.0.1.1	GE-1/1/2	direct	0	0
10.0.1.1	255.255.255.255	10.0.1.1	GE-1/1/2	address	0	0
2.2.2.2	255.255.255.255	2.2.2.2	Loopback0	address	0	0
10.0.2.0	255.255.255.252	10.0.1.2	GE-1/1/2	ospf	110	2
20.20.20.0	255.255.255.0	10.0.1.2	GE-1/1/2	ospf	110	20
4.4.4.4	255.255.255.255	10.0.1.2	GE-1/1/2	ospf	110	20

图 5-197

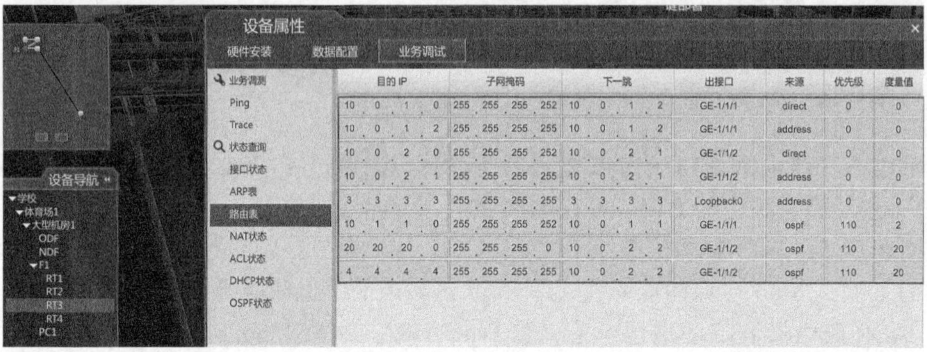

目的IP	子网掩码	下一跳	出接口	来源	优先级	度量值
10.0.1.0	255.255.255.252	10.0.1.2	GE-1/1/1	direct	0	0
10.0.1.2	255.255.255.255	10.0.1.2	GE-1/1/1	address	0	0
10.0.2.0	255.255.255.252	10.0.2.1	GE-1/1/2	direct	0	0
10.0.2.1	255.255.255.255	10.0.2.1	GE-1/1/2	address	0	0
3.3.3.3	255.255.255.255	3.3.3.3	Loopback0	address	0	0
10.1.1.0	255.255.255.252	10.0.1.1	GE-1/1/1	ospf	110	2
20.20.20.0	255.255.255.0	10.0.2.2	GE-1/1/2	ospf	110	20
4.4.4.4	255.255.255.255	10.0.2.2	GE-1/1/2	ospf	110	20

图 5-198

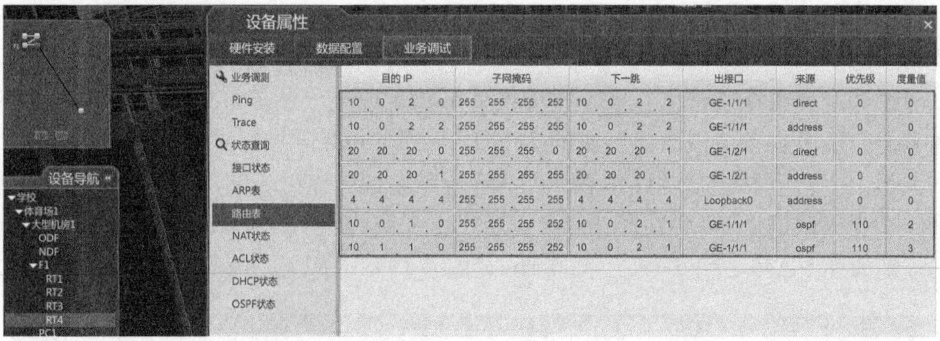

目的IP	子网掩码	下一跳	出接口	来源	优先级	度量值
10.0.2.0	255.255.255.252	10.0.2.2	GE-1/1/1	direct	0	0
10.0.2.2	255.255.255.255	10.0.2.2	GE-1/1/1	address	0	0
20.20.20.0	255.255.255.0	20.20.20.1	GE-1/2/1	direct	0	0
20.20.20.1	255.255.255.255	20.20.20.1	GE-1/2/1	address	0	0
4.4.4.4	255.255.255.255	4.4.4.4	Loopback0	address	0	0
10.0.1.0	255.255.255.252	10.0.2.1	GE-1/1/1	ospf	110	2
10.1.1.0	255.255.255.252	10.0.2.1	GE-1/1/1	ospf	110	3

图 5-199

通过查看路由器路由表信息可知，Stub 区域内的路由器 RT1 由默认 Type3 LSA 生成了一条默认路由，下一跳指向 ABR 的接口地址（生成的默认路由和路由器 RT1 的链路状态数据库中的 Type3 LSA 相符合）。

步骤 20：验证路由器间的连通性（测试 RT1 与 RT4 的连通性）。鼠标单击路由器 RT1，在主界面“设备属性”中选择“业务调试”，然后选择“业务调测”→“Ping”，在“目的 IP”选择输入终端 PC1 的 IP 地址，数值为“20.20.20.2”，单击“执行”，验证结果如图 5-200 所示，测试正常。

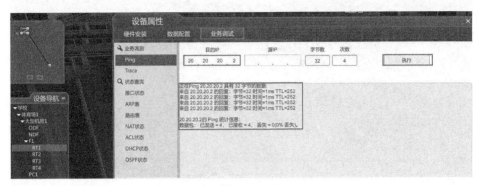

图 5-200

任务六：OSPF Totally-Stub 区域接入骨干区域配置实训

步骤 1：新增实训建筑。打开 SIMNET 仿真软件，鼠标单击右侧资源池建筑图标，选择"体育场"图标，将其拖放到校园场景中，完成实训建筑的部署，操作结果如图 5-201 所示。

图 5-201

步骤 2：添加机房。鼠标单击资源池中的机房图标，单击"大型机房"图标，将其拖入至左侧已添加的实训建筑"体育场"中，完成机房部署，操作结果如图 5-202 所示。

步骤 3：安装机柜和 PC。单击右边资源池中的机柜按钮，拖动鼠标将机柜安装到指定的位置（拖动机柜时机房地板会自动呈现可安装位置）放开鼠标即可，操作如图 5-203、图 5-204 所示。

步骤 4：添加路由器。单击已安装机柜，机柜门自动打开，资源池中自动弹出可选择的网络设备。选中中型交换机 RT-M 拖入机柜中，将路由器拖入机柜后自动呈现可安装设备的插槽，如图 5-205 所示。

图 5-202

图 5-203

图 5-204

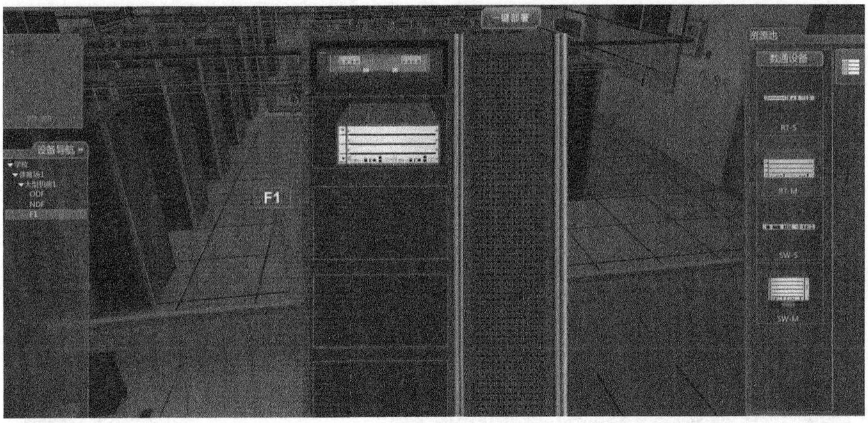

图 5-205

步骤 5：添加板卡。单击机柜中的网络设备安装单板，选择右边资源池中的单板按钮，可供安装的单板有 RT-8xGE-SFP、RT-8xGE-RJ45、RT-4x10GE-SFP+，拖动单板安放到已有的网络设备中，本例中，4 台路由器各增加一块光接口板，操作如图 5-206 所示。

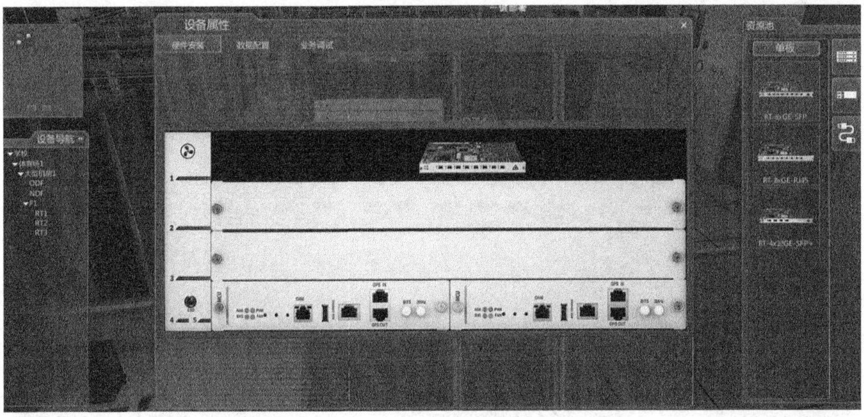

图 5-206

步骤 6：重复步骤 5 的操作，给另外 3 台路由器增加单板，完成操作后结果如图 5-207 所示（注意 RT4 需要添加一块 RT-8xGE-RJ45 单板与电脑相连）。

步骤 7：光接口板插入光模块。单击资源池中的光模块按钮，操作如图 5-208 所示。光模块根据传输模式分为两种：单模光模块和多模光模块。SIMNET 平台单模光模块有 S13-GE-10KM-SFP、S13-XGE-10KM-SFP+两种型号；多模光模块有 M85-GE-500M- SFP、M85-XGE-300M-SFP+两种型号。根据接口要求选择光模块（设备间对接端口的光模块类型和光纤类型须匹配），单击右侧光模块拖入交换机的光接口即可。重复本操作步骤，完成另外两台路由器光模块插入（注意：第二、第三台路由器根据拓扑规划，需插入两个光模块）。

步骤 8：设备间连线。单击线缆按钮，如图 5-209 所示，连接设备的线缆分别有 LC-LC 尾纤-S、LC-FC 尾纤-S、LC-LC 尾纤-M、LC-FC 尾纤-M、FC-FC 尾纤-S、FC-FC 尾纤-M、以太网线。根据端口插入的单模光模块选择相应的 LC-LC 尾纤，然后拖入对应的光模块中，完后一个光模块的尾纤连接。

图 5-207

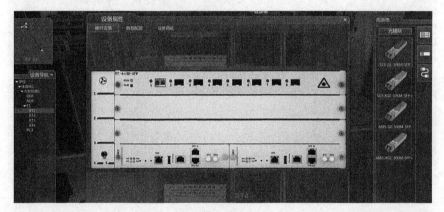

图 5-208

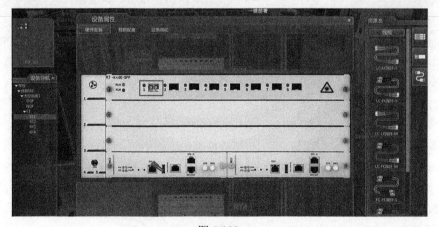

图 5-209

步骤 9：尾纤连接至第二台路由器 RT2 的光接口中。鼠标左键单击"设备导航"栏中第二台路由器，切换至第二台路由器，然后单击对应光口，完成尾纤连接，操作如图 5-210 及图 5-211 所示。

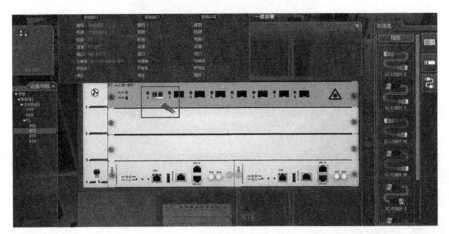

图 5-210

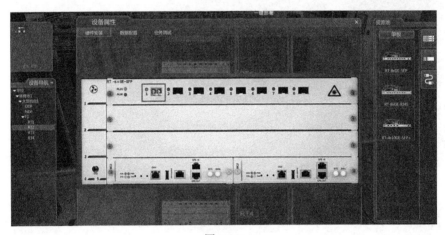

图 5-211

步骤 10：重复操作步骤 9，完成各路由器的线缆连接。完成设备间的连线后，单击"设备导航"上的自动拓扑图标，完成的自动拓扑如图 5-212 所示。

步骤 11：配置路由器 RT-1 物理接口 IP 地址。在机房视图下，鼠标单击路由器 RT1，在主界面"设备属性"中选择"数据配置"，然后选择"接口配置"→"物理接口配置"。配置接口 GE-1/1/1 的 IP 地址及子网掩码，输入数值"10.1.1.1""255.255.255.252"，完成输入后单击"确认"按钮，操作如图 5-213 所示。

步骤 12：配置路由器 RT2、RT3、RT4 的物理接口 IP 地址及 PC 地址。在机房视图下，鼠标单击路由器 RT2，在主界面"设备属性"中选择"数据配置"，然后选择"接口配置"→"物理接口配置"。配置 RT-2 接口 GE-1/1/1 的 IP 地址及子网掩码，输入数值"10.1.1.2""255.255.255.252"。配置接口 GE-1/1/2 的 IP 地址及子网掩码，输入数值"10.0.1.1""255.255.255.252"，完成输入后单击"确认"按钮，操作如图 5-214 所示。

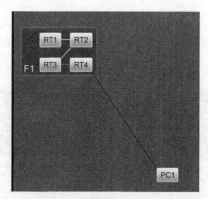

图 5-212

图 5-213

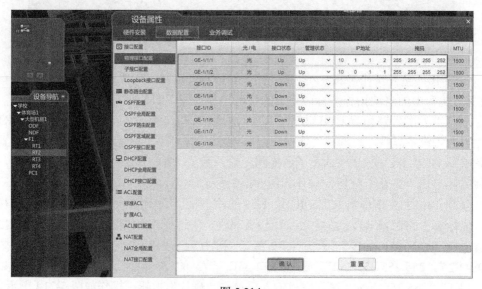

图 5-214

鼠标单击路由器 RT3，配置 RT-3 接口 GE-1/1/1 的 IP 地址及子网掩码，输入数值"10. 0.1.2""255.255.255.252"。配置接口 GE-1/1/2 的 IP 地址及子网掩码，输入数值"10.0.2.1" "255.255.255.252"，完成输入后单击"确认"按钮，操作如图 5-215 所示。

图 5-215

鼠标单击路由器 RT4，配置 RT-4 接口 GE-1/1/1 的 IP 地址及子网掩码，输入数值"10.0. 2.2""255.255.255.252"。配置接口 GE-1/2/1 的 IP 地址及子网掩码，输入数值"20.20.20.1" "255.255.255.0"，完成输入后单击"确认"按钮，操作如图 5-216 所示。

图 5-216

鼠标单击 PC，配置 PC 端的 IP 地址及子网掩码，输入数值"20.20.20.2""255.255. 255.0"，完成输入后单击"确认"按钮，操作如图 5-217 所示。

步骤 13：配置路由器 RT1、RT2、RT3、RT4 的 Loopback 接口。鼠标单击路由器 RT1，在主界面"设备属性"中选择"数据配置"，然后选择"接口配置"→"Loopback 接口配置"。接口 ID 数值为"0"，RT1 的 loopback0 的 IP 地址为"1.1.1.1"，子网掩码为"255.
255.255.255"，完成输入后单击"确认"按钮，操作如图 5-218 所示。

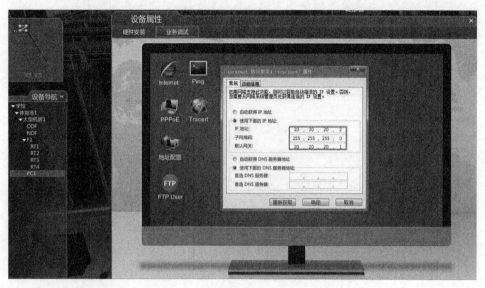

图 5-217

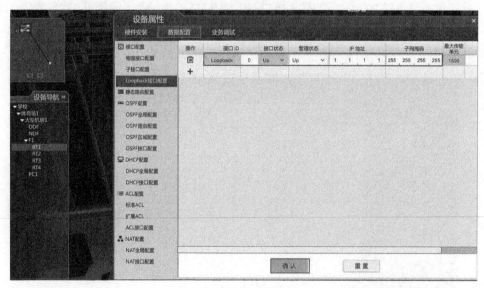

图 5-218

鼠标单击路由器 RT2，配置 RT2 的 Loopback0 的 IP 地址为"2.2.2.2"，子网掩码为
"255.255.255.255"，完成输入后单击"确认"按钮，操作如图 5-219 所示。

鼠标单击路由器 RT3，配置 RT3 的 Loopback0 的 IP 地址为"3.3.3.3"，子网掩码为
"255.255.255.255"，完成输入后单击"确认"按钮，操作如图 5-220 所示。

鼠标单击路由器 RT4，配置 RT4 的 Loopback0 的 IP 地址为"4.4.4.4"，子网掩码为
"255.255.255.255"，完成输入后单击"确认"按钮，操作如图 5-221 所示。

图 5-219

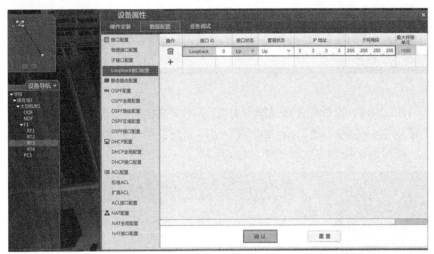

图 5-220

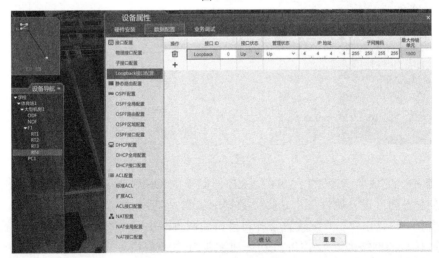

图 5-221

步骤 14：完成路由器 RT1、RT2、RT3、RT4 的 OSPF 全局配置。鼠标单击路由器 RT1，在主界面"设备属性"中选择"数据配置"，然后选择"OSPF 配置"→"OSPF 全局配置"，全局 OSPF 状态选为启用，进程号数值为"1"，Router-id 数值为"1.1.1.1"，其他选项采用默认配置，操作如图 5-222 所示。

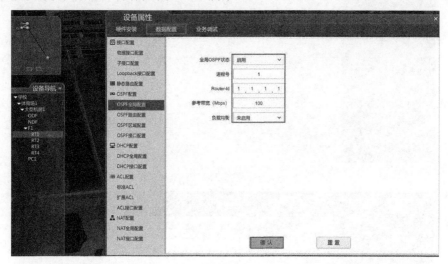

图 5-222

RT2、RT3、RT4 的 OSPF 全局配置方法与 RT1 类似，OSPF 进程号数值均为"1"，Router-id 采用 Loopback0 接口 IP（自动匹配，无需要手工输入），完成输入后单击"确认"按钮，操作结果如图 5-223～图 5-225 所示。

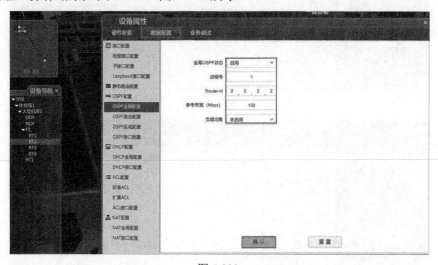

图 5-223

步骤 15：完成路由器 RT1、RT2、RT3、RT4 的 OSPF 路由配置。鼠标单击路由器 RT1，在主界面"设备属性"中选择"数据配置"，然后选择"OSPF 配置"→"OSPF 路由配置"→"路由宣告"配置宣告各自接口的网段路由（端口激活 OSPF）。单击"+"，输入对应接口的网络地址为"10.1.1.0"、通配符为"0.0.0.3"（子网掩码的反掩码）、区域为"0.0.0.1"，完成输入后单击"确认"按钮，配置结果如图 5-226 所示。

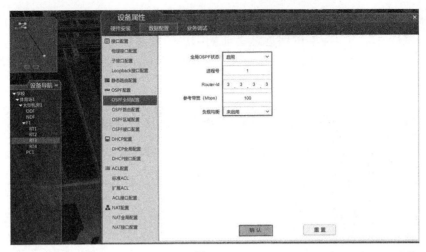

图 5-224

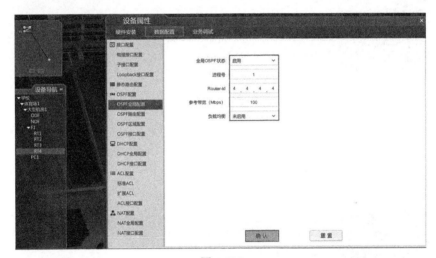

图 5-225

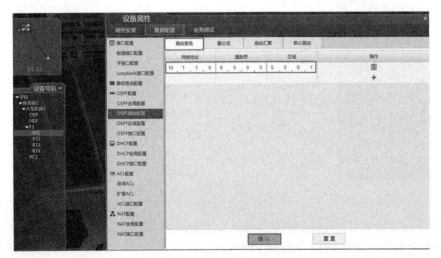

图 5-226

鼠标单击路由器 RT2，如上操作步骤进入"路由宣告"。RT2 两个端口需要激活 OSPF，根据接口属性，输入对应的网络地址、通配符、区域参数分别为"10.0.1.0""0.0.0.3""0.0.0.0"和"10.1.1.0""0.0.0.3""0.0.0.1"，完成输入后单击"确认"按钮，配置结果如图 5-227 所示。

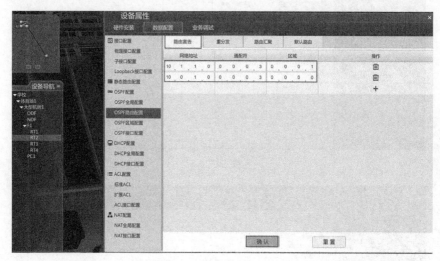

图 5-227

鼠标单击路由器 RT3，如上操作步骤进入"路由宣告"。RT3 两个端口需要激活 OSPF，根据接口属性，输入对应的网络地址、通配符、区域参数分别为"10.0.2.0""0.0.0.3""0.0.0.0"和"10.0.1.0""0.0.0.3""0.0.0.0"，完成输入后单击"确认"按钮，配置结果如图 5-228 所示。

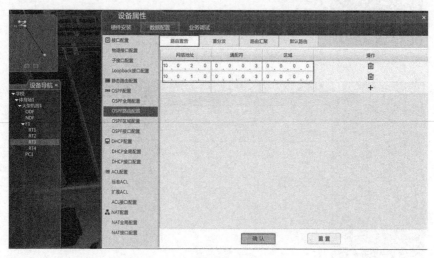

图 5-228

鼠标单击路由器 RT4，如上操作步骤进入"路由宣告"。RT4 一个端口需要激活 OSPF，根据接口属性，输入对应的网络地址、通配符、区域参数为"10.0.2.0""0.0.0.3""0.0.0.0"，完成输入后单击"确认"按钮，配置结果如图 5-229 所示。

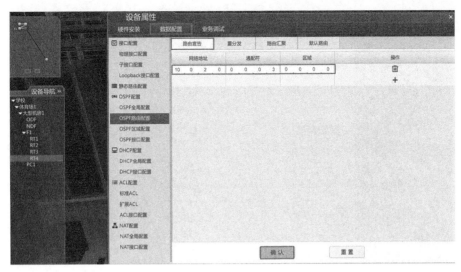

图 5-229

步骤 16：配置路由器 RT4 重分发直连路由。鼠标单击 RT4 路由器。在主界面"设备属性"中选择"数据配置"，然后选择"OSPF 配置"→"OSPF 路由配置"，单击"重分发"，把路由类型为直连路由的重分发状态设置为"启用"，完成输入后单击"确认"，其他参数采用默认选项，操作如图 5-230 所示。

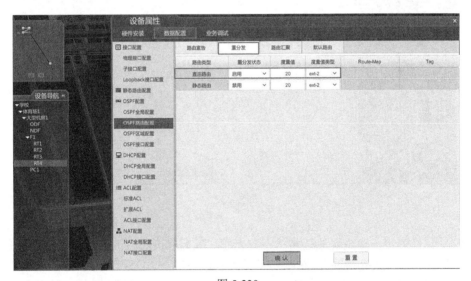

图 5-230

步骤 17：将路由器 RT1 和 RT2 的区域 0.0.0.1 修改为 Totally-Stub 区域。鼠标单击 RT1 路由器，在主界面"设备属性"中选择"数据配置"，然后选择"OSPF 配置"→"OSPF 区域配置"，将区域 0.0.0.1 对应的"阻止类型 3 的 LSA"设置为"启用"，将 Stub 区域修改为 Totally-Stub 区域，操作如图 5-231 所示。

路由器 RT2 修改为 Totally-Stub 的操作配置方法类似 RT1 的修改方法，操作如图 5-232 所示。

图 5-231

图 5-232

步骤 18：查看各路由器的链路状态数据库。鼠标单击对应的路由器，在主界面"设备属性"中选择"业务调试"，然后选择"状态查询"→"OSPF 状态"，查看各路由器 OSPF 链路状态数据库，RT1、RT2、RT3、RT4 对应的 OSPF 链路状态数据库分别如图 5-233～图 5-236 所示（本实训中已忽略 OSPF 接口表和邻居表的查看）。

查看路由器 RT1、RT2 的链路状态数据库可以发现，在区域 0.0.0.1 中，不存在其他区域的 Type3 LSA，只存在一条生成默认路由的 Type3 LSA。

如果您已完成了本实训单元任务五中的操作则可知，ABR 路由器中会生成一条默认 Type3 LSA 向 Stub 区域路由器泛洪。

Totally-Stub 区域的 ABR 路由器中只生成一条默认 Type3 LSA 向 Totally-Stub 区域泛洪，同时 Totally-Stub 区域阻止了区域间的 Type3 LSA 的泛洪，以减少 LSA 的数量。

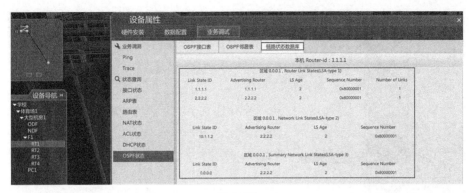

图 5-233

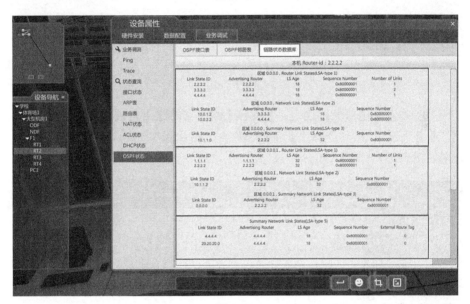

图 5-234

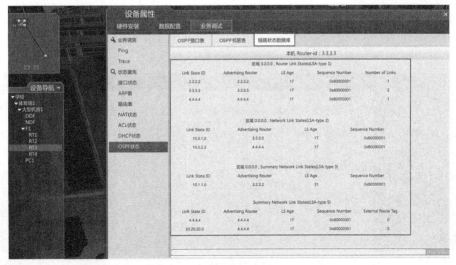

图 5-235

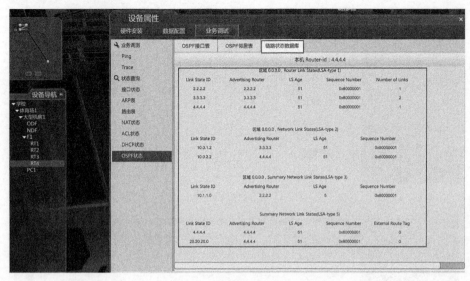

图 5-236

步骤 19：查看路由器的路由表。查询各个路由器的路由表项。在主界面"设备属性"中选择"业务调试"，然后选择"业务调试"→"路由表"。RT1、RT2、RT3、RT4 的路由表分别如图 5-237～图 5-240 所示。

图 5-237

图 5-238

图 5-239

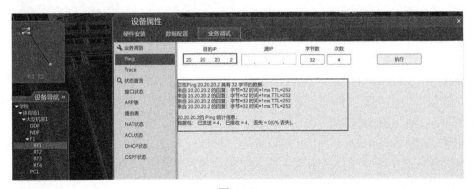

图 5-240

通过查看路由器 RT1 的路由表信息可知，它只有本区域的路由和一条默认路由，因此无法学习到区域间的路由。

步骤 20：验证路由器间的连通性（测试 RT1 与 RT4 的连通性）。鼠标单击路由器 RT1，在主界面"设备属性"中选择"业务调试"，然后选择"业务调测"→"Ping"，在"目的 IP"选择输入终端 PC1 的 IP 地址，数值为"20.20.20.2"，单击"执行"，验证结果如图 5-241 所示，测试正常。

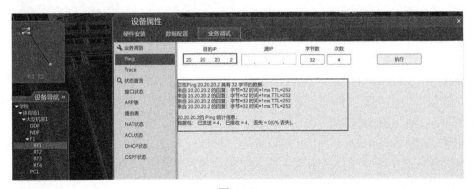

图 5-241

任务七：OSPF NSSA 区域接入骨干区域配置实训

步骤 1：新增实训建筑。打开 SIMNET 仿真软件，鼠标单击右侧资源池建筑 ![icon] 图标，选择"体育场"图标，将其拖放到校园场景中，完成实训建筑的部署，操作结果如图 5-242 所示。

图 5-242

步骤 2：添加机房。鼠标单击资源池中的机房■图标，单击"大型机房"图标拖入至左侧已添加的实训建筑"体育场"中，完成机房部署，操作结果如图 5-243 所示。

图 5-243

步骤 3：安装两台机柜和一台 PC。单击右边资源池中的机柜■按钮，拖动鼠标将机柜安装到指定的位置（拖动机柜时机房地板会自动呈现可安装位置）放开鼠标即可，操作如图 5-244、图 5-245 所示。

步骤 4：添加路由器。单击已安装机柜，机柜门自动打开，资源池中自动弹出可选择网络设备。选中中型交换机 RT-M 拖入机柜中，将路由器拖入机柜后自动呈现可安装设备的插槽，如图 5-246 所示。

步骤 5：添加板卡。单击机柜中的网络设备安装单板，选择右边资源池中的单板■按钮，可供安装的单板有 RT-8xGE-SFP、RT-8xGE-RJ45、RT-4x10GE-SFP+，拖动单板安放到已有的网络设备中，本例中，5 台路由器各增加一块光接口板，操作如图 5-247 所示。

图 5-244

图 5-245

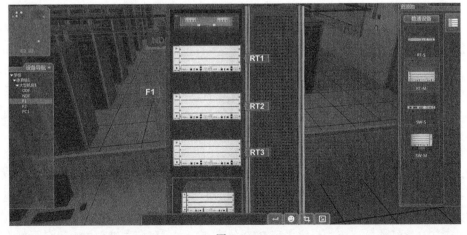

图 5-246

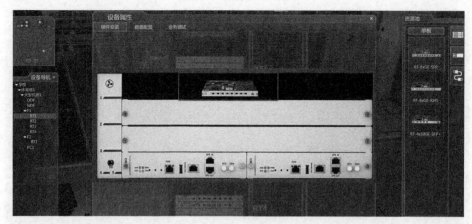

图 5-247

步骤 6：重复步骤 5 的操作，给另外 4 台路由器增加单板，完成操作后结果如图 5-248 所示（注意 RT4 需要添加一块 RT-8xGE-RJ45 单板与电脑相连）。

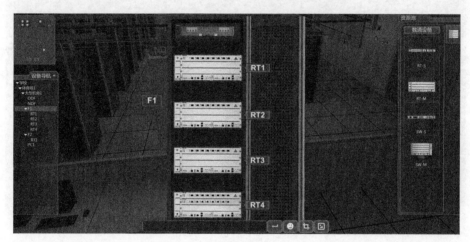

图 5-248

步骤 7：光接口板插入光模块。单击资源池中的光模块 ■ 按钮，操作如图 5-249 所示。光模块根据传输模式分为单模光模块和多模光模块两种。SIMNET 平台单模光模块有 S13-GE-10KM-SFP、S13-XGE-10KM-SFP+ 两种型号；多模光模块有 M85-GE-500M-SFP、M85-XGE-300M-SFP+ 两种型号。根据接口要求选择光模块（设备间对接端口的光模块类型和光纤类型须匹配），单击右侧光模块拖入交换机的光接口即可。重复本操作步骤，完成另两台路由器光模块插入（注意：第一、第二、第三台路由器根据拓扑规划，需插两个光模块）。

步骤 8：设备间连线。单击线缆 ■ 按钮，如图 5-250 所示，连接设备的线缆分别有 LC-LC 尾纤-S、LC-FC 尾纤-S、LC-LC 尾纤-M、LC-FC 尾纤-M、FC-FC 尾纤-S、FC-FC 尾纤-M、以太网线。根据端口插入的单模光模块选择相应的 LC-LC 尾纤，然后拖入对应的光模块中，完后一个光模块的尾纤连接。

步骤 9：尾纤连接至第二台路由器 RT2 的光接口中。鼠标左键单击"设备导航"栏中

第二台路由器，切换至第二台路由器，然后单击对应光口，完成尾纤连接，操作如图 5-251
及图 5-252 所示。

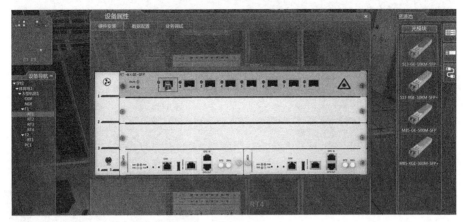

图 5-249

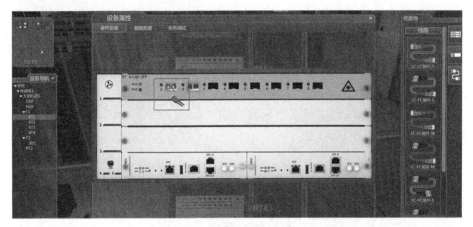

图 5-250

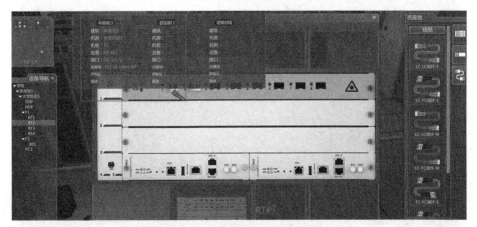

图 5-251

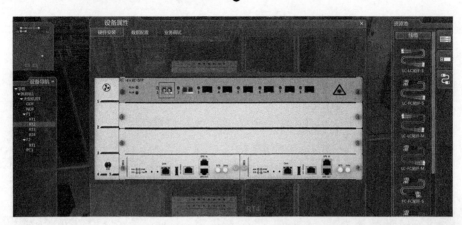

图 5-252

步骤 10：重复操作步骤 9，完成各路由器的线缆连接。完成设备间的连线后，单击"设备导航"上的自动拓扑图标，完成的自动拓扑如图 5-253 所示。

步骤 11：根据任务拓扑完成设备重新命名，将 F2 中的 RT1 重新命名为 RT5。鼠标单击"RT1"，将其修改为"RT5"，按"回车键"确认。结果如图 5-254、图 5-255 所示。

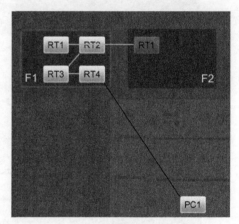

图 5-253

图 5-254

图 5-255

步骤 12：配置路由器物理接口 IP 地址。在机房视图下，鼠标单击路由器 RT1，在主界面"设备属性"中选择"数据配置"，然后选择"接口配置"→"物理接口配置"。配置 RT1 接口 GE-1/1/1 的 IP 地址及子网掩码，输入数值"10.1.1.1""255.255.255.252"；配置接口 GE-1/1/2 的 IP 地址及子网掩码，输入数值"30.30.30.1""255.255.255.252"，完成输入后单击"确认"按钮，如图 5-256 所示。

图 5-256

鼠标单击 RT2，配置 RT2 接口 GE-1/1/1 的 IP 地址及子网掩码，输入数值"10.1.1.2""255.255.255.252"；配置接口 GE-1/1/2 的 IP 地址及子网掩码，输入数值"10.0.1.1""255.255.255.252"，操作如图 5-257 所示。

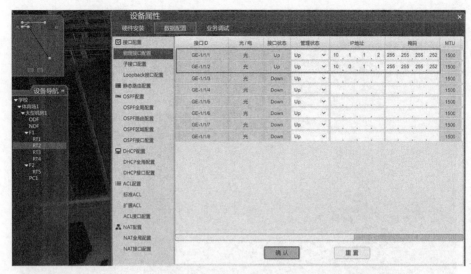

图 5-257

鼠标单击 RT3，配置 RT3 接口 GE-1/1/1 的 IP 地址及子网掩码，输入数值 "10.0.1.2" "255.255.255.252"；配置接口 GE-1/1/2 的 IP 地址及子网掩码，输入数值 "10.0.2.1" "255.255.255.252"，操作如图 5-258 所示。

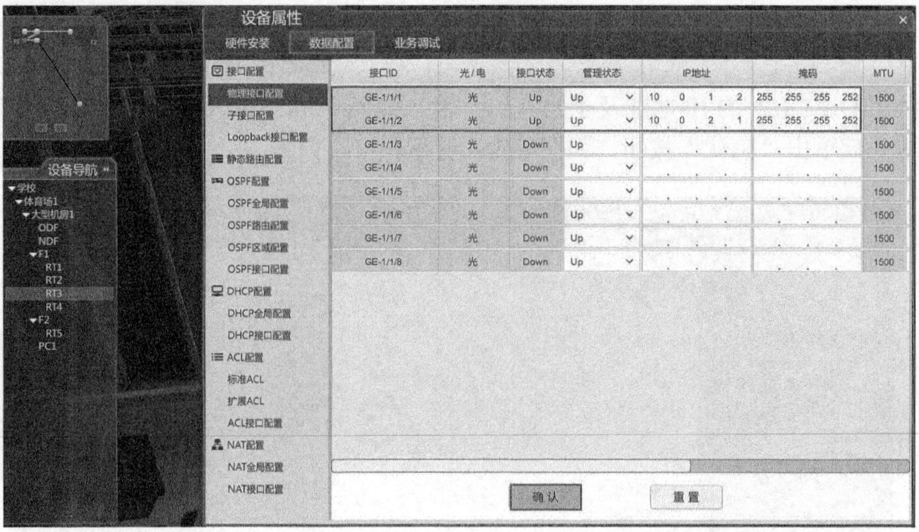

图 5-258

鼠标单击 RT4，配置 RT4 接口 GE-1/1/1 的 IP 地址及子网掩码，输入数值 "10.0.2.2" "255.255.255.252"；配置接口 GE-1/1/2 的 IP 地址及子网掩码，输入数值 "20.20.20.1" "255.255.255.252"，操作如图 5-259 所示。

鼠标单击 RT5，配置 RT5 接口 GE-1/1/1 的 IP 地址及子网掩码，输入数值 "30.30.30.2" "255.255.255.252"，操作如图 5-260 所示。

鼠标单击 PC，配置 PC 的 IP 地址及子网掩码，输入数值 "20.20.20.2" "255.255.255.0"，操作如图 5-261 所示。

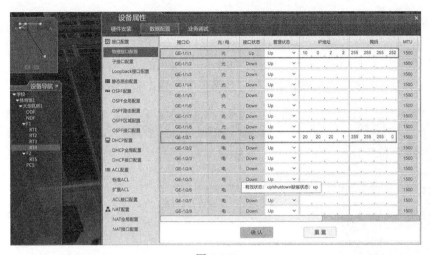

图 5-259

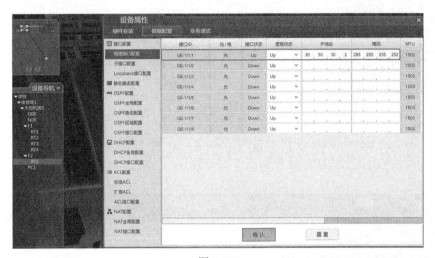

图 5-260

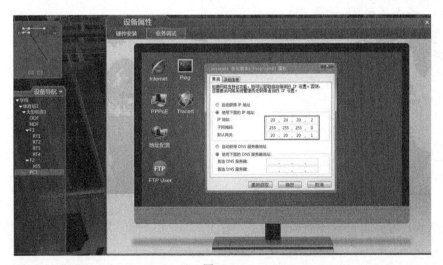

图 5-261

步骤 13：配置路由器 RT1、RT2、RT3、RT4、RT5 的 Loopback 接口。鼠标单击路由器，在主界面"设备属性"中选择"数据配置"，然后选择"接口配置"→"Loopback接口配置"。接口 ID 数值为"0"，RT1 的 Loopback0 的 IP 地址为"1.1.1.1"，子网掩码为"255.255.255.255"，完成输入后单击"确认"按钮，操作如图 5-262 所示。

图 5-262

配置 RT2 的 Loopback0 的 IP 地址为"2.2.2.2"，子网掩码为"255.255.255.255"，完成输入后单击"确认"按钮，操作如图 5-263 所示。

图 5-263

配置 RT3 的 Loopback0 的 IP 地址为"3.3.3.3"，子网掩码为"255.255.255.255"，完成输入后单击"确认"按钮，操作如图 5-264 所示。

配置 RT4 的 Loopback0 的 IP 地址为"4.4.4.4"，子网掩码为"255.255.255.255"，完

成输入后单击"确认"按钮，操作如图 5-265 所示。

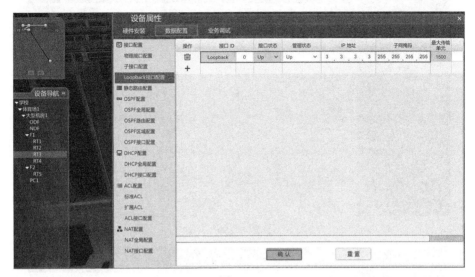

图 5-264

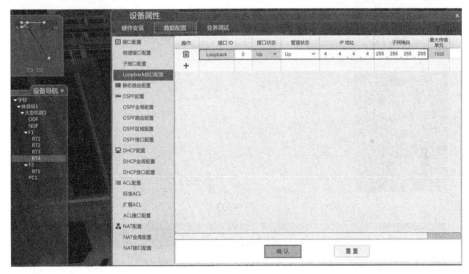

图 5-265

　　配置 RT5 的 Loopback0 的 IP 地址为"5.5.5.5"，子网掩码为"255.255.255.255"，完成输入后单击"确认"按钮，操作如图 5-266 所示。

　　步骤 14：完成路由器 RT1、RT2、RT3、RT4 的 OSPF 全局配置。鼠标单击路由器 RT1，在主界面"设备属性"中选择"数据配置"，然后选择"OSPF 配置"→"OSPF 全局配置"，设置全局 OSPF 状态选为"启用"，进程号数值为"1"，Router-id 数值为"1.1.1.1"，其他选项采用默认选项，操作如图 5-267 所示。

　　鼠标单击路由器 RT2，在主界面"设备属性"中选择"数据配置"，然后选择"OSPF 配置"→"OSPF 全局配置"，设置全局 OSPF 状态选为"启用"，进程号数值为"1"，Router-id 数值为"2.2.2.2"，其他选项采用默认选项，操作如图 5-268 所示。

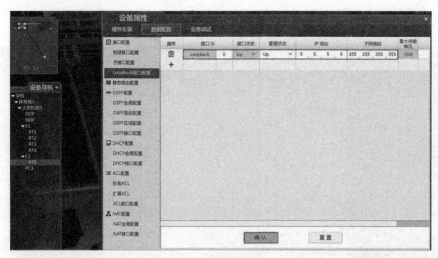

图 5-266

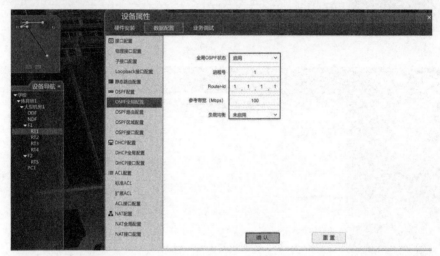

图 5-267

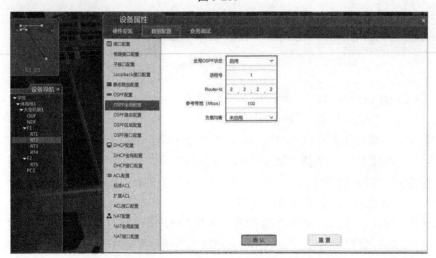

图 5-268

鼠标单击路由器 RT3，在主界面"设备属性"中选择"数据配置"，然后选择"OSPF 配置"→"OSPF 全局配置"，设置全局 OSPF 状态选为"启用"，进程号数值为"1"，Router-id 数值为"3.3.3.3"，其他选项采用默认选项，操作如图 5-269 所示。

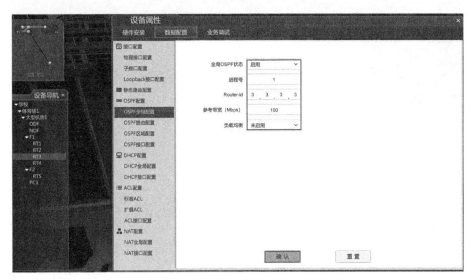

图 5-269

鼠标单击路由器 RT4，在主界面"设备属性"中选择"数据配置"，然后选择"OSPF 配置"→"OSPF 全局配置"，设置全局 OSPF 状态选为"启用"，进程号数值为"1"，Router-id 数值为"4.4.4.4"，其他选项采用默认选项，操作如图 5-270 所示。

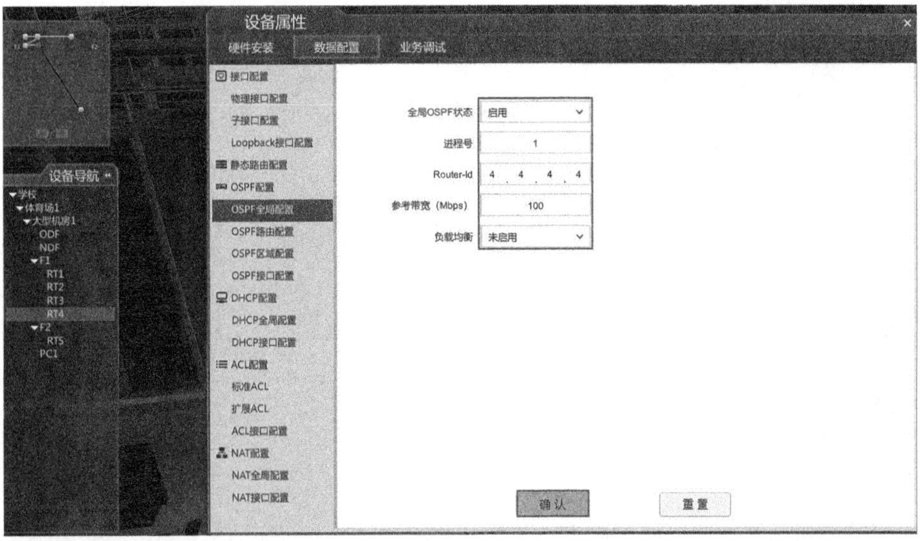

图 5-270

步骤 15：完成路由器 RT1、RT2、RT3、RT4 的 OSPF 路由配置。鼠标单击路由器 RT1，在主界面"设备属性"中选择"数据配置"，然后选择"OSPF 配置"→"OSPF 路由配置"→"路由宣告"配置宣告各自接口的网段路由（端口激活 OSPF）。单击"+"，输入对应接口的网络地址为"10.1.1.0"、通配符为"0.0.0.3"（子网掩码的反掩码）、区域为"0.0.0.1"，完成输入后单击"确认"按钮，配置结果如图 5-271 所示。

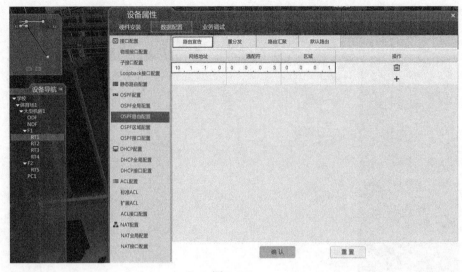

图 5-271

鼠标单击路由器 RT2，如上操作步骤进入"路由宣告"。RT2 两个端口需要激活 OSPF，根据接口属性，输入对应的网络地址、通配符、区域参数分别为"10.1.1.0""0.0.0.3""0.0.0.1"和"10.0.1.0""0.0.0.3""0.0.0.0"，完成输入后单击"确认"按钮，配置结果如图 5-272 所示。

图 5-272

鼠标单击路由器 RT3，如上操作步骤进入"路由宣告"。RT3 两个端口需要激活 OSPF，根据接口属性，输入对应的网络地址、通配符、区域参数为"10.0.1.0""0.0.0.3""0.0.0.0"和"10.0.2.0""0.0.0.3""0.0.0.0"，完成输入后单击"确认"按钮，配置结果如图 5-273 所示。

鼠标单击路由器 RT4，如上操作步骤进入"路由宣告"。RT4 只有一个端口需要激活 OSPF，根据接口属性，输入对应的网络地址、通配符、区域参数为"10.0.2.0""0.0.0.3"

"0.0.0.0"，完成输入后单击"确认"按钮，配置结果如图 5-274 所示。

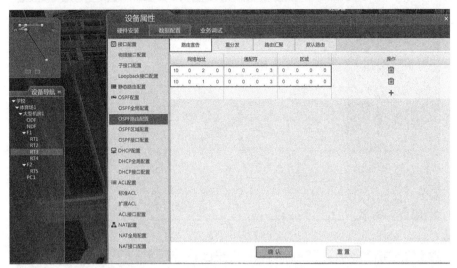

图 5-273

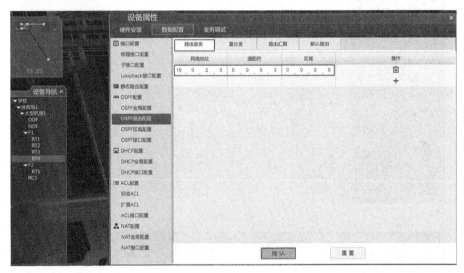

图 5-274

步骤 16：将区域"0.0.0.1"设置为 Nssa 区域。鼠标单击 RT1 路由器，在主界面"设备属性"中选择"数据配置"，然后选择"OSPF 配置"→"OSPF 区域配置"，将区域 0.0.0.1 类型设置为"Nssa"，操作如图 5-275 所示。

将路由器 RT2 区域"0.0.0.1"设置为"Nssa"区域，操作步骤类似 RT1 设置步骤，如图 5-276 所示。

步骤 17：路由器 RT1 重分发静态路由。鼠标单击 RT1 路由器，在路由器主界面"设备属性"中选择"数据配置"，然后选择"OSPF 配置"→"OSPF 路由配置"，单击"重分发"，将路由类型为"静态路由"的重分发状态选择为"启用"，完成选择后单击"确认"按钮，操作如图 5-277 所示。

图 5-275

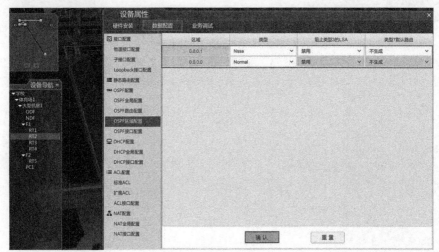

图 5-276

图 5-277

　　路由器 RT4 重分发直连路由。鼠标单击 RT4 路由器，在路由器主界面"设备属性"中选择"数据配置"，然后选择"OSPF 配置"→"OSPF 路由配置"，单击"重分发"把路由类型为"直连路由"的重分发状态选择为"启用"，完成选择后单击"确认"按钮，操作如图 5-278 所示。

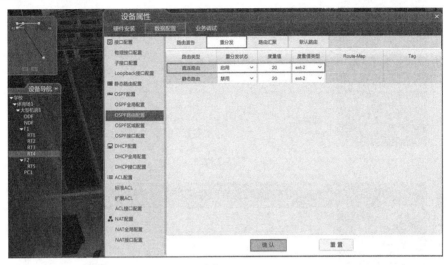

图 5-278

　　步骤 18：为 RT1、RT5 配置静态路由，RT1 需配置目的地址为"5.5.5.5"、子网掩码为"255.255.255.255"、下一跳为"30.30.30.2"的静态路由，配置结果如图 5-279 所示。

图 5-279

　　RT5 需配置一条默认路由，其下一跳参数为"30.30.30.1"，配置结果如图 5-280 所示。

　　步骤 19：查看各路由器的链路状态数据库。鼠标单击对应的路由器，在主界面"设备属性"中选择"业务调试"，然后选择"状态查询"→"OSPF 状态"，查看各路由器 OSPF 链路状态数据库，RT1、RT2、RT3、RT4 对应的 OSPF 链路状态数据库分别如图 5-281、图 5-282、图 5-283、图 5-284 所示（本实训中已忽略 OSPF 接口表和邻居表的查看）。

图 5-280

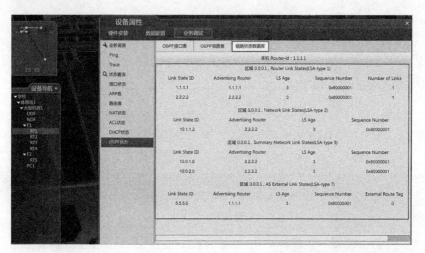

图 5-281

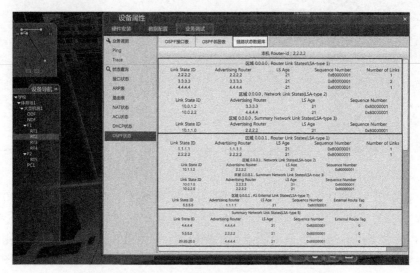

图 5-282

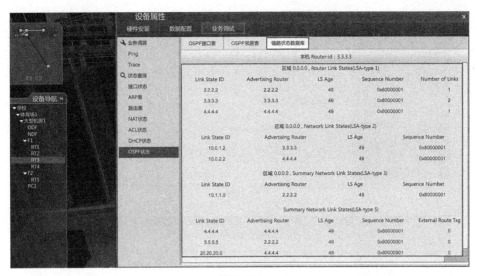

图 5-283

　　通过查看 RT1 的链路状态数据库可知，在正常区域引入外部路由后，产生的 Type5 LSA 泛洪至 ABR（Nssa 边界）则停止向 Nssa 区域传播。但 ABR 路由器也不会产生默认的 Type3 LSA 向 Nssa 区域泛洪。与 Stub 区域一致，Type3 LSA 也可以向 Nssa 区域泛洪。

　　但是 Nssa 区域和 Stub 区域不同，Nssa 区域内可引入外部路由，并生成区别于五类 LSA 的 Type7 LSA，传播至本 Nssa 区域。Type7 LSA 跨区域传播时，在 ABR 中转换为 Type5 LSA，并将 Advertising Router 字段修改为 ABR 的 RouterID。

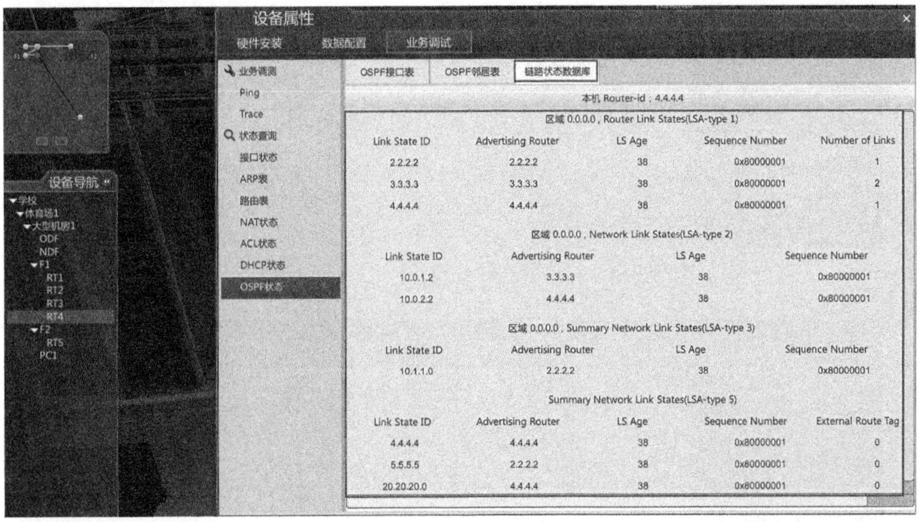

图 5-284

　　步骤 20：查看各路由器的路由表。分别鼠标单击各路由器，在主界面"设备属性"中选择"业务调试"，然后选择"状态查询"→"路由表"，单击查看，RT1、RT2、RT3、RT4、RT5 查看结果如图 5-285、图 5-286、图 5-287、图 5-288、图 5-289 所示。

图 5-285

图 5-286

图 5-287

图 5-288

图 5-289

步骤 21：验证路由器间的连通性（测试 PC 与 RT5 的连通性）。鼠标单击 PC，在主界面选择"业务调测"→"Ping"，在"目的 IP"选择输入为 RT5 的 Loopbook 地址，数值为"5.5.5.5"，单击"执行"，验证结果如图 5-290 所示，测试不通。

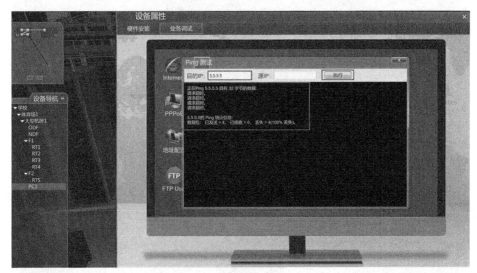

图 5-290

请思考：在 PC 中为什么 Ping 不通路由器 RT5 的 Loopback 管理地址？为了保证 PC 与 RT5 可正常通信，通过修改哪台路由器的配置可解决该问题？

任务八：OSPF Totally-Nssa 区域接入骨干区域配置实训

步骤 1：新增实训建筑。打开 SIMNET 仿真软件，鼠标单击右侧资源池建筑图标，选择"体育场"图标，将其拖放到校园场景中，完成实训建筑的部署，操作结果如图 5-291 所示。

步骤 2：添加机房。鼠标单击资源池中的机房图标，单击"大型机房"图标，将其拖入左侧已添加的实训建筑"体育场"中，完成机房部署，操作结果如图 5-292 所示。

步骤 3：安装两台机柜和一台 PC。单击右边资源池中的机柜按钮，拖动鼠标将机柜安装到指定的位置（拖动机柜时机房地板会自动呈现可安装位置）放开鼠标即可，操作如图 5-293、图 5-294 所示。

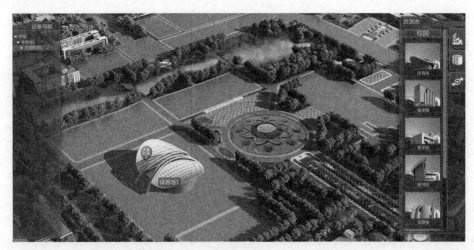

图 5-291

图 5-292

图 5-293

步骤 4：添加路由器。单击已安装机柜，机柜门自动打开，资源池中自动弹出可选择网络设备。选中中型交换机 RT-M 拖入机柜中，将路由器拖入机柜后自动呈现可安装设备的插槽，如图 5-295 所示。

图 5-294

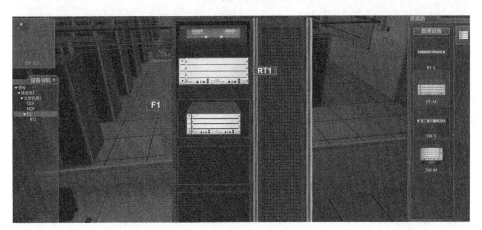

图 5-295

步骤 5：添加板卡。单击机柜中的网络设备安装单板，选择右边资源池中的单板 ▦ 按钮，可供安装的单板有 RT-8xGE-SFP、RT-8xGE-RJ45、RT-4x10GE-SFP+，拖动单板安放到已有的网络设备中，本例中，5 台路由器各增加一块光接口板，操作如图 5-296 所示。

图 5-296

步骤 6：重复步骤 5 的操作，给另外 4 台路由器增加单板，完成操作后结果如图 5-297 所示（注意 RT4 需要添加一块 RT-8xGE-RJ45 单板与电脑相连）。

图 5-297

步骤 7：光接口板插入光模块。单击资源池中的光模块██按钮，操作如图 5-298 所示。光模块根据传输模式分为两种：单模光模块和多模光模块。SIMNET 平台单模光模块有 S13-GE-10KM-SFP、S13-XGE-10KM-SFP+两种型号；多模光模块有 M85-GE-500M- SFP、M85-XGE-300M-SFP+两种型号。根据接口要求选择光模块（设备间对接端口的光模块类型和光纤类型须匹配），单击右侧光模块拖入交换机的光接口即可。重复本操作步骤，完成另外两台路由器光模块插入（注意：第一、第二、第三台路由器根据拓扑规划，需插入两个光模块）。

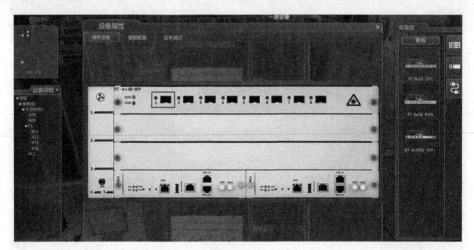

图 5-298

步骤 8：设备间连线。单击线缆██按钮，如图 5-299 所示，连接设备的线缆分别有 LC-LC 尾纤-S、LC-FC 尾纤-S、LC-LC 尾纤-M、LC-FC 尾纤-M、FC-FC 尾纤-S、FC-FC 尾纤-M、以太网线。根据端口插入的单模光模块选择相应的 LC-LC 尾纤，然后拖入对应的光模块中，完后一个光模块的尾纤连接。

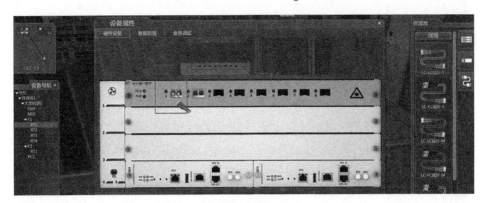

图 5-299

步骤 9：尾纤连接至第二台路由器 RT2 的光接口中。鼠标左键单击"设备导航"栏中第二台路由器，切换至第二台路由器，然后单击对应光口，完成尾纤连接，操作如图 5-300及图 5-301 所示。

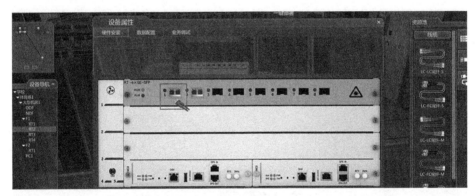

图 5-300

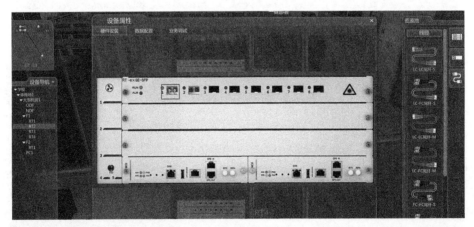

图 5-301

步骤 10：根据任务拓扑完成设备重新命名，将 F2 中的 RT1 重新命名为 RT5。鼠标单击"RT1"，并修改为"RT5"。如图 5-302、图 5-303 所示。

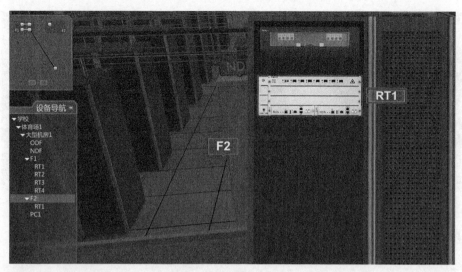

图 5-302

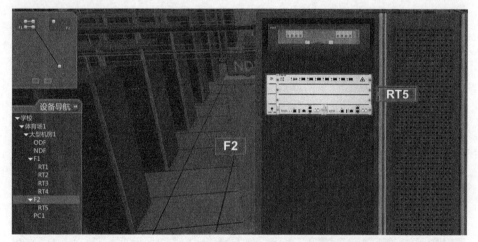

图 5-303

步骤 11：重复操作步骤 9，完成各路由器的线缆连接。完成设备间的连线后，单击"设备导航"上的自动拓扑图标，完成的自动拓扑如图 5-304 所示。

步骤 12：配置路由器物理接口 IP 地址。在机房视图下，鼠标单击路由器 RT1，在主界面"设备属性"中选择"数据配置"，然后选择"接口配置"→"物理接口配置"。配置 RT1 接口 GE-1/1/1 的 IP 地址及子网掩码，输入数值"10.1.1.1""255.255.255.252"，完成输入后单击"确认"按钮。配置接口 GE-1/1/2 的 IP 地址及子网掩码，输入数值"30.30.30.1"

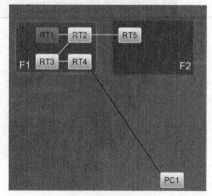

图 5-304

"255.255.255.252"，完成输入后单击"确认"按钮，如图 5-305 所示。

鼠标单击 RT2，配置 RT2 接口 GE-1/1/1 的 IP 地址及子网掩码，输入数值"10.1.1.2" "255.255. 255.252"；配置接口 GE-1/1/2 的 IP 地址及子网掩码，输入数值"10.0.1.1" "255.255.255.252"，操作如图 5-306 所示。

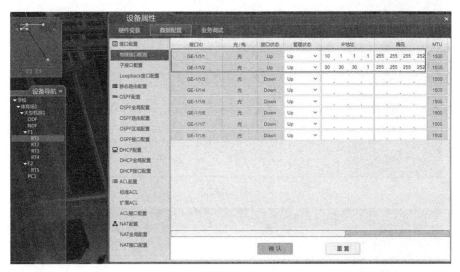

图 5-305

图 5-306

鼠标单击 RT3，配置 RT3 接口 GE-1/1/1 的 IP 地址及子网掩码，输入数值"10.0.1.2" "255.255.255.252"；配置接口 GE-1/1/2 的 IP 地址及子网掩码，输入数值"10.0.2.1" "255. 255.255.252"操作如图 5-307 所示。

鼠标单击 RT4，配置 RT4 接口 GE-1/1/1 的 IP 地址及子网掩码，输入数值"10.0.2.2" "255.255.255.252"；配置接口 GE-1/2/1 的 IP 地址及子网掩码，输入数值"20.20.20.1" "255.255.255.0"操作如图 5-308 所示。

鼠标单击 RT5，配置 RT5 接口 GE-1/1/1 的 IP 地址及子网掩码，输入数值"30.30.30.2" "255.255.255.252"操作如图 5-309 所示。

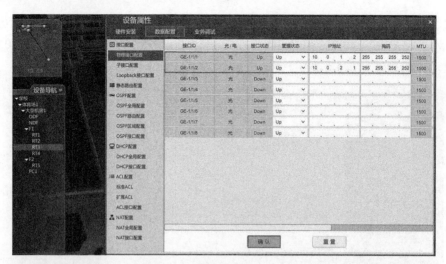

图 5-307

图 5-308

图 5-309

鼠标单击 PC，配置 PC 的 IP 地址及子网掩码，输入数值"20.20.20.2""255.255.255.0"，操作如图 5-310 所示。

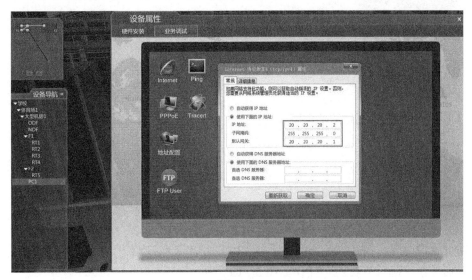

图 5-310

步骤 13：配置路由器 RT1、RT2、RT3、RT4、RT5 的 Loopback 接口。鼠标单击路由器 RT1，在主界面"设备属性"中选择"数据配置"，然后选择"接口配置"→"Loopback 接口配置"。接口 ID 数值为"0"，RT1 的 Loopback0 的 IP 地址为"1.1.1.1"，子网掩码为"255.255.255.255"，完成输入后单击"确认"按钮，操作如图 5-311 所示。

图 5-311

配置 RT2 的 Loopback0 的 IP 地址为"2.2.2.2"，子网掩码为"255.255.255.255"，完成输入后单击"确认"按钮，操作如图 5-312 所示。

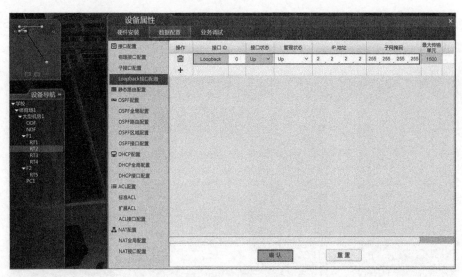

图 5-312

配置 RT3 的 Loopback0 的 IP 地址为"3.3.3.3"，子网掩码为"255.255.255.255"，完成输入后单击"确认"按钮，操作如图 5-313 所示。

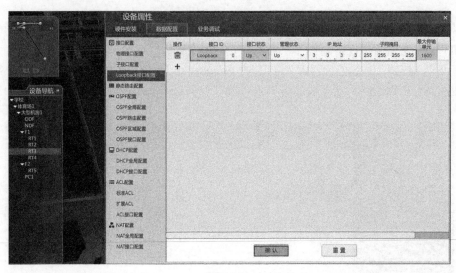

图 5-313

配置 RT4 的 Loopback0 的 IP 地址为"4.4.4.4"，子网掩码为"255.255.255.255"，完成输入后单击"确认"按钮，操作如图 5-314 所示。

配置 RT5 的 Loopback0 的 IP 地址为"5.5.5.5"，子网掩码为"255.255.255.255"，完成输入后单击"确认"按钮，操作如图 5-315 所示。

步骤 14：完成路由器 RT1、RT2、RT3、RT4 的 OSPF 全局配置，鼠标单击路由器 RT1，在主界面"设备属性"中选择"数据配置"，然后选择"OSPF 配置"→"OSPF 全局配置"，设置全局 OSPF 状态选为"启用"，进程号数值为"1"，Router-id 数值为"1.1.1.1"，其他选项采用默认选项，操作如图 5-316 所示。

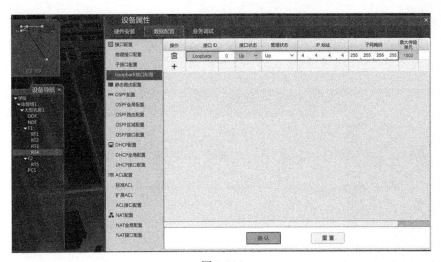

图 5-314

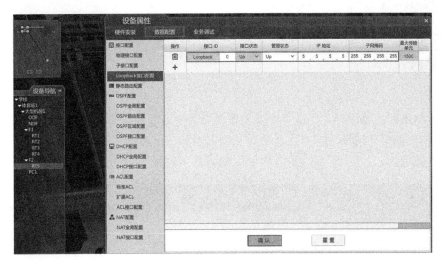

图 5-315

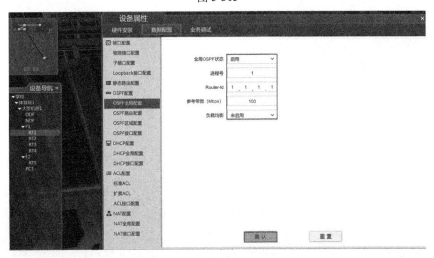

图 5-316

鼠标单击路由器 RT2，在主界面"设备属性"中选择"数据配置"，然后选择"OSPF 配置"→"OSPF 全局配置"，设置全局 OSPF 状态选为"启用"，进程号数值为"1"，Router-id 数值为"2.2.2.2"，其他选项采用默认选项，操作如图 5-317 所示。

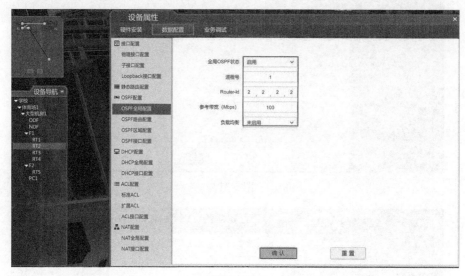

图 5-317

鼠标单击路由器 RT3，在主界面"设备属性"中选择"数据配置"，然后选择"OSPF 配置"→"OSPF 全局配置"，设置全局 OSPF 状态选为"启用"，进程号数值为"1"，Router-id 数值为"3.3.3.3"，其他选项采用默认选项，操作如图 5-318 所示。

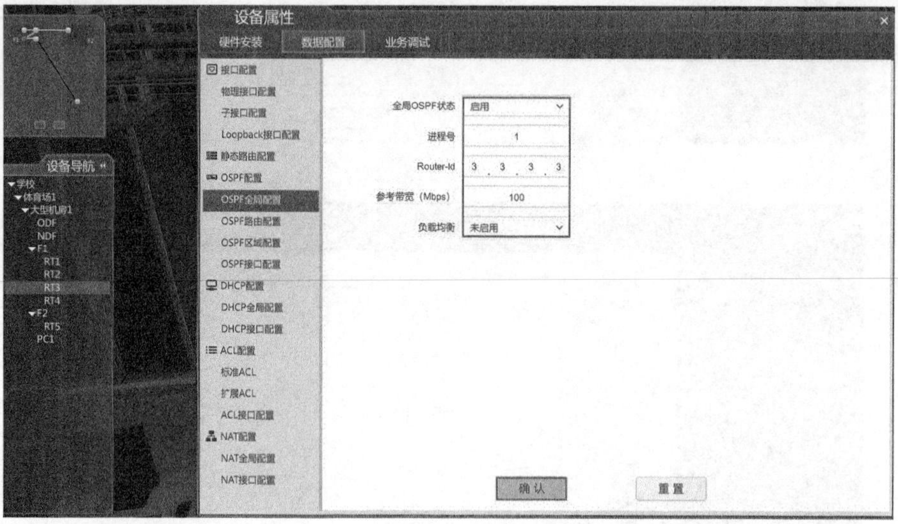

图 5-318

鼠标单击路由器 RT4，在主界面"设备属性"中选择"数据配置"，然后选择"OSPF 配置"→"OSPF 全局配置"，设置全局 OSPF 状态选为"启用"，进程号数值为"1"，Router-id 数值为"4.4.4.4"，其他选项采用默认选项，操作如图 5-319 所示。

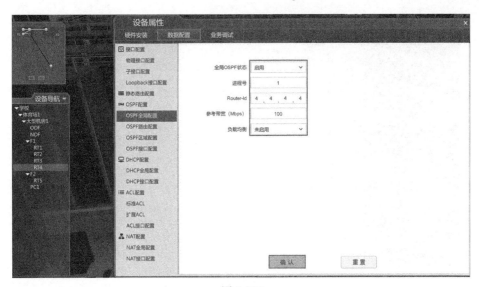

图 5-319

步骤 15：完成路由器 RT1、RT2、RT3、RT4 的 OSPF 路由配置。鼠标单击路由器 RT1，在主界面"设备属性"中选择"数据配置"，然后选择"OSPF 配置"→"OSPF 路由配置"→"路由宣告"配置宣告各自接口的网段路由（端口激活 OSPF）。单击"+"，输入对应接口的网络地址、通配符（子网掩码的反掩码）、区域参数分别为"10.1.1.0""0.0.0.3""0.0.0.1"，完成输入后单击"确认"按钮，配置结果如图 5-320 所示。

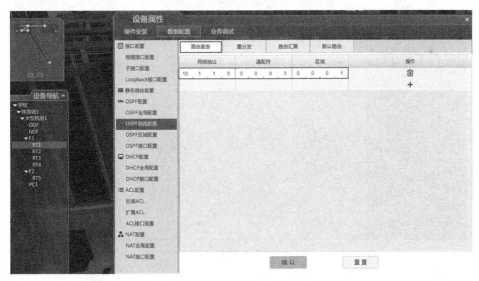

图 5-320

鼠标单击路由器 RT2，如上操作步骤进入"路由宣告"。RT2 两个端口需要激活 OSPF，根据接口属性，输入对应的网络地址、通配符、区域参数分别为"10.1.1.0""0.0.0.3"、"0.0.0.1"和"10.0.1.0""0.0.0.3""0.0.0.0"，完成输入后单击"确认"按钮，配置结果如图 5-321 所示。

图 5-321

鼠标单击路由器 RT3，如上操作步骤进入"路由宣告"。RT3 两个端口需要激活 OSPF，根据接口属性，输入对应的网络地址、通配符、区域参数分别为"10.0.1.0""0.0.0.3""0.0.0.0"和"10.0.2.0""0.0.0.3""0.0.0.0"，完成输入后单击"确认"按钮，配置结果如图 5-322 所示。

图 5-322

鼠标单击路由器 RT4，如上操作步骤进入"路由宣告"。RT4 只有一个端口需要激活 OSPF，根据接口属性，输入对应的网络地址、通配符、区域参数分别为"10.0.2.0""0.0.0.3""0.0.0.0"，完成输入后单击"确认"按钮，配置结果如图 5-323 所示。

步骤 16：将区域"0.0.0.1"设置为"Totally-NSSA"区域。鼠标单击 RT1 路由器，在主界面"设备属性"中选择"数据配置"，然后选择"OSPF 配置"→"OSPF 区域配置"，将区域 0.0.0.1 类型设置为"Nssa""阻止类型 3 的 LSA"设置为"启用"，操作如图 5-324 所示。

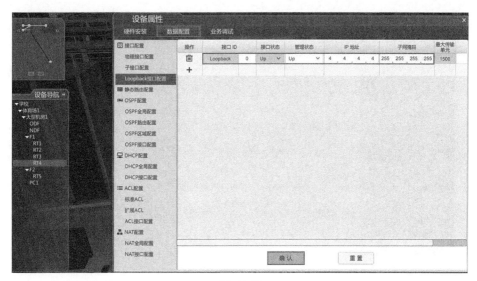

图 5-323

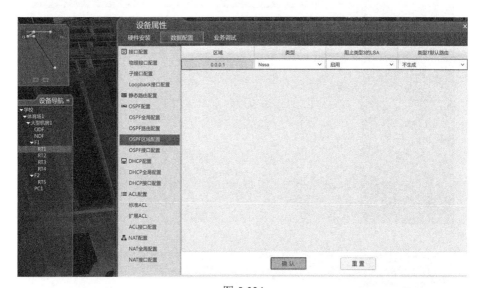

图 5-324

将路由器 RT2 区域"0.0.0.1"设置为"Totally-NSSA"区域,操作步骤与 RT1 设置步骤一样,如图 5-325 所示。

步骤 17:路由器 RT1 重分发静态路由。鼠标单击 RT1 路由器,在路由器主界面"设备属性"中选择"数据配置",然后选择"OSPF 配置"→"OSPF 路由配置",单击"重分发"把路由类型为"静态路由"的重分发状态选择"启用",完成选择后单击"确认"按钮,操作如图 5-326 所示。

路由器 RT4 重分发直连路由。鼠标单击 RT4 路由器,在路由器主界面"设备属性"中选择"数据配置",然后选择"OSPF 配置"→"OSPF 路由配置",单击"重分发"把路由类型为"直连路由"的重分发状态选择"启用",完成选择后单击"确认"按钮,操作如图 5-327 所示。

图 5-325

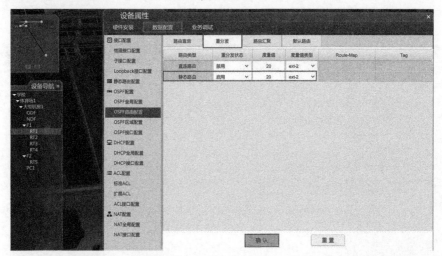

图 5-326

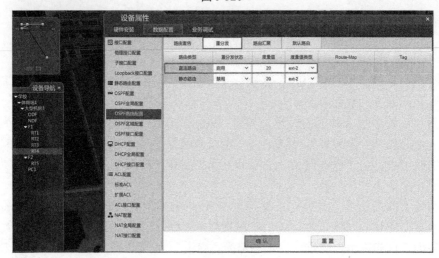

图 5-327

步骤 18：为 RT1、RT5 配置静态路由。RT1 需配置目的地址"5.5.5.5"，子网掩码"255.255.255.255"，下一跳为"30.30.30.2"的静态路由。RT5 需配置一条下一跳为"30.30.30.1"的默认路由，配置结果如图 5-328、图 5-329 所示。

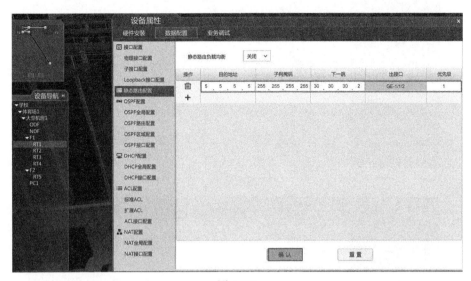

图 5-328

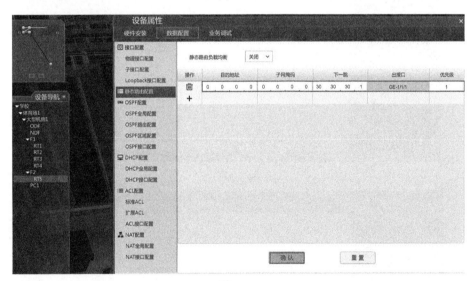

图 5-329

步骤 19：查看各路由器的链路状态数据库。鼠标单击对应的路由器，在主界面"设备属性"中选择"业务调试"，然后选择"状态查询"→"OSPF 状态"，查看各路由器 OSPF 链路状态数据库，RT1、RT2、RT3、RT4 对应的 OSPF 链路状态数据库分别如图 5-330、图 5-331、图 5-332、图 5-333 所示（本实训中已忽略 OSPF 接口表和邻居表的查看）。

通过查看 RT1 的链路状态数据库可知，在正常区域引入外部路由后，产生的 Type5 LSA 泛洪至 ABR（NSSA 边界）则停止向 Totally-NSSA 区域传播。

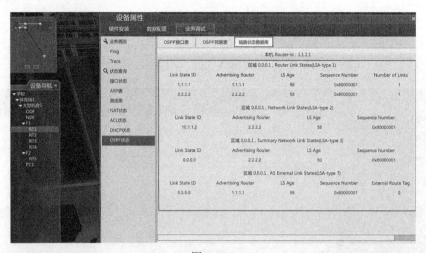

图 5-330

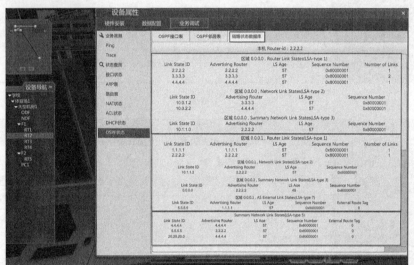

图 5-331

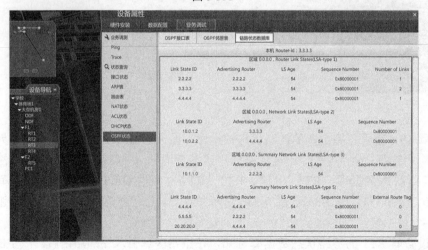

图 5-332

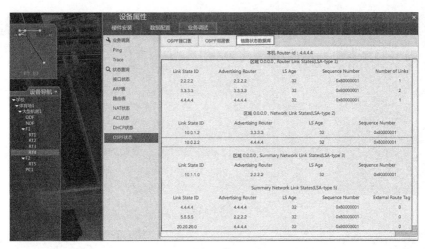

图 5-333

Totally-NSSA 区域不允许区域间的 Type3 LSA 泛洪,将在 ABR 生成默认 Type3 LSA 向 Totally-NSSA 区域泛洪,保证 Totally-NSSA 区域与其他区域的连通性。

Totally-NSSA 区域内可引入外部路由,生成区别于五类 LSA 的 Type7 LSA,传播至本 Totally-NSSA 区域。Type7 LSA 跨区域传播时,在 ABR 将转换为 Type5 LSA,并将 Advertising Router 字段修改为 ABR 的 RouterID。

步骤 20:查看各路由器的路由表。分别鼠标单击各路由器,在主界面"设备属性"中选择"业务调试",然后选择"状态查询"→"路由表",单击查看 RT1、RT2、RT3、RT4、RT5 结果如图 5-334、图 5-335、图 5-336、图 5-337、图 5-338 所示。

图 5-334

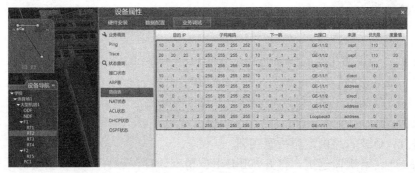

图 5-335

图 5-336

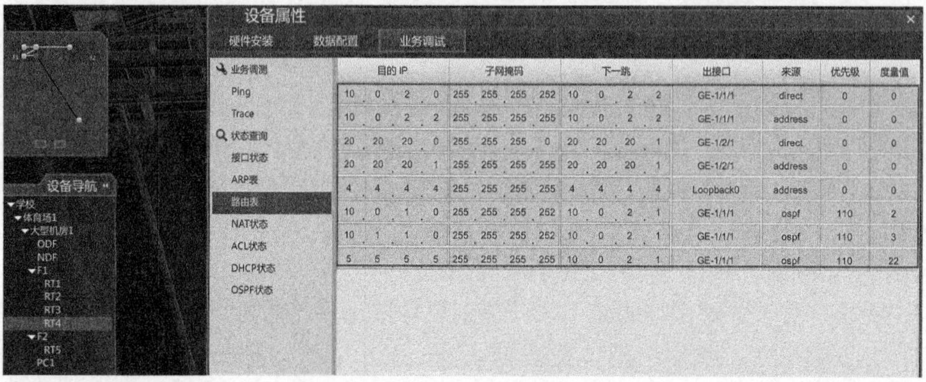

图 5-337

图 5-338

步骤 21：验证路由器间的连通性（测试 PC 与 RT5 的连通性）。鼠标单击 PC，在主界面选择"业务调测"→"Ping"，在"目的 IP"选择输入为 RT5 的 Loopbook 地址，数值为"5.5.5.5"，单击"执行"，验证结果如图 5-339 所示，测试正常。

请思考：PC 是否可以 Ping 通"30.30.30.2"，为什么？

任务九：OSPF 路由汇聚配置实训

步骤 1：新增实训建筑。打开 SIMNET 仿真软件，鼠标单击右侧资源池建筑图标，选择"体育场"图标，将其拖放到校园场景中，完成实训建筑的部署，操作结果如图 5-340 所示。

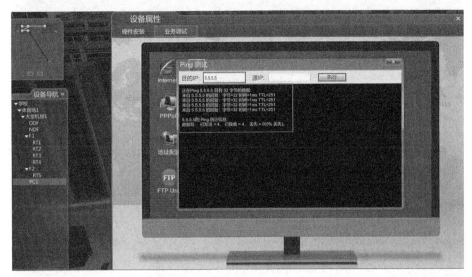

图 5-339

图 5-340

步骤 2：添加机房。鼠标单击资源池中的机房█图标，单击"大型机房"图标，将其拖入左侧已添加的实训建筑"体育场"中，完成机房部署，操作结果如图 5-341 所示。

步骤 3：增加两台机柜。单击右边资源池中的机柜█按钮，拖动鼠标将机柜安装到指定的位置（拖动机柜时机房地板会自动呈现可安装位置）后放开鼠标即可，操作如图 5-342 所示。

步骤 4：添加路由器。单击已安装机柜，机柜门自动打开，资源池中自动弹出可选择网络设备。选中中型交换机 RT-M 拖入机柜中，路由器拖入机柜后将自动呈现可安装设备的插槽，操作如图 5-343 所示。

图 5-341

图 5-342

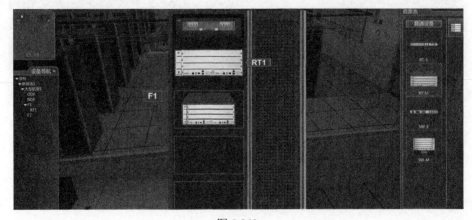

图 5-343

步骤 5：添加板卡。单击机柜中的网络设备安装单板，选择右边资源池中的单板▇按钮，可供安装的单板有 RT-8xGE-SFP、RT-8xGE-RJ45、RT-4x10GE-SFP+，拖动单板安放到已有的网络设备中，本例中五台路由器各增加一块光接口板，操作如图 5-344 所示。

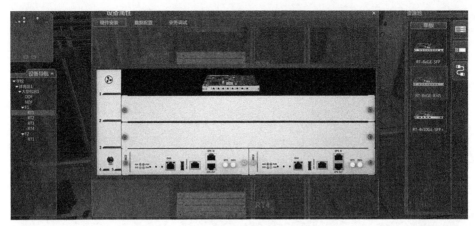

图 5-344

步骤 6：重复步骤 5 的操作，给另外 3 台路由器增加单板，完成操作后结果如图 5-345 所示。

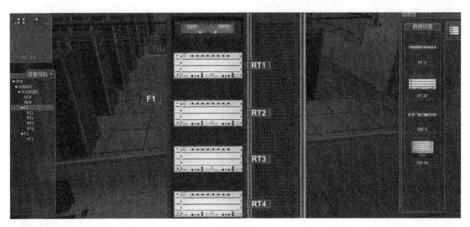

图 5-345

步骤 7：光接口板插入光模块。单击资源池中的光模块■按钮，如图 5-346 所示。光模块根据传输模式分为单模光模块和多模光模块两种。SIMNET 平台单模光模块有 S13-GE-10KM-SFP、S13-XGE-10KM-SFP+两种型号；多模光模块有 M85-GE-500M-SFP、M85-XGE-300M-SFP+两种型号。根据板卡接口类型选择光模块（设备间对接端口的光模块类型和光纤类型须匹配），单击右侧光模块拖入交换机的光接口。重复本操作步骤，完成另两台路由器光模块插入（注意：根据拓扑规划 RT2、RT3 路由器需插入多个光模块）。

步骤 8：单击线缆■按钮，如图 5-347 所示，连接设备的线缆分别有 LC-LC 尾纤-S、LC-FC 尾纤-S、LC-LC 尾纤-M、LC-FC 尾纤-M、FC-FC 尾纤-S、FC-FC 尾纤-M、以太网线。根据端口插入的单模光模块选择相应的 LC-LC 尾纤，然后拖入对应的光模块中，完后一个光模块的尾纤连接。

步骤 9：尾纤连接至第二台路由器 RT2 的光接口中。鼠标左键单击"设备导航"栏中第二台路由器，切换至第二台路由器，然后单击对应光口，完成尾纤连接，操作如图 5-348 和图 5-349 所示。

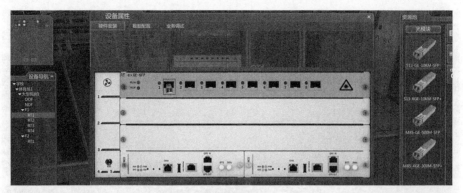

图 5-346

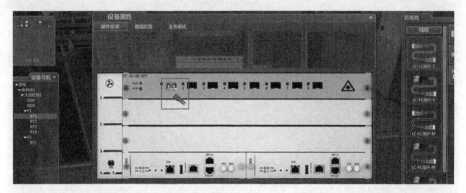

图 5-347

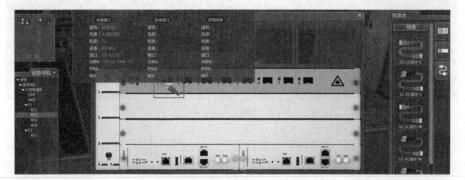

图 5-348

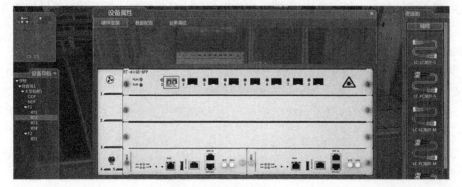

图 5-349

步骤 10：根据任务拓扑完成设备重新命名，将 F2 中的 RT1 重新命名为 RT5。鼠标单击"RT1"，修改为"RT5"回车键确认。结果如图 5-350、图 5-351 所示。

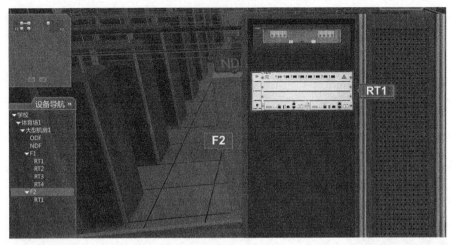

图 5-350

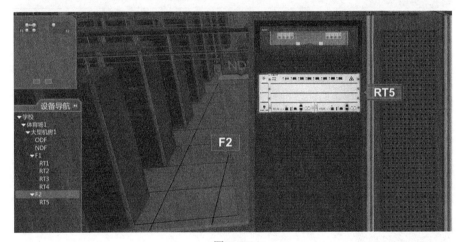

图 5-351

步骤 11：重复操作步骤 9，完成各路由器的线缆连接。完成设备间的连线后，单击"设备导航"上的自动拓扑图标，完成的自动拓扑如图 5-352 所示。

步骤 12：配置路由器物理接口 IP 地址。在机房视图下，鼠标单击路由器 RT1，在主界面"设备属性"中选择"数据配置"，然后选择"接口配置"→"物理接口配置"。配置 RT1 接口 GE-1/1/1 的 IP 地址及掩码，输入数值"10.0.1.1""255.255.255.252"，完成输入后单击"确认"按钮，操作如图 5-353 所示。

鼠标单击路由器 RT2，配置 RT2 接口 GE-1/1/1 的 IP 地址及掩码，输入数值"10.0.1.2""255.255.255.252"；配置接口

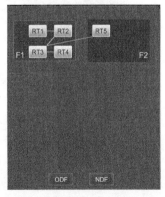

图 5-352

GE-1/1/2 的 IP 地址及掩码，输入数值"10.0.2.1""255.255. 255.252"，完成输入后单击"确认"按钮，操作如图 5-354 所示。

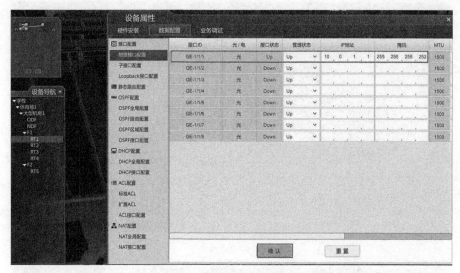

图 5-353

图 5-354

鼠标单击路由器 RT3，配置 RT3 接口 GE-1/1/1 的 IP 地址及掩码，输入数值"10.0.2.2" "255.255.255.252"；配置接口 GE-1/1/2 的 IP 地址及掩码，输入数值"20.20.20.1""255. 255.255.128"，配置接口 GE-1/1/3 的 IP 地址及掩码，输入数值"20.20.20.129""255.255. 255.128"，完成输入后单击"确认"按钮，操作如图 5-355 所示。

鼠标单击路由器 RT4，配置 RT4 接口 GE-1/1/1 的 IP 地址及掩码，输入数值"20.20. 20.2""255.255.255.128"。完成输入后单击"确认"按钮，操作如图 5-356 所示。

鼠标单击路由器 RT5，配置 RT5 接口 GE-1/1/1 的 IP 地址及掩码，输入数值"20.20. 20.130""255.255.255.252"，完成输入后单击"确认"按钮，操作如图 5-357 所示。

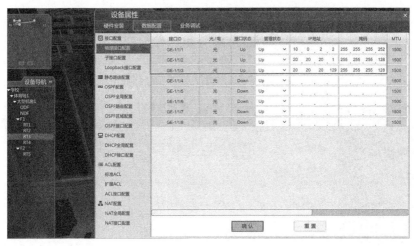

图 5-355

图 5-356

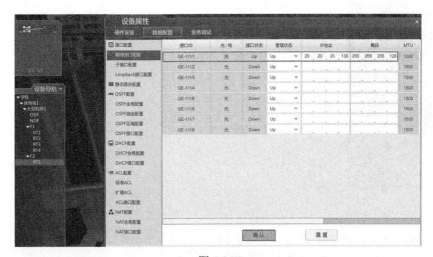

图 5-357

步骤 13：配置路由器 RT1、RT2、RT3、RT4、RT5 的 Loopback 接口。鼠标单击路由器，在主界面"设备属性"中选择"数据配置"，然后选择"接口配置"→"Loopback接口配置"。接口 ID 数值为"0"，RT1 的 Loopback0 的 IP 地址为"1.1.1.1"，子网掩码为"255.255.255.255"，完成输入后单击"确认"按钮，操作如图 5-358 所示。

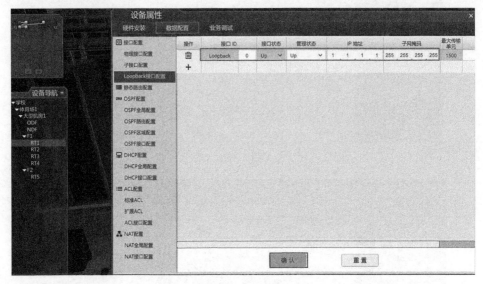

图 5-358

配置 RT2 的 Loopback0 的 IP 地址为"2.2.2.2"，子网掩码为"255.255.255.255"，完成输入后单击"确认"按钮，操作如图 5-359 所示。

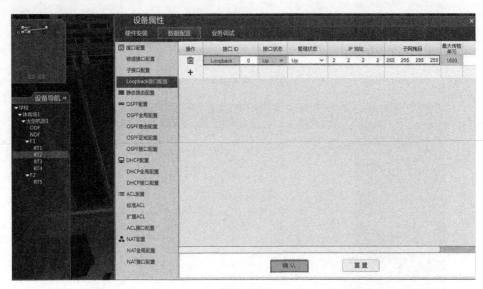

图 5-359

配置 RT3 的 Loopback0 的 IP 地址为"3.3.3.3"，子网掩码为"255.255.255.255"，完成输入后单击"确认"按钮，操作如图 5-360 所示。

配置 RT4 的 Loopback0 的 IP 地址为 "4.4.4.4"，子网掩码为 "255.255.255.255"，完成输入后单击 "确认" 按钮，操作如图 5-361 所示。

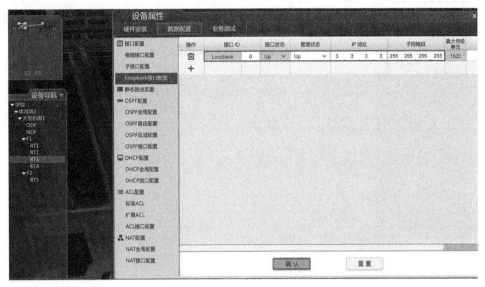

图 5-360

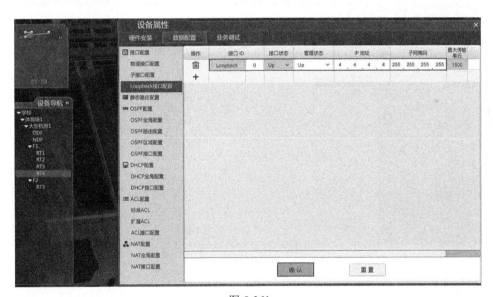

图 5-361

配置 RT5 的 Loopback0 的 IP 地址为 "4.4.4.4"，子网掩码为 "255.255.255.255"，完成输入后单击 "确认" 按钮，操作如图 5-362 所示。

步骤 14：完成路由器 RT1 的 OSPF 全局配置。鼠标单击路由器，在主界面 "设备属性" 中选择 "数据配置"，然后选择 "OSPF 配置" → "OSPF 全局配置"，全局 OSPF 状态选为启用，进程号数值为 "1"，Router-id 数值为 "1.1.1.1"，其他选项采用默认配置，操作如图 5-363 所示。

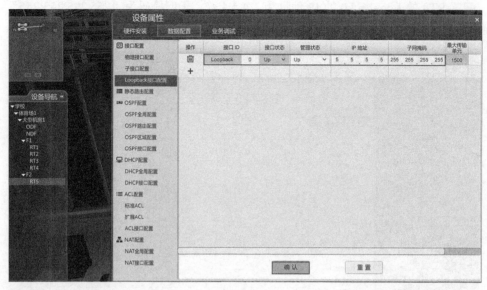

图 5-362

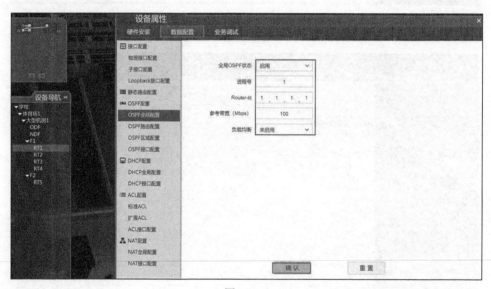

图 5-363

　　RT2、RT3 的 OSPF 全局配置方法与 RT1 类似，OSPF 进程号数值均为 "1"，Router-id 采用 Loopback0 接口 IP（自动匹配，无需要手工输入），完成输入后单击 "确认" 按钮，操作结果如图 5-364、图 5-365 所示。

　　步骤 15：完成路由器 RT1、RT2、RT3 的 OSPF 路由配置。鼠标单击路由器 RT1，在主界面 "设备属性" 中选择 "数据配置"，然后选择 "OSPF 配置" → "OSPF 路由配置" → "路由宣告" 配置宣告各自接口的网段路由（端口激活 OSPF）。单击 "+"，输入对应接口的网络地址为 "10.0.1.0"、通配符为 "0.0.0.3"（子网掩码的反掩码）、区域为 "0.0.0.0"，完成输入后单击 "确认" 按钮，配置结果如图 5-366 所示。

图 5-364

图 5-365

图 5-366

鼠标单击路由器 RT2，如上操作步骤进入"路由宣告"。RT2 两个端口需要激活 OSPF，根据接口属性，输入对应的网络地址、通配符、区域参数分别为"10.0.1.0""0.0.0.3""0.0.0.0"和"10.0.2.0""0.0.0.3""0.0.0.0"，完成输入后单击"确认"按钮，配置结果如图 5-367 所示。

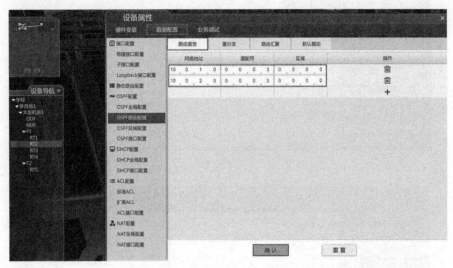

图 5-367

鼠标单击路由器 RT3，如上操作步骤进入"路由宣告"。RT3 一个端口需要激活 OSPF，根据接口属性，输入对应的网络地址、通配符、区域参数为"10.0.2.0""0.0.0.3""0.0.0.0"，完成输入后单击"确认"按钮，配置结果如图 5-368 所示。

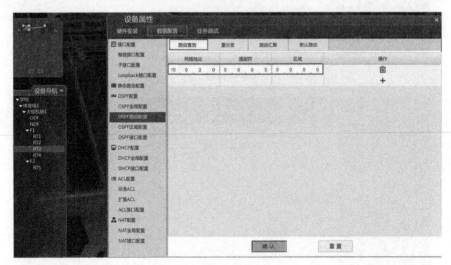

图 5-368

步骤 16：配置 RT4、RT5 的默认路由。鼠标单击路由器 RT4，在主界面"设备属性"中选择"数据配置"，然后选择"静态路由配置"，单击"+"添加默认路由，RT4 数值为"0.0.0.0""0.0.0.0""20.20.20.1"，操作如图 5-369 所示。

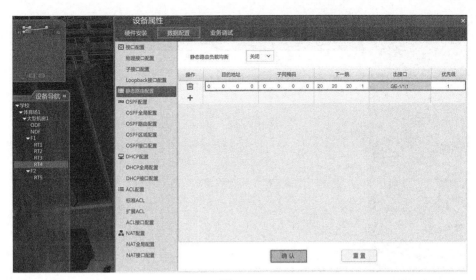

图 5-369

路由器 RT5，操作步骤类似 RT4 设置步骤，RT5 数值为 "0.0.0.0" "0.0.0.0" "20.20.20.129"，如图 5-370 所示。

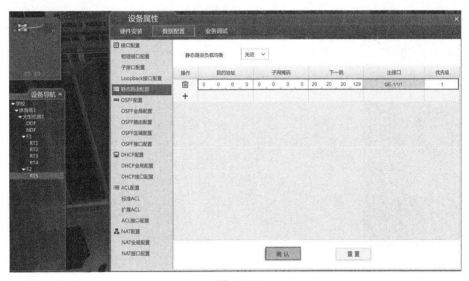

图 5-370

步骤 17：配置路由器 RT3 重分发直连路由。鼠标单击路由器 RT3，在主界面 "设备属性" 中选择 "数据配置"，然后选择 "OSPF 配置" → "OSPF 路由配置"，单击 "重分发" 把路由类型为 "直连路由" 的重分发状态设置 "启用"，完成设置后单击 "确认" 按钮，操作如图 5-371 所示。

步骤 18：配置 OSPF 路由汇聚。鼠标单击路由器 RT3。在主界面 "设备属性" 中选择 "数据配置"，然后选择 "OSPF 配置" → "OSPF 路由配置"，单击 "路由汇聚" 添加一条汇聚类型为外部路由汇聚的路由，配置结果如图 5-372 所示。

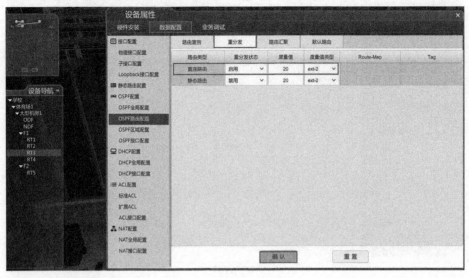

图 5-371

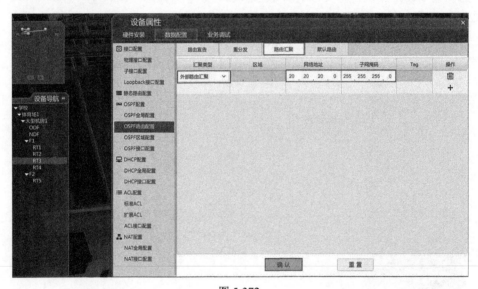

图 5-372

步骤 19：查看各路由器的链路状态数据库。鼠标单击对应的路由器，在主界面"设备属性"中选择"业务调试"，然后选择"状态查询"→"OSPF 状态"，查看各路由器OSPF 链路状态数据库，RT1、RT2、RT3 对应的 OSPF 链路状态数据库分别如图 5-373、图 5-374、图 5-375 所示（本实训中已忽略 OSPF 接口表和邻居表的查看）。

通过比较路由器 RT1、RT2、RT3 的链路状态数据库可发现，数据库中存在一条汇聚后的 Type5 LSA（两条直连路由汇聚后生成一条地址掩码更小的 Type5 LSA）。明细路由汇聚成网段路由后，可以减少链路状态数据库中 Type5 LSA 数量和路由表的大小。

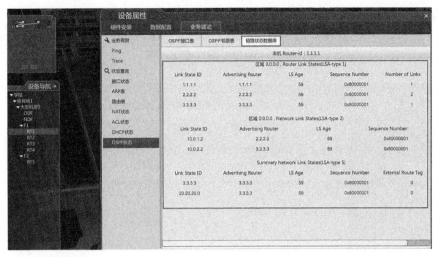

图 5-373

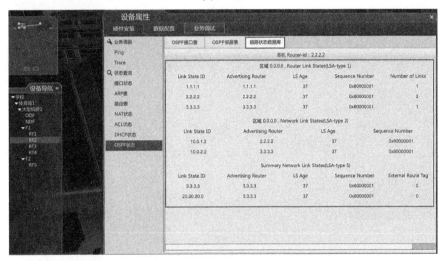

图 5-374

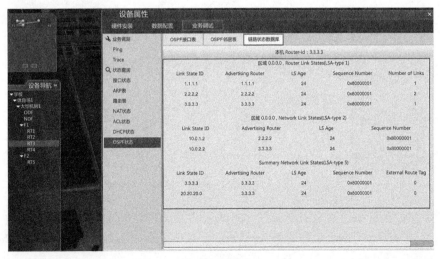

图 5-375

步骤 20：查看路由器的路由表。查询各个路由器的路由表项。在主界面"设备属性"中选择"业务调试"，然后选择"状态查询"→"路由表"。RT1、RT2、RT3、RT4、RT5 的路由表分别如图 5-376、图 5-377、图 5-378、图 5-379、图 5-380 所示。

图 5-376

图 5-377

图 5-378

步骤 21：验证路由器间的连通性（测试 RT1 与 RT4、RT5 的连通性）。鼠标单击路由器 RT1，在主界面选择"业务调测"→"Ping"，数值分别为"20.20.20.2""20.20.20.130"，单击"执行"，验证结果如图 5-381、图 5-382 所示，测试正常。

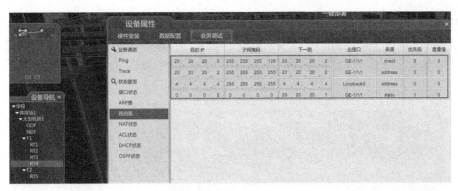

图 5-379

图 5-380

图 5-381

图 5-382

任务十：OSPF 下发默认路由配置实训

步骤 1：新增实训建筑。打开 SIMNET 仿真软件，鼠标单击右侧资源池建筑图标，选择"体育场"图标，将其拖放到校园场景中，完成实训建筑的部署，操作结果如图 5-383 所示。

图 5-383

步骤 2：添加机房。鼠标单击资源池中的机房██图标，单击"大型机房"图标拖入至左侧已添加的实训建筑"体育场"中，完成机房部署，操作结果如图 5-384 所示。

步骤 3：安装两台机柜。单击右边资源池中的机柜██按钮，拖动鼠标将机柜安装到指定的位置（拖动机柜时机房地板会自动呈现可安装位置）后即可，操作如图 5-385 所示。

图 5-384

步骤 4：添加路由器。单击已安装机柜，机柜门自动打开，资源池中自动弹出可选择网络设备。选中中型交换机 RT-M 拖入机柜中，路由器拖入机柜后将自动呈现可安装设备的插槽，操作如图 5-386 所示。

步骤 5：添加板卡。单击机柜中的网络设备安装单板，选择右边资源池中的单板██按钮，可供安装的单板有 RT-8xGE-SFP、RT-8xGE-RJ45、RT-4x10GE-SFP+，拖动单板安放到已有的网络设备中，本例中五台路由器各增加一块光接口板，操作如图 5-387所示。

图 5-385

图 5-386

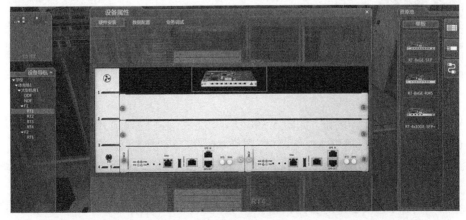

图 5-387

步骤 6：重复步骤 5 的操作，给另四台路由器增加单板，完成操作后结果如图 5-388 所示。

图 5-388

步骤 7：光接口板插入光模块。单击资源池中的光模块■按钮，如图 5-389 所示。光模块根据传输模式分为单模光模块和多模光模块两种。SIMNET 平台单模光模块有 S13-GE-10KM-SFP、S13-XGE-10KM-SFP+两种型号；多模光模块有 M85-GE-500M-SFP、M85-XGE-300M-SFP+两种型号。根据板卡接口类型选择光模块（设备间对接端口的光模块类型和光纤类型须匹配），单击右侧光模块拖入交换机的光接口。重复本操作步骤，完成另两台路由器光模块插入（注意：根据拓扑规划 RT1、RT2、RT3 路由器需插入多个光模块）。

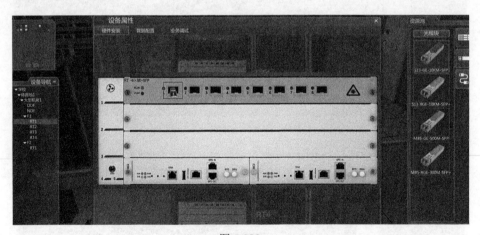

图 5-389

步骤 8：单击线缆■按钮，如图 5-390 所示，连接设备的线缆分别有 LC-LC 尾纤-S、LC-FC 尾纤-S、LC-LC 尾纤-M、LC-FC 尾纤-M、FC-FC 尾纤-S、FC-FC 尾纤-M、以太网线。根据端口插入的单模光模块选择相应的 LC-LC 尾纤，然后拖入对应的光模块中，完后一个光模块的尾纤连接。

步骤 9：尾纤连接至第二台路由器 RT2 的光接口中。鼠标左键单击"设备导航"栏中第二台路由器，切换至第二台路由器，然后单击对应光口，完成尾纤连接，操作如

图 5-391 和图 5-392 所示。

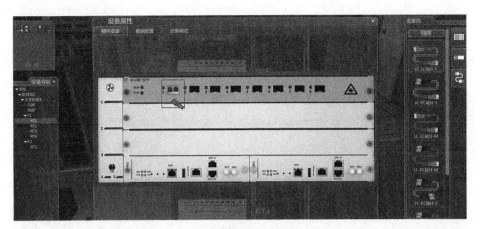

图 5-390

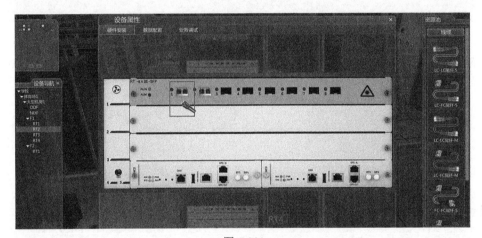

图 5-391

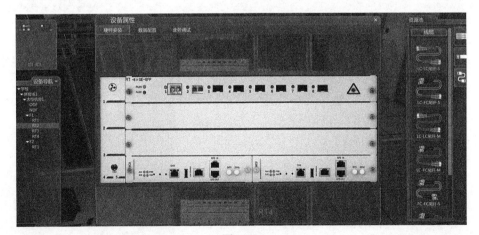

图 5-392

步骤 10：根据任务拓扑完成设备重新命名，将 F2 中的 RT1 重新命名为 RT5。鼠标单击"RT1"，修改为"RT5"。结果如图 5-393、图 5-394 所示。

步骤 11：重复操作步骤 9，完成各路由器的线缆连接。完成设备间的连线后，单击"设备导航"上的自动拓扑图标，完成的自动拓扑如图 5-395 所示。

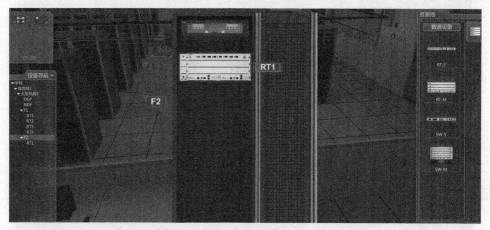

图 5-393

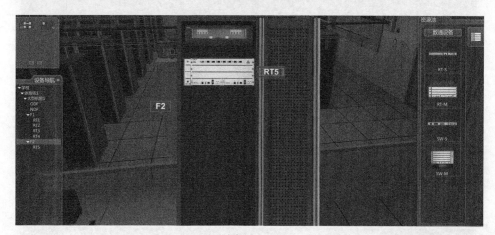

图 5-394

步骤 12：配置路由器物理接口 IP 地址。在机房视图下，鼠标单击路由器 RT1，在主界面"设备属性"中选择"数据配置"，然后选择"接口配置"→"物理接口配置"。配置 RT1 接口 GE-1/1/1 的 IP 地址及掩码，输入数值"10.0.1.1""255.255.255.252"，配置接口 GE-1/1/2 的 IP 地址及掩码，输入数值"10.1.1.1""255.255.255.252"，完成输入后单击"确认"按钮，操作如图 5-396 所示。

鼠标单击路由器 RT2，配置 RT2 接口 GE-1/1/1 的 IP 地址及掩码，输入数值"10.0.1.2""255.255.255.252"；配置接口 GE-1/1/2 的 IP 地址及掩码，输

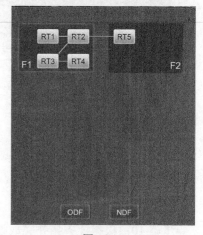

图 5-395

入数值 "10.0.2.1" "255.255. 255.252"，完成输入后单击"确认"按钮，操作如图 5-397 所示。

图 5-396

图 5-397

鼠标单击路由器 RT3，配置 RT3 接口 GE-1/1/1 的 IP 地址及掩码，输入数值 "10.0.2.2" "255.255.255.252"；配置接口 GE-1/1/2 的 IP 地址及掩码，输入数值 "20.20.20.1" "255. 255.255.0" 完成输入后单击"确认"按钮，操作如图 5-398 所示。

鼠标单击路由器 RT4，配置 RT4 接口 GE-1/1/1 的 IP 地址及掩码，输入数值 "20.20. 20.2" "255.255.255.0"，完成输入后单击"确认"按钮，操作如图 5-399 所示。

鼠标单击路由器 RT5，配置 RT5 接口 GE-1/1/1 的 IP 地址及掩码，输入数值 "10.1.1.2" "255.255.255.252"，完成输入后单击"确认"按钮，操作如图 5-400 所示。

图 5-398

图 5-399

图 5-400

步骤 13：配置路由器 RT1、RT2、RT3、RT4、RT5 的 Loopback 接口。鼠标单击路由器，在主界面"设备属性"中选择"数据配置"，然后选择"接口配置"→"Loopback 接口配置"。接口 ID 数值为"0"，RT1 的 Loopback0 的 IP 地址为"1.1.1.1"，子网掩码为"255.255.255.255"，完成输入后单击"确认"按钮，操作如图 5-401 所示。

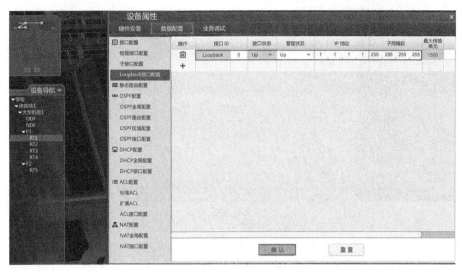

图 5-401

配置 RT2 的 Loopback0 的 IP 地址为"2.2.2.2"，子网掩码为"255.255.255.255"，完成输入后单击"确认"按钮，操作如图 5-402 所示。

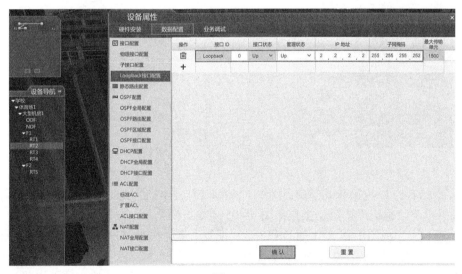

图 5-402

配置 RT3 的 Loopback0 的 IP 地址为"3.3.3.3"，子网掩码为"255.255.255.255"，完成输入后单击"确认"按钮，操作如图 5-403 所示。

配置 RT4 的 Loopback0 的 IP 地址为"4.4.4.4"，子网掩码为"255.255.255.255"，完

成输入后单击"确认"按钮，操作如图 5-404 所示。

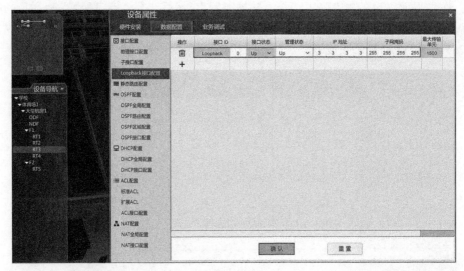

图 5-403

图 5-404

配置 RT5 的 Loopback0 的 IP 地址为"4.4.4.4"，子网掩码为"255.255.255.255"，完成输入后单击"确认"按钮，操作如图 5-405 所示。

步骤 14：完成路由器 RT1 的 OSPF 全局配置。鼠标单击路由器 RT1，在主界面"设备属性"中选择"数据配置"，然后选择"OSPF 配置"→"OSPF 全局配置"，全局 OSPF 状态选为启用，进程号数值为"1"，Router-id 数值为"1.1.1.1"，其他选项采用默认配置，操作如图 5-406 所示。

RT2、RT3、RT5 的 OSPF 全局配置方法与 RT1 类似，OSPF 进程号数值均为"1"，Router-id 采用 Loopback0 接口 IP（自动匹配，无需要手工输入），完成输入后单击"确认"按钮，操作结果如图 5-407、图 5-408、图 5-409 所示。

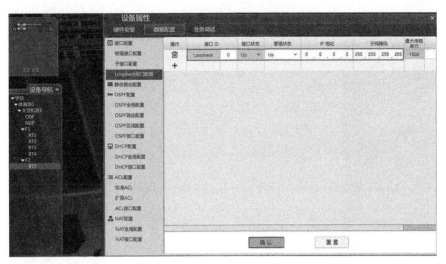

图 5-405

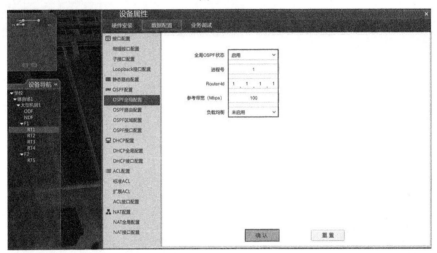

图 5-406

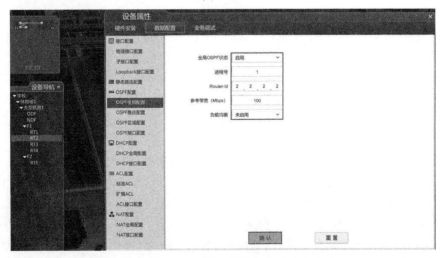

图 5-407

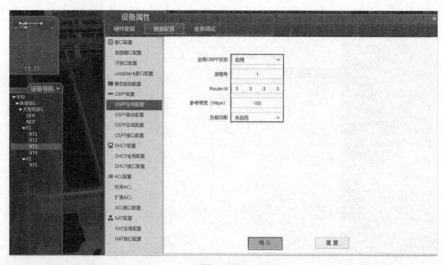

图 5-408

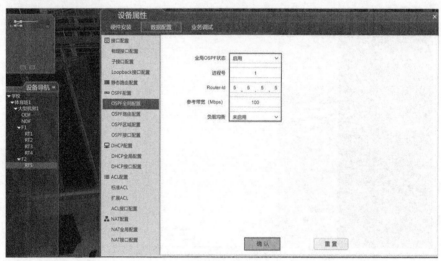

图 5-409

步骤 15：完成路由器 RT1、RT2、RT3、RT5 的 OSPF 路由配置。鼠标单击路由器 RT1，在主界面"设备属性"中选择"数据配置"，然后选择"OSPF 配置"→"OSPF 路由配置"→"路由宣告"配置宣告各自接口的网段路由（RT1 需激活两个端口 OSPF）。单击"+"，输入对应接口的网络地址为"10.0.1.0"、通配符为"0.0.0.3"（子网掩码的反掩码）、区域为"0.0.0.0"；另一个对应的网络地址、通配符、区域参数分别为"10.1.1.0" "0.0.0.3" "0.0.0.1"，完成输入后单击"确认"按钮，配置结果如图 5-410 所示。

鼠标单击路由器 RT2，如上操作步骤进入"路由宣告"。RT2 两个端口需要激活 OSPF，根据接口属性，输入对应的网络地址、通配符、区域参数分别为"10.0.1.0" "0.0.0.3" "0.0.0.0" 和"10.0.2.0" "0.0.0.3" "0.0.0.0"，完成输入后单击"确认"按钮，配置结果如图 5-411 所示。

鼠标单击路由器 RT3，如上操作步骤进入"路由宣告"。RT3 一个端口需要激活 OSPF，根据接口属性，输入对应的网络地址、通配符、区域参数为"10.0.2.0" "0.0.0.3" "0.0.0.0"，完成输入后单击"确认"按钮，配置结果如图 5-412 所示。

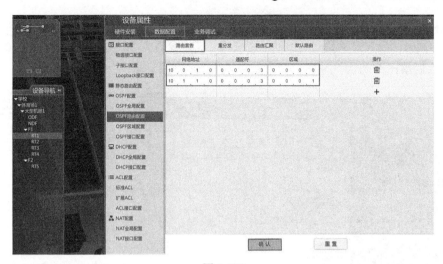

图 5-410

图 5-411

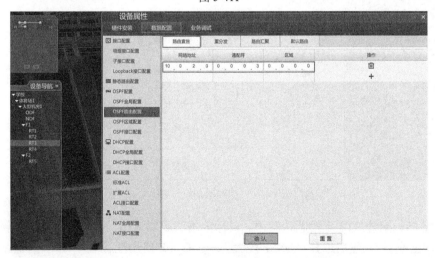

图 5-412

鼠标单击路由器 RT5，如上操作步骤进入"路由宣告"。RT5 一个端口需要激活 OSPF，根据接口属性，输入对应的网络地址、通配符、区域参数为"10.1.1.0""0.0.0.3""0.0.0.1"，完成输入后单击"确认"按钮，配置结果如图 5-413 所示。

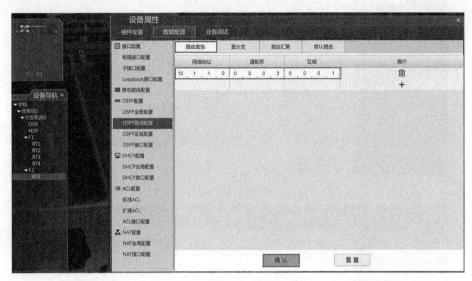

图 5-413

步骤 16：配置 RT4 的默认路由。鼠标单击路由器 RT4，在主界面"设备属性"中选择"数据配置"，然后选择"静态路由配置"，单击"+"添加默认路由，数值分别为"0.0.0.0""0.0.0.0""20.20.20.1"操作如图 5-414 所示。

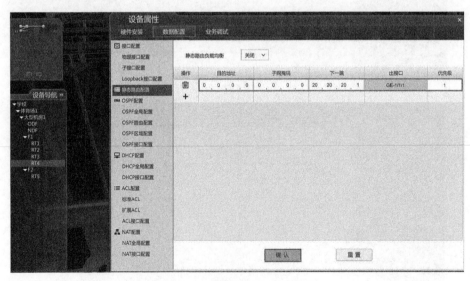

图 5-414

步骤 17：配置 RT3 下发默认路由。鼠标单击路由器 RT3。在主界面"设备属性"中选择"数据配置"，然后选择"OSPF 配置"→"OSPF 路由配置"，单击"默认路由"将"通告默认路由"和"无条件通告"选用。配置结果如图 5-415 所示。

图 5-415

步骤 18：查看各路由器的链路状态数据库。鼠标单击对应的路由器，在主界面"设备属性"中选择"业务调试"，然后选择"状态查询"→"OSPF 状态"，查看各路由器 OSPF 链路状态数据库，RT1、RT2、RT3、RT5 对应的 OSPF 链路状态数据库分别如图 5-416、图 5-417、图 5-418、图 5-419 所示（本实训中已忽略 OSPF 接口表和邻居表的查看）。

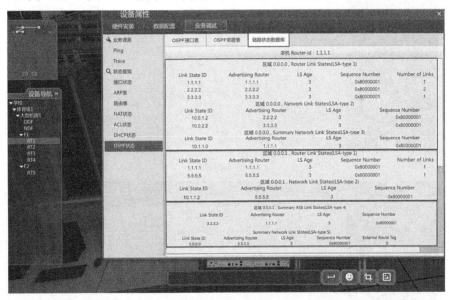

图 5-416

通过比较 RT1、RT2、RT3、RT5 的链路状态路由库，可发现它们都存在一条默认 Type5 LSA，始发 Advertising Router 为 RT3（RouterID 为 3.3.3.3）。默认 Type5 LSA 是通过在自治系统边界路由器（ASBR）上配置通告默认实现，它有"无条件通告"和"条件通告"两种方式。"无条件通告"是指当 ASBR 不存在默认路由也生成一条默认 Type5 LSA 向区域内泛洪，"条件通告"是指只有 ASBR 存在默认路由时才生成一条默认 Type5 LSA 向区域内泛洪。

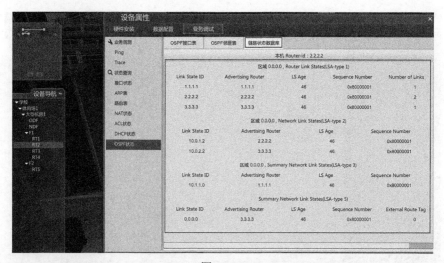

图 5-417

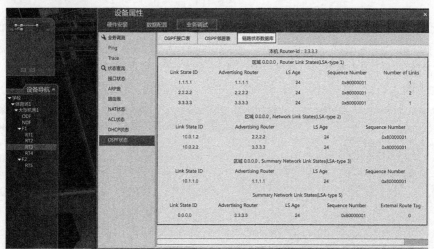

图 5-418

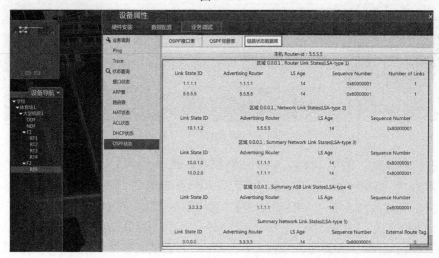

图 5-419

步骤 19：查看路由器的路由表。查询各个路由器的路由表项。在主界面"设备属性"中选择"业务调试"，然后选择"业务调试"→"路由表"。RT1、RT2、RT3、RT4、RT5的路由表分别如图 5-420、图 5-421、图 5-422、图 5-423、图 5-424 所示。

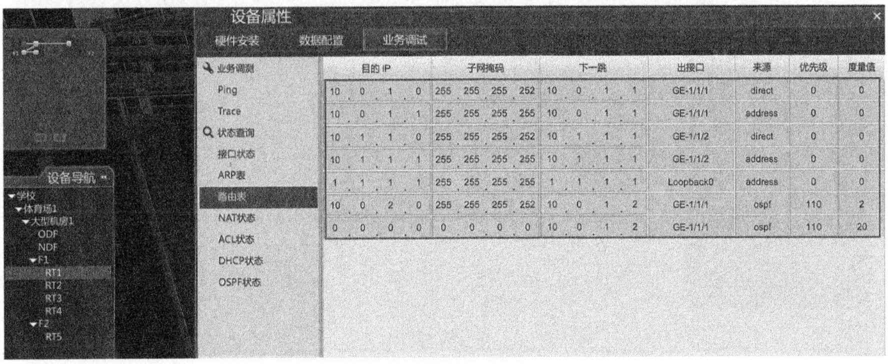

图 5-420

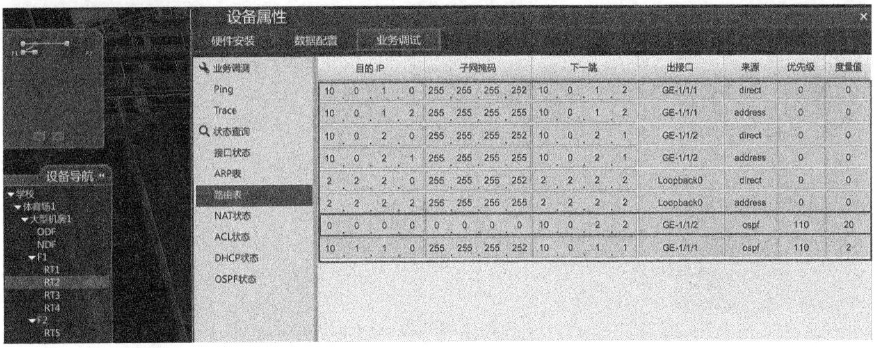

图 5-421

图 5-422

步骤 20：验证路由器间的连通性（测试 RT5 与 RT4 的连通性）。鼠标单击路由器 RT5，在主界面选择"业务调测"→"Ping"，数值为"20.20.20.2"，单击"执行"，验证结果如图 5-425 所示，测试正常。

通过 Ping 结果及路由表 RT5，可知 RT5 通过默认路由指导 ICMP Ping 报文的转发。

请思考：如果将 RT3 的默认路由下一跳指向地址修改为"30.30.30.1"，同时在 RT3

的配置"下发默认路由"选项中，去勾选"无条件通告"，RT1、RT2 中是否存在默认路由？为什么？

图 5-423

图 5-424

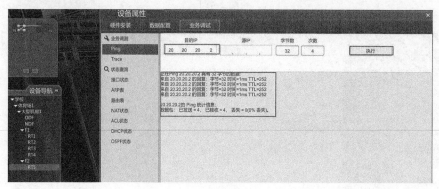

图 5-425

5.4 思考与总结

5.4.1 课后思考

1. 如果两台直连路由器运行了 OSPF，并在互连接口中激活了 OSPF，但是两台路由器无法建立邻居关系，可从哪个方面着手定位该问题？

2．路由器通告默认路由存在两种情况，分别为"无条件通告"和"条件通告"，两者有什么区别？

3．ABR 路由器会不会向 NSSA 区域内路由器通告用于生成默认路由的 Type3 LSA？为什么？

4．Stub 区域和 NSSA 区域特性的主要区别点有哪些？

5．路由器运行 OSPF 后，划分区域后如果保证区域间的路由的连续性？

6．如果非 0 区域和 0 区域存在两个 ARB 路由器，Type3 LSA 的数量会有什么变化？

5.4.2 课后习题

1．请在实训任务七的基础上，修改相关配置实现 NSSA 区域内路由器 R1 和 PC 互通。

2．请完成如图 5-426 的多区域 OSPF 路由实训任务。请先分析路由器 R1 中有多少条 Type3 LSA、多少条 Type4 LSA？

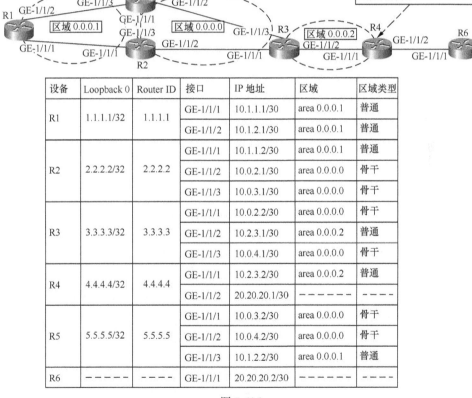

设备	Loopback 0	Router ID	接口	IP 地址	区域	区域类型
R1	1.1.1.1/32	1.1.1.1	GE-1/1/1	10.1.1.1/30	area 0.0.0.1	普通
			GE-1/1/2	10.1.2.1/30	area 0.0.0.1	普通
R2	2.2.2.2/32	2.2.2.2	GE-1/1/1	10.1.1.2/30	area 0.0.0.1	普通
			GE-1/1/2	10.0.2.1/30	area 0.0.0.0	骨干
			GE-1/1/3	10.0.3.1/30	area 0.0.0.0	骨干
R3	3.3.3.3/32	3.3.3.3	GE-1/1/1	10.0.2.2/30	area 0.0.0.0	骨干
			GE-1/1/2	10.2.3.1/30	area 0.0.0.2	普通
			GE-1/1/3	10.0.4.1/30	area 0.0.0.0	骨干
R4	4.4.4.4/32	4.4.4.4	GE-1/1/1	10.2.3.2/30	area 0.0.0.2	普通
			GE-1/1/2	20.20.20.1/30	——————	——————
R5	5.5.5.5/32	5.5.5.5	GE-1/1/1	10.0.3.2/30	area 0.0.0.0	骨干
			GE-1/1/2	10.0.4.2/30	area 0.0.0.0	骨干
			GE-1/1/3	10.1.2.2/30	area 0.0.0.1	普通
R6	———	———	GE-1/1/1	20.20.20.2/30	——————	———

图 5-426

5.4.3 实训总结

1．通过实训掌握 OSPF 中的 DR 选举的原则，首先优先选择路由优先级高的路由器，其次选择接口 IP 地址大的作为 DR。

2. 路由器开启 OSPF 认证时，需要保护路由器间的认证方式和密钥一致。

3. 区域的划分可以有效减小路由器的链路状态数据库大小和运算复杂度、链路震荡影响路由的收敛。划分区域后，区域间将产生 Type3 LSA 用于保证 OSPF 区域间路由的连通性。Type4 LSA 用于 Type5 LSA 跨区域传播后路由的计算迭代。

4. Stub/Totally-Stub/NSSA/Totally-NSSA 区域为特殊的 OSPF 区域，这些区域的共性特点为经过骨干区域传播过来的 Type5 LSA 无法进入这些区域。为了保证这些区域与外部区域的连通性，ABR 路由器将产生默认 Type3 LSA 向 Stub/Totally-Stub/Totally-NSSA 泛洪（注意：NSSA 区域例外）。

5. 在 OSPF 路由器中可配置路由汇聚功能，减少 LSA 的数量。

6. 路由器运行 OSPF 后，可根据实际情况，向 OSPF 区域内生成默认路由，减少路由条目引导流量转发。

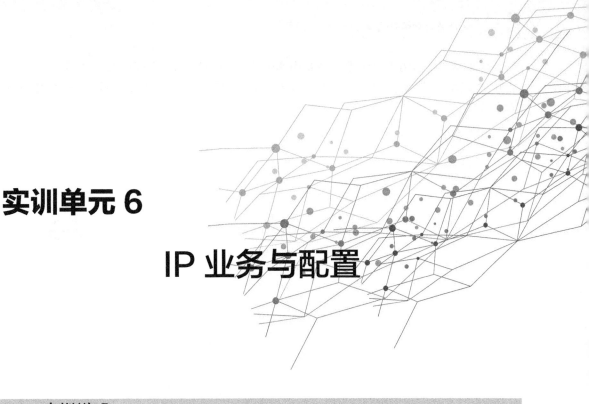

实训单元 6

IP 业务与配置

6.1 实训说明

6.1.1 实训目的

1. 掌握标准 ACL（基础 ACL）、扩展 ACL、二层 ACL 特性及使用方法。
2. 掌握 DHCP 原理，租期及地址池的概念及使用方法。
3. 掌握 NAT 原理、NAT 地址池概念，静态 NAT 和动态 NAT 使用。

6.1.2 实训任务

任务一：路由器配置基础 ACL 控制报文交互实训。
任务二：路由器配置扩展 ACL 控制报文交互实训。
任务三：交换机配置二层 ACL 控制报文交互实训。
任务四：DHCP Server 组网配置实训。
任务五：DHCP 中继组网配置实训。
任务六：校园网静态、动态 NAT、DHCP Server 及 OSPF 综合配置实训。

6.1.3 实训时长

4 课时。

6.2 数据规划与配置

实训任务一：标准 ACL 实训拓扑及数据规划如图 6-1 所示。

实训要求：路由器中配置静态路由实现 PC1、PC2、PC3 间的互通（通过 Ping 测试），在路由器 R2 接口 GE-1/1/1 配置标准 ACL 实现 PC1 与 PC3 互通、PC2 与 PC3 不互通。

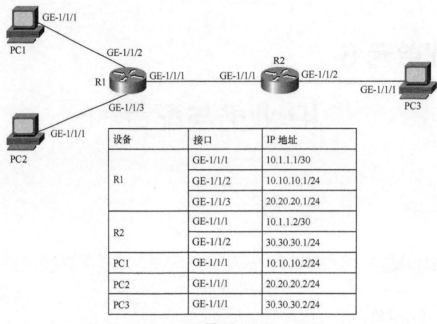

设备	接口	IP 地址
	GE-1/1/1	10.1.1.1/30
R1	GE-1/1/2	10.10.10.1/24
	GE-1/1/3	20.20.20.1/24
R2	GE-1/1/1	10.1.1.2/30
	GE-1/1/2	30.30.30.1/24
PC1	GE-1/1/1	10.10.10.2/24
PC2	GE-1/1/1	20.20.20.2/24
PC3	GE-1/1/1	30.30.30.2/24

图 6-1

实训任务二：扩展 ACL 实训拓扑及数据规划如图 6-2 所示。

实训要求：在 R2 中配置扩展 ACL，拒绝协议号为 89 的 IP 报文，路由器 R1、R2 间 OSPF 无法建立。允许通过协议号为 89 的报文后，则可建立 OSPF 邻居。

设备	接口	IP 地址
R1	GE-1/1/1	10.1.1.1/30
	Loopback 0	1.1.1.1/32
R2	GE-1/1/1	10.1.1.2/30
	Loopback 0	2.2.2.2/32

图 6-2

实训任务三：二层 ACL 实训拓扑及数据规划如图 6-3 所示。

实训要求：在 SW-2 接口入方向配置二层 ACL，PC-1 和 PC-3 可相互通信、PC-2 和 PC-4 不能相互通信（通过 Ping 验证）。

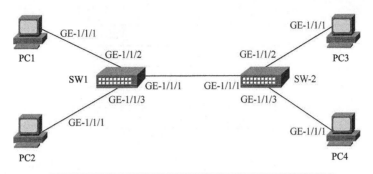

设备	接口	IP 地址	端口属性
SW-1	GE-1/1/1	…	trunk 100 200
	GE-1/1/2	…	access 100
	GE-1/1/3	…	access 200
SW-2	GE-1/1/1	…	trunk 100 200
	GE-1/1/2	…	access 100
	GE-1/1/3	…	access 200
PC-1	GE-1/1/1	192.168.100.1/24	…
PC-2	GE-1/1/1	192.168.200.1/24	…
PC-3	GE-1/1/1	192.168.100.100/24	…
PC-4	GE-1/1/1	192.168.200.2/24	…

图 6-3

实训任务四：网络中部署 DHCP 实现 PC 自动获取 IP 地址，如图 6-4 所示。

实训要求：PC1、PC2 为 DHCP Client，R1 为 DHCP 服务器，SW1 为二层交换机。在 R1、R2 配置静态路由，实现 PC1、PC2 和 PC3 的互通。

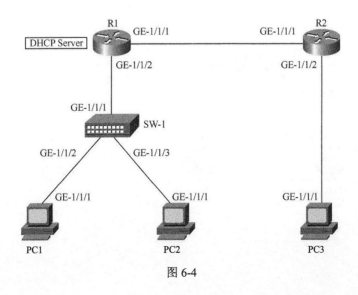

图 6-4

设备	接口	IP 地址	端口属性
SW-1	GE-1/1/1	—	access 10
	GE-1/1/2	—	access 10
	GE-1/1/3	—	access 10
R1	GE-1/1/1	20.20.20.1/30	—
	GE-1/1/2	40.40.40.1/24	—
R2	GE-1/1/1	20.20.20.2/30	—
	GE-1/1/2	30.30.30.1/24	—
PC-1	GE-1/1/1	dhcp client	—
PC-2	GE-1/1/1	dhcp client	—
PC-3	GE-1/1/1	30.30.30.2/24	—
DHCP Server: R1: 地址池: 40.40.40.2-- 40.40.40.6, Gateway: 40.40.40.1, 租期: 5 分钟			

图 6-4（续）

实训任务五：网络中部署 DHCP 中继、DHCP 服务器实现 PC 自动获取 IP 地址，如图 6-5 所示。

实训要求：PC-1、PC-2 为 DHCP 客户端，R1 为 DHCP 中继（dhcp relay），R2 为 DHCP Server，SW-1 为二层交换机。在 R1、R2、R3 配置静态路由，实现 PC-1、PC-2 和 PC-3 的互通。

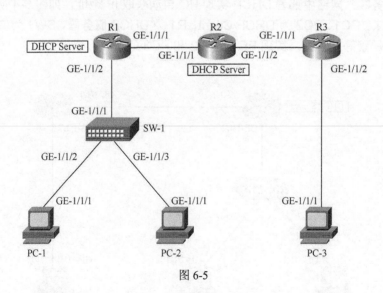

图 6-5

设备	接口	IP 地址	端口属性
SW-1	GE-1/1/1	—	access 20
	GE-1/1/2	—	access 20
	GE-1/1/3	—	access 20
R1	GE-1/1/1	20.20.20.1/30	—
	GE-1/1/2	40.40.40.1/24	—
R2	GE-1/1/1	20.20.20.2/30	—
	GE-1/1/2	20.20.20.5/30	—
R3	GE-1/1/1	20.20.20.6/30	—
	GE-1/1/2	30.30.30.1/24	—
PC-1	GE-1/1/1	dhcp client	—
PC-2	GE-1/1/1	dhcp client	—
PC-3	GE-1/1/1	30.30.30.2/24	—
DHCP Server：R2，地址池：40.40.40.2-- 40.40.40.6，Gateway：40.40.40.1，租期：分钟 DHCP Relay：R1，接口：GE-1/1/2			

图 6-5（续）

实训任务六：在校园网中部署 NAT 功能，使外部网络可以访问内部 Web 服务器，内部私网用户可以访问公网地址，如图 6-6 所示。

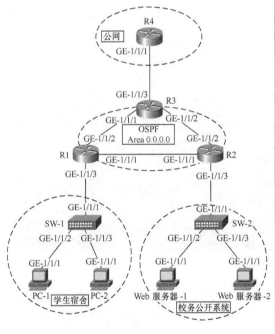

设备	接口	IP 地址	端口属性
SW-1	GE-1/1/1	—	access 10
	GE-1/1/2	—	access 10
	GE-1/1/3	—	access 10
SW-2	GE-1/1/1	—	access 20
	GE-1/1/2	—	access 20
	GE-1/1/3	—	access 20
R1	GE-1/1/1	10.0.1.1/30	—
	GE-1/1/2	10.0.2.1/30	—
	GE-1/1/3	10.1.1.1/24	—
	Loopback 0	1.1.1.1/32	—
R2	GE-1/1/1	10.0.1.2/30	—
	GE-1/1/2	10.0.3.1/30	—
	GE-1/1/3	10.2.1.1/24	—
	Loopback 0	2.2.2.2/32	—
R3	GE-1/1/1	10.0.2.2/30	—
	GE-1/1/2	10.0.3.2/30	—
	GE-1/1/3	112.14.10.2/28	—
	Loopback 0	3.3.3.3/32	—
R4	GE-1/1/1	112.14.10.1/28	—
PC-1	GE-1/1/1	10.1.1.2/24	—
PC-2	GE-1/1/1	10.1.1.3/23	—
Web 服务器 -1	GE-1/1/1	10.2.1.2/24	—
Web 服务器 -2	GE-1/1/1	10.2.1.3/24	—

图 6-6

实训要求。

① 在公网边路由器 R3 部署动态 NAT 和静态 NAT 功能，使公网可以访问 Web 服务器，内部用户可以主动访问公网地址。

② 校园网内部采用私网地址互联，三台路由器部署 OSPF，打通内部网络；交换机配置 VLAN 透传。

③ 三台路由采用 Loopback0 接口作为 RouterID。

④ 内部 Web 服务器-1 映射公网地址为 112.13.10.3，内部 Web 服务器-2 映射公网地址为 112.13.10.4。

⑤ 内部私网用户 NAT 映射公网地址池为 112.13.10.5～112.13.10.110。

6.3 实训步骤

任务一：路由器配置标准 ACL 控制报文交互实训

步骤 1：新增实训建筑。打开 SIMNET 仿真软件，鼠标单击右侧资源池建筑 图标，选择"宿舍楼"图标，将其拖放到校园场景中，完成实训建筑的部署，操作结果如图 6-7 所示。

图 6-7

步骤 2：添加机房。根据要求在资源池中选择不同的机房，点击右边机房 按钮，拖动选中的大型机房、中型机房，并将其安放到已有的建筑物中，操作结果如图 6-8、图 6-9 所示。

步骤 3：连接线缆。单击右边资源池中的线缆 按钮，选择单条以太网线连接大型机房和中型机房（不同的建筑场景以及不同的机房之间进行设备配置时，需连接 ODF 架或者 NDF 架，线缆连接时要注意，NDF 架采用以太网线实现与设备互联，ODF 架采用光纤实现与设备互联）鼠标放到机房图标上，然后拖住不放直接连接另一个机房，操作如图 6-10 所示。

图 6-8

图 6-9

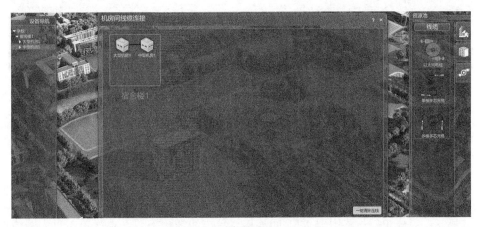

图 6-10

步骤 4：安装机柜。单击已添加的建筑中对应的大型机房图标进入机房站点。单击右边资源池中的机柜 ▓ 按钮，拖动鼠标将机柜安装到指定的位置（拖动机柜时机房地板会自动呈现可安装位置）放开鼠标即可，操作如图 6-11 所示。

图 6-11

步骤 5：添加路由器。单击已安装机柜，机柜门自动打开，资源池中自动弹出可选择网络设备。选中一台中型路由器 RT-M 拖入机柜中，路由器拖入机柜后将自动呈现可安装设备的插槽，如图 6-12 所示。

图 6-12

步骤 6：添加板卡。单击机柜中的网络设备安装单板，选择右边资源池中的单板![]按钮，拖动 RT-8xGE-RJ45 单板安放到已有的网络设备中，添加一块电接口板，操作如图 6-13 所示。

步骤 7：添加 PC 终端。用鼠标单击"资源池"终端图标![]，然后选中 PC 图标，依次拖入两台 PC，如图 6-14 所示。

步骤 8：完成 PC 与路由器 RT1 间连接。单击线缆![]按钮，再次单击以太网线按钮选中"以太网线"，单击路由器 RT1，选择 RJ-45 板卡的 GE-1/1/2 接口连接 PC-1 的以太网接口，GE-1/1/3 接口连接 PC-2 的以太网接口。如图 6-15、图 6-16 所示。

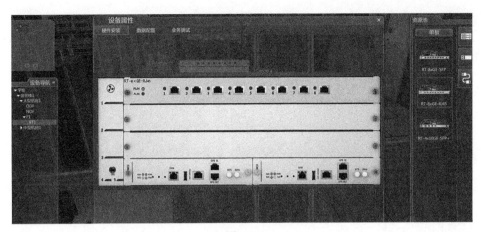

图 6-13

图 6-14

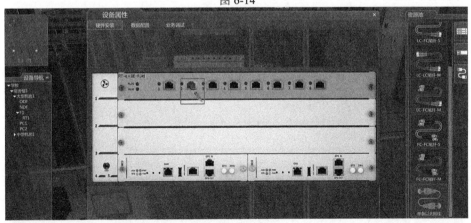

图 6-15

　　步骤 9：单击左侧"设备导航"窗格上的中型机房进行切换，重复以上的步骤，在机柜中拖入一台路由器，安放一块 RG-45 的板卡，拖入一台 PC，操作结果如图 6-17 所示。

图 6-16

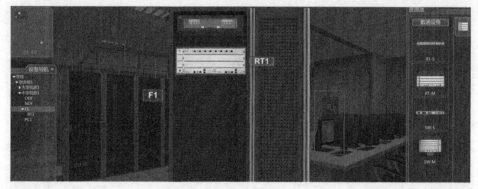

图 6-17

步骤 10：完成大型机房与中型机房的设备连接。单击中型机房的路由器 RT1，拖入以太网线的一端连接 GE-1/1/1 接口，另一端连接 NDF 架的 1 接口，操作结果如图 6-18、图 6-19 所示。

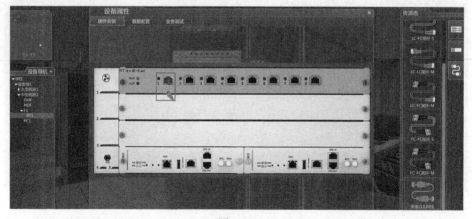

图 6-18

在资源池中切换到大型机房中，选择路由器 RT1 的接口 GE-1/1/1 连接 NDF 架的 1口，操作结果如图 6-20、图 6-21 所示。

图 6-19

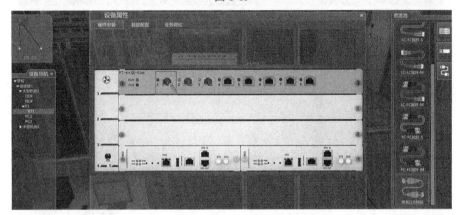

图 6-20

图 6-21

步骤 11：完成中型机房 PC 与路由器 RT1 间的连接。RT1 的 GE-1/1/2 接口连接 PC 的 GE-1/1/1 接口，可参考步骤 8。

步骤 12：单击上方中的"设备导航"上的自动拓扑图标，如图 6-22 所示。

步骤 13：配置大型机房中的 PC1 的 IP 地址。在"设备导航"窗格中单击 PC1，然后单击"地址配置"图标，在弹出的输入框中设置 IP 地址"10.10.10.2"、子网掩码"255.255.255.0"、默认网关"10.10.10.1"，完成后单击"确定"按钮，操作如图 6-23 所示。

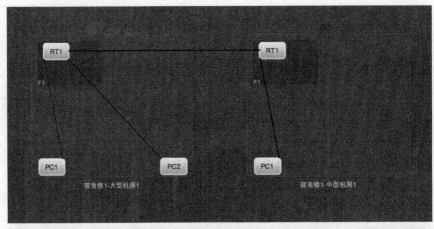

图 6-22

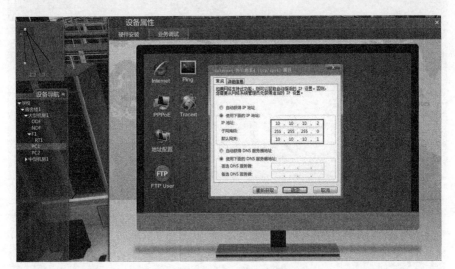

图 6-23

步骤 14：配置大型机房 1 中路由器 RT1 接口 IP 地址。单击"设备导航"中大型机房路由器 RT1，在主界面"设备属性"中选择"数据配置"，然后选择"接口配置"→"物理接口配置"。配置接口 GE-1/1/1 的 IP 地址为"10.1.1.1"、掩码为"255.255.255.252"；接口 GE-1/1/2 的 IP 地址为"10.10.10.1"、掩码为"255.255.255.0"；接口 GE-1/1/3 的 IP 地址为"20.20.20.1"、掩码为"255.255.255.0"。完成输入后单击"确认"按钮，操作如图 6-24 所示。

步骤 15：配置 PC2 的 IP 地址。单击 PC2，然后选择"地址配置"图标，双击后在弹出界面中输入 IP 地址"20.20.20.2"、子网掩码"255.255.255.0"、默认网关"20.20.20.1"，完成输入后单击"确定"按钮，操作如图 6-25 所示。

步骤 16：配置中型机房中路由器 RT1 接口地址。单击"设备导航"下中型机房路由器 RT1，在主界面"设备属性"中选择"数据配置"，然后选择"接口配置"→"物理接口配置"。配置接口 GE-1/1/1 的 IP 地址为"10.1.1.2"、掩码为"255.255.255.252"；接口 GE-1/1/2 的 IP 地址为"30.30.30.1"、掩码为"255.255.255.0"。完成输入后单击"确认"按钮，操作如图 6-26 所示。

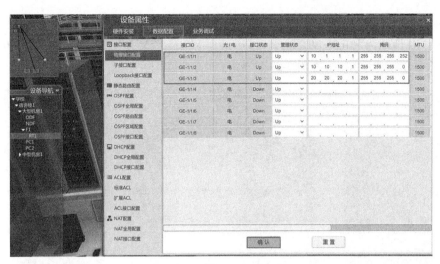

图 6-24

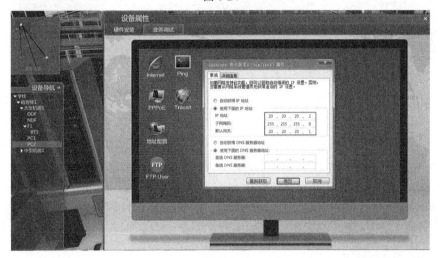

图 6-25

图 6-26

步骤17：配置中型机房下PC1的IP地址。单击切换到PC1中，然后选择"地址配置"。输入IP地址为"30.30.30.2"、子网掩码为"255.255.255.0"、默认网关为"30.30.30.1"，完成输入后单击"确定"，如图6-27所示。

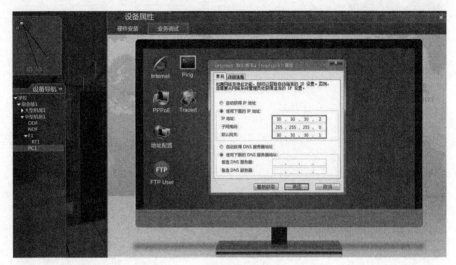

图 6-27

步骤18：在中型机房路由器RT1上配置两条静态路由。选择"设备属性"中的"数据配置"→"静态路由"，单击"+"，然后增加两个网段的静态路由。分别输入目的地址为"10.10.10.0"、子网掩码为"255.255.255.0"、下一跳为"10.1.1.1"和目的地址为"20.20.20.0"、子网掩码为"255.255.255.0"、下一跳为"10.1.1.1"，完成输入后单击"确认"，操作如图6-28所示。

图 6-28

步骤19：大型机房路由器RT1配置静态路由。单击对应的路由器RT1，选择"设备属性"中的"数据配置"→"静态路由"，单击"+"，然后增加一个网段的静态路由，输入目的地址为"30.30.30.0"、子网掩码"255.255.255.0"、下一跳"10.1.1.2"，完成输入后单击"确认",操作如图 6-29 所示。

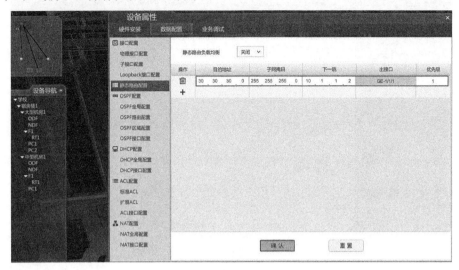

图 6-29

步骤 20:连通性测试。对大型机房 PC1、PC2 和中型机房 PC1 进行 Ping 测试,选择中型机房 PC1,输入大型机房 PC1 的 IP 地址,单击执行,如图 6-30 所示。重复以上操作,对 PC2 进行测试。

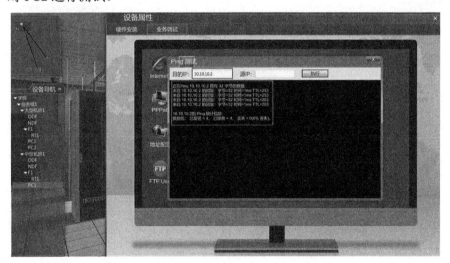

图 6-30

步骤 21:配置 ACL 实现对报文控制。单击"设备导航"下的中型机房路由器 RT1,单击 RT1 选择"数据配置"→"ACL 配置"中的标准 ACL,输入规则为 1、动作为 Permit、源 IP 地址为"10.10.10.0"、通配符为"0.0.0.255",单击"+"增加另一条 ACL,输入规则为 2、动作为 Deny、源 IP 地址为"20.20.20.0"、通配符为"0.0.0.255"。完成输入后单击"确认"按钮,操作如图 6-31 所示(配置基础 ACL 实现 PC-1 与 PC-3 互通、PC-2 与 PC-3 不能互通)。

步骤 22:ACL 绑定接口。单击 RT1 选择"数据配置"→"ACL 配置"中的 ACL 接口配置,设置接口 GE-1/1/1 入方向绑定 ACL 名称"ACL2",操作如图 6-32 所示。

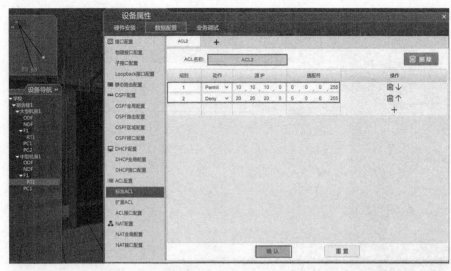

图 6-31

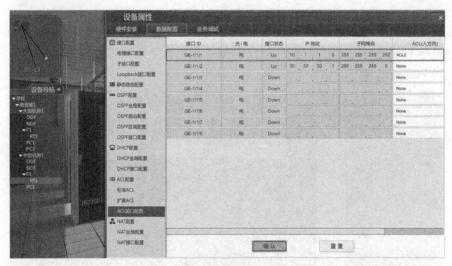

图 6-32

步骤 23：查看业务测试前 RT1 的 ARP 表项。单击大型机房 RT1，在 Ping 测试之前查看 ARP 表项，只有三条本端接口的 IP 和 MAC 地址对应表项，如图 6-33 所示。

图 6-33

步骤 24：业务测试前查看 ACL 状态。用鼠标单击中型机房 RT1，在 Ping 测试之前查看 ACL 表项，匹配次数为 0，如图 6-34 所示。

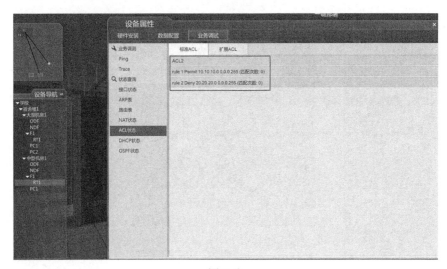

图 6-34

步骤 25：PC 间的互通性测试。用鼠标单击大型机房 PC1，单击"业务调试"→"Ping 测试"，在目的 IP 对话框中输入"30.30.30.2"，然后单击"执行"，测试结果如图 6-35 所示（Ping 正常）。

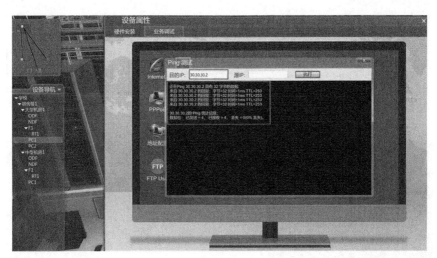

图 6-35

用鼠标单击大型机房 PC2，单击"业务调试"→"Ping 测试"，在目的 IP 对话框中输入"30.30.30.2"，然后单击"执行"，测试结果如图 6-36 所示（Ping 超时）。

步骤 26：路由器 ARP 表项及 ACL 状态查看。进行 Ping 测试之后，大型机房路由器 RT1 的 ARP 表项已刷新，通过 Ping 测试过程增加了 ARP 表项，结果如图 6-37 所示。

路由器的 ACL 状态表项通过报文触发，统计结果如图 6-38 所示。

通过本实训任务，学生/你可知如何在路由器等网络设备中配置标准 ACL，可以实现简单的报文过滤及控制功能。标准 ACL 配置简单，只需要在"rule"规则中定义匹配的源 IP 地址和通配符。

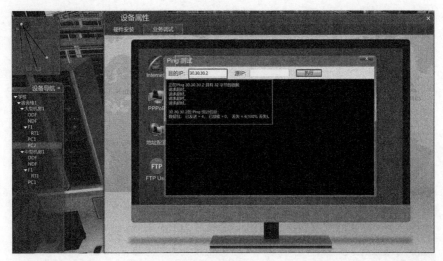

图 6-36

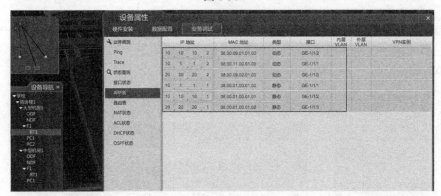

图 6-37

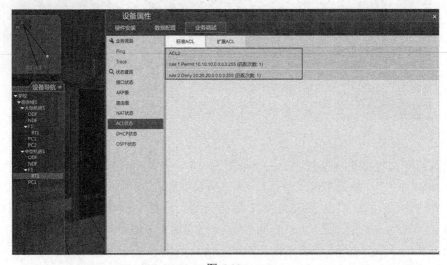

图 6-38

任务二：路由器配置扩展 ACL 控制报文交互实训

步骤 1：可参考任务一中的相关步骤。打开仿真软件选择右边资源池建筑█按钮，拖入教学楼建筑。单击右边机房█按钮，拖动选中的大型机房安放到已有的建筑物中。如图 6-39 所示。

图 6-39

步骤 2：安装机柜，单击已添加的建筑中对应的大型机房图标进入机房站点。单击右边资源池中的机柜█按钮，拖动鼠标将机柜安装到指定的位置，放开鼠标即可，操作如图 6-40 所示。

图 6-40

步骤 3：单击已安装机柜，依次拖入两台中型路由器 RT-M，如图 6-41 所示。添加板卡，单击机柜中的网络设备安装单板，选择右边资源池中的单板█按钮，拖动 RT-8xGE-RJ45 单板安放到已有的网络设备中，如图 6-42 所示。

步骤 4：完成设备间互的连，拖动以太网线，路由器 RT1 的 GE-1/1/1 接口连接 RT2 的 GE-1/1/1 接口，操作如图 6-43 所示。

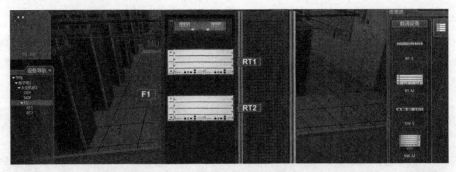

图 6-41

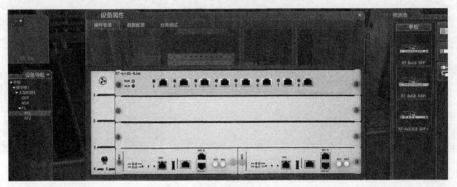

图 6-42

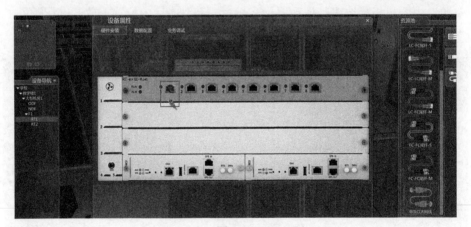

图 6-43

步骤 5：单击上方自动拓扑按钮，完成后的拓扑图如图 6-44 所示。

步骤 6：配置 RT1、RT2 的 Loopback 接口地址。鼠标单击路由器 RT1，在主界面"设备属性"中选择"数据配置"，然后选择"接口配置"→"Loopback 接口配置"。单击"+"，设置接口 ID 数值为"0"，Loopback0 的 IP 地址为"1.1.1.1"、网掩码为"255.255.255.255"，完成输入后单击"确认"按钮，操作如图 6-45 所示。

鼠标单击路由器 RT2，在主界面"设备属性"中选择"数据配置"，然后选择"接口配置"→"Loopback 接口配置"。单击"+"，设置接口 ID 数值为"0"，RT2 的 Loopback0 的 IP 地址为"2.2.2.2"、子网掩码为"255.255.255.255"，完成输入后单击"确认"按钮，操作如图 6-46 所示。

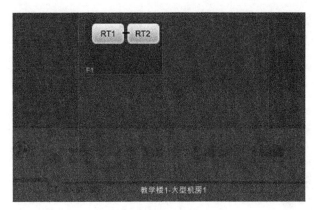

图 6-44

图 6-45

图 6-46

步骤 7：配置路由器 RT1、RT2 的接口 IP 地址。鼠标单击"设备导航"下大型机房路由器 RT1，在主界面"设备属性"中选择"数据配置"，然后选择"接口配置"→"物理接口配置"。配置接口 GE-1/1/1 的 IP 地址为"10.1.1.1"、掩码为"255.255.255.252"，完成输入后单击"确认"按钮，如图 6-47 所示。

图 6-47

鼠标单击"设备导航"下的路由器 RT2，选择"数据配置"，然后选择"接口配置"→"物理接口配置"。配置接口 GE-1/1/1 的 IP 地址为"10.1.1.2"、掩码为"255.255.255.252"，完成输入后单击"确认"按钮，如图 6-48 所示。

图 6-48

步骤 8：完成路由器 RT1、RT2 的 OSPF 全局配置。鼠标单击路由器 RT1，在主界面"设备属性"中选择"数据配置"，然后选择"OSPF 配置"→"OSPF 全局配置"，设置全局 OSPF 状态选为"启用"，进程号数值为"1"，Router-id 数值为"1.1.1.1"，其他选项采用默认选项，完成后单击"确认"，如图 6-49 所示。

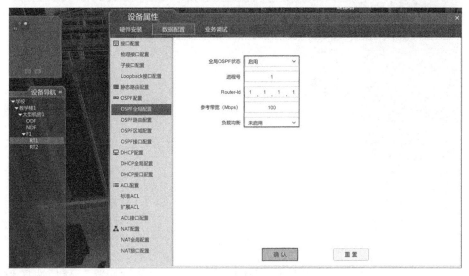

图 6-49

鼠标单击路由器 RT2，在主界面"设备属性"中选择"数据配置"，然后选择"OSPF 配置"→"OSPF 全局配置"，设置全局 OSPF 状态选为"启用"，进程号数值为"1"，Router-id 数值为"2.2.2.2"，其他选项采用默认选项，完成后单击"确认"，如图 6-50 所示。

图 6-50

步骤 9：完成路由器 RT1、RT2 的 OSPF 路由配置。鼠标单击路由器 RT1，在主界面"设备属性"中选择"数据配置"，然后选择"OSPF 配置"→"OSPF 全局配置"，配置"路由宣告"，输入网络地址为"10.1.1.0"、通配符为"0.0.0.3"、区域为"0.0.0.0"，完成后单击"确认"，如图 6-51 所示。

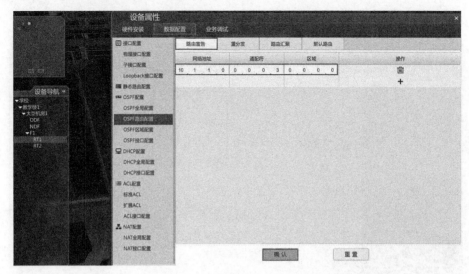

图 6-51

鼠标单击路由器 RT1，在主界面"设备属性"中选择"数据配置"，然后选择"OSPF配置"→"OSPF 全局配置"，配置"路由宣告"，输入网络地址为"10.1.1.0"、通配符为"0.0.0.3"、区域为"0.0.0.0"，完成后单击"确认"，如图 6-52 所示。

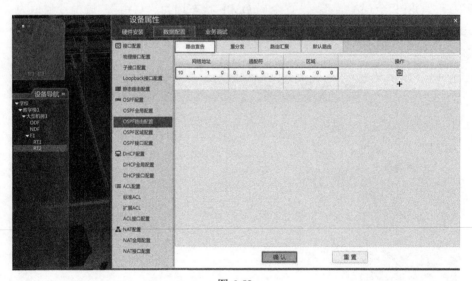

图 6-52

步骤 10：配置扩展 ACL 拒绝协议号为 89 的 IP 报文。鼠标单击路由器 RT2，选择"数据配置"→"ACL 配置"，单击"+"增加一条"扩展 ACL"，输入规则为"1"、动作为"Deny"、协议类型为"IP"、源 IP 地址为"10.1.1.0"、通配符为"0.0.0.3"、目的 IP 为"0.0.0.0"、通配符为"0.0.0.0"、协议号为 89，输入完成后单击"确认"按钮，操作如图 6-53 所示。

步骤 11：配置 ACL 绑定接口。鼠标单击路由器 RT2，选择"数据配置"→"ACL接口配置"，在接口 GE-1/1/1 的入方向上绑定的 ACL 配置"ExAcl1"，选择完成后单击

"确认"按钮，如图 6-54 所示。

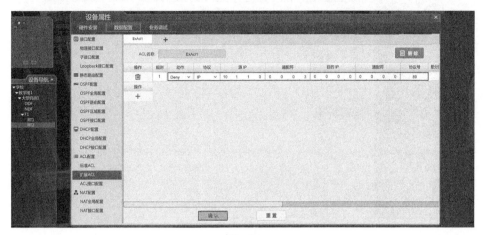

图 6-53

图 6-54

步骤 12：查看路由器 OSPF 邻居表。鼠标单击路由器 RT1，选择"业务调试"→"OSPF 邻居表"，查看路由器 RT1 的 OSPF 邻居表，确认 RT1 没有 OSPF 邻居，结果如图 6-55 所示。

步骤 13：删除 RT2 接口绑定的 ACL 配置。鼠标单击路由器 RT2，选择"数据配置"→"ACL 接口配置"，接口 GE-1/1/1 的入方向上绑定的 ACL 配置"None"（删除 ACL 绑定关系），完成后单击"确认"按钮，如图 6-56 所示。

步骤 14：查看路由器 RT1 的 OSPF 邻居表。鼠标单击路由器 RT1，选择"业务调试"→"OSPF 邻居表"，查看路由器 RT1 的 OSPF 邻居表，确认 RT1 存在 OSPF 邻居，结果如图 6-57 所示。

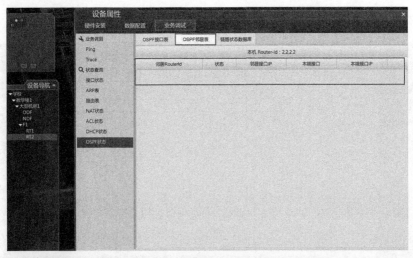

图 6-55

图 6-56

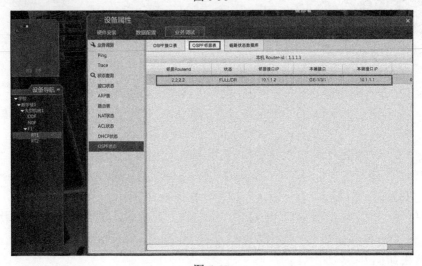

图 6-57

通过本实训任务可知，当路由器 RT2 接口 GE-1/1/1 入方向绑定扩展 ACL 后，邻居路由器 RT1 通告的 Hello 报文将被 RT2 丢弃，导致无法形成邻居关系，其他报文也无法正常交互。

扩展 ACL 对更多的报文头字段进行匹配解析，在实际应用中比标准 ACL 更广泛，也更加有效。

如在实际应用中，需要限制某类地址的部分端口号，则可通过扩展 ACL 进行限制。

任务三：交换机配置二层 ACL 控制报文交互实训

步骤 1：添加建筑和机房。打开仿真软件选择右边资源池建筑 按钮，拖入教学楼建筑，然后添加两个大型机房，如图 6-58 所示。

图 6-58

步骤 2：连接线缆。单击右边资源池中的线缆 按钮，选择单条以太网线连接大型机房 1 和大型机房 2（不同的建筑场景以及不同的机房之间进行设备配置时，需连接 ODF 架或者 NDF 架，线缆连接时要注意，NDF 架采用以太网线实现与设备互联，ODF 架采用光纤实现与设备互联）。鼠标放到机房图标上，然后拖住不放直接连接另一个机房，操作如图 6-59 所示。

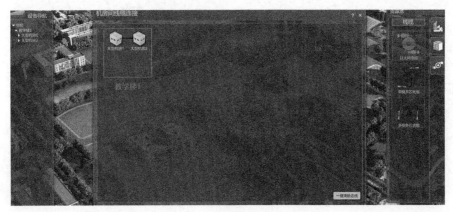

图 6-59

步骤 3：安装机柜、添加中型交换机及添加交换机板卡。双击进入大型机房 1，安装机柜、添加中型交换机 SW1、安装 SW-16xGE-RJ45 板卡（具体步骤可参考本单元任务一中的安装方法），如图 6-60、图 6-61、图 6-62 所示。

图 6-60

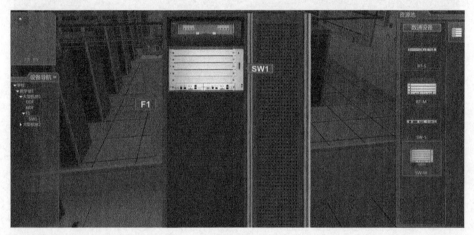

图 6-61

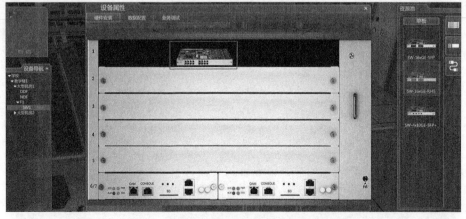

图 6-62

步骤 4：添加两台 PC 终端。选择"资源池"中的终端按钮，依次添加两台 PC 到办公桌上，如图 6-63 所示。

图 6-63

步骤 5：单击切换到大型机房 2，安装机柜、添加中型交换机 SW1、安装 SW-16xGE-RJ45 板卡。然后添加两台 PC，可参考步骤 3、4，结果如图 6-64 所示。

图 6-64

步骤 6：完成大型机房 1 中 SW1 与 PC 之间的互连。单击大型机房 1 的交换机 SW1，拖入以太网线的一端连接 SW1 的 GE-1/1/2 接口，另一端连接 PC1 的以太网接口 GE-1/1/1，如图 6-65、图 6-66 所示。重复以上步骤，SW1 的 GE-1/1/3 接口连接 PC2 的 GE-1/1/1（图略）。

步骤 7：完成大型机房 1 中交换机 SW1 与大型机房 2 中交换机 SW1 进行互连。单击交换机 SW1，拖入以太网线的一端连接 GE-1/1/1 接口另一端连接 NDF 架的 1 接口，操作如图 6-67、图 6-68 所示；然后单击左上角"设备导航"窗格中的大型机房 2 进行切换，SW1 的 GE-1/1/1 连接 NDF 架 1 接口，操作如图 6-69、图 6-70 所示。

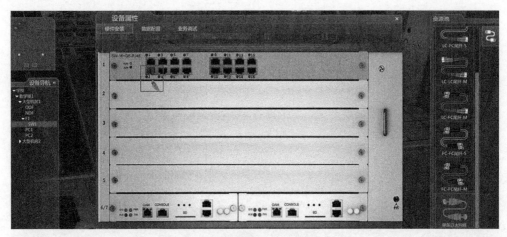

图 6-65

图 6-66

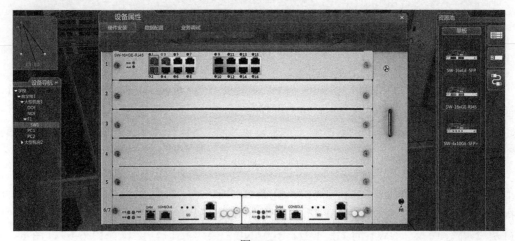

图 6-67

图 6-68

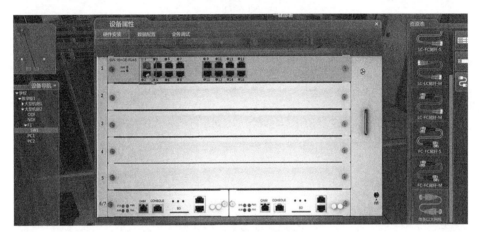

图 6-69

图 6-70

步骤 8：完成大型机房 2 下交换机与 PC 的连接。单击"设备导航"下的大型机房 2，单击 SW1，选择网线将接口 GE-1/1/2 与 PC1 的网口 GE-1/1/1 相连，操作如图 6-71、图 6-72 所示。

同样，选择网线将接口 GE-1/1/3 与 PC2 的网口 GE-1/1/1 相连（图略）。

步骤 9：单击主场景界面中的自动拓扑按钮，查看的自动拓扑如图 6-73 所示。

图 6-71

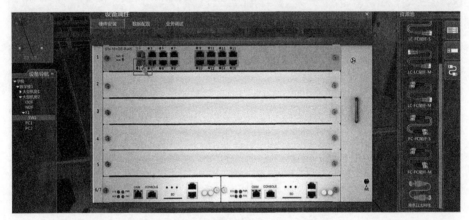

图 6-72

图 6-73

步骤 10：配置大型机房 1 中 SW1 的端口 VLAN 值。鼠标单击大型机房 1 中交换机 SW1，在主界面"设备属性"中选择"数据配置"，然后选择"接口配置"→"物理接口配置"。配置接口 GE-1/1/2 的 PVID 为 100，输入数值"100"；GE-1/1/3 的 PVID 为 200，输入数值"200"；GE-1/1/1 的 PVID 为默认 VLAN 模式选择为 Trunk，在 Tagged 中输入数值"100，200"，输入完成后单击"确认"按钮，操作如图 6-74 所示。

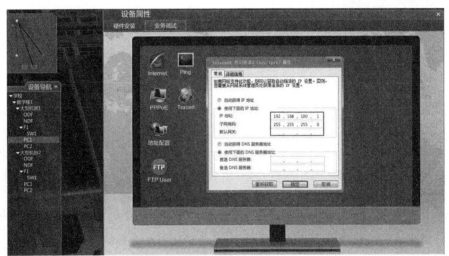

图 6-74

步骤 11：配置大型机房 1 下的 PC1 和 PC2 的地址。单击大型机房中 PC1，选择"设备属性"→"业务调试"→"地址配置"，输入 IP 地址为"192.168.100.1"、子网掩码为"255.255.255.0"，完成后单击"确定"按钮。单击 PC2，输入 IP 地址为"192.168.200.1"、子网掩码为"255.255.255.0"，输入完成后单击"确定"按钮，操作如图 6-75、图 6-76 所示。

图 6-75

步骤 12：配置大型机房 2 中 SW1 的端口 VLAN 值。单击大型机房 2 中交换机 SW1，选择"设备属性"→"数据配置"，然后选择"接口配置"→"物理接口配置"。配置接口 GE-1/1/2 的 PVID 为 100，输入"100"；GE-1/1/3 的 PVID 为 200，输入"200"；GE-1/1/1 的 PVID 为默认 VLAN 模式选择为"Trunk"，在 Tagged 中输入"100，200"，输入完成后单击"确认"按钮，如图 6-77 所示。

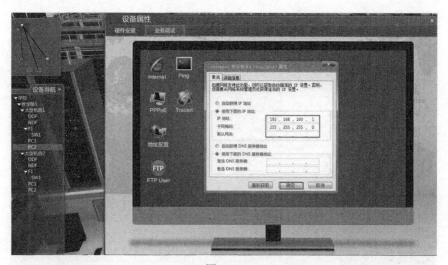

图 6-76

图 6-77

步骤 13：配置大型机房 2 中的 PC1 和 PC2 的地址。单击 PC1 选择"设备属性"→"业务调试"，然后选择"地址配置"输入 IP 地址为"192.168.100.2"、子网掩码为"255.255.255.0"，完成输入后单击"确定"按钮，操作如图 6-78 所示。

单击 PC2 选择"设备属性"→"业务调试"，然后选择"地址配置"输入 IP 地址为"192.168.200.2"、子网掩码为"255.255.255.0"，完成输入后单击"确定"按钮，操作如图 6-79 所示。

步骤 14：在大型机房 2 中交换机 SW1 接口中配置二层 ACL，实现大型机房 1 的 PC1 与大型机房 2 的 PC1 两者之间可相互通信、大型机房 1 的 PC2 和大型机房 2 的 PC2 不能相互通信。单击大型机房 2 中交换机 SW1，选择"设备属性"下的"数据配置"→"ACL 配置"，单击"二层 ACL 配置"，单击"+"增加一条二层 ACL，输入规则为"1"、动作为"Deny"、Type 为"8100"、外层 Vlan 标签为"200"，输入完成后单击"确认"按钮，操作如图 6-80 所示。

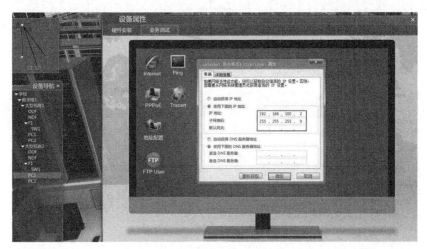

图 6-78

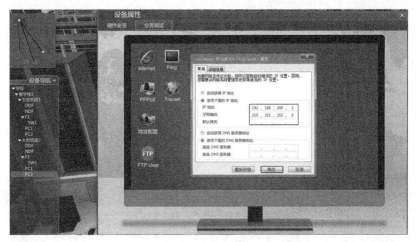

图 6-79

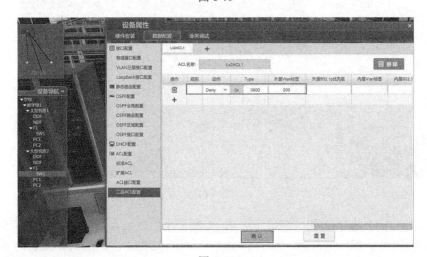

图 6-80

步骤 15：在交换机接口中绑定二层 ACL，控制报文互通。单击大型机房 2 中交换机 SW1，选择"数据配置"中的"ACL 配置"→"ACL 接口配置"，在接口 GE-1/1/1 的"ACL（入方向）"绑定已添加的二层 ACL 名称"Lv2ACL1"，输入完成后单击"确认"按钮，操作如图 6-81 所示。

图 6-81

步骤 16：对大型机房 1 中的 PC1 和大型机房 2 的 PC1 进行互 Ping 测试。单击大型机房 1 中的 PC1，在单击 Ping 图标后，输入目的 IP 地址"192.168.100.1"，单击执行，测试结果如图 6-82 所示。

图 6-82

对大型机房 1 的 PC2 和大型机房 2 的 PC2 进行互 Ping 测试。单击大型机房 1 中的 PC2，在单击 Ping 图标后，输入目的 IP 地址"192.168.200.1"，测试如图 6-83 所示。

由上述测试结果可知，在大型机房 2 下交换机 SW1 中配置二层 ACL，其将限制携带 VLAN 标签值为 200 的以太帧通过，使处于不同机房但同属于一个广播域内的 PC2 间不能相互通信。二层 ACL 主要用于以太网交换机中。

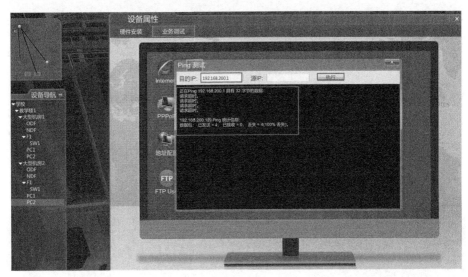

图 6-83

任务四：DHCP Server 组网配置实训

步骤 1：新增实训建筑。打开仿真软件选择右边资源池建筑按钮，将其拖入宿舍楼建筑如图 6-84 所示。

图 6-84

步骤 2：添加机房。根据要求在资源池中选择不同的机房，单击右边机房按钮，拖动选中的大型机房、中型机房并将它们安放到已有的建筑物中，操作结果如图 6-85、图 6-86 所示。

步骤 3：跨机房间线缆的连接。单击右边资源池中的线缆按钮，选择单条以太网线连接大型机房和中型机房，鼠标放到机房图标上，然后拖住不放直接连接另一个机房，操作如图 6-87 所示。

图 6-85

图 6-86

图 6-87

步骤 4：安装机柜，单击已添加的建筑中对应的大型机房图标进入机房站点。单击右边资源池中的机柜█按钮，拖动鼠标将机柜安装到指定的位置，放开鼠标即可，操作如图 6-88 所示。

图 6-88

　　步骤 5：添加路由器和交换机。单击已安装机柜，机柜门自动打开，资源池中自动弹出可选择网络设备。选中一台中型交换机 SW-M 将其拖入机柜中，再选中一台中型路由器 RT-M 将其拖入机柜中，交换机和路由器拖入机柜后将自动呈现可安装设备的插槽，如图 6-89 所示。

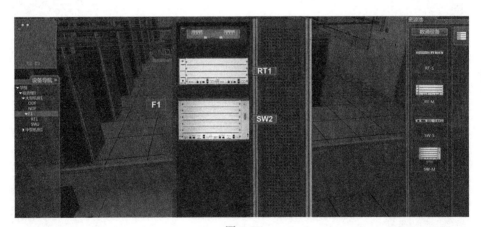

图 6-89

　　步骤 6：路由器和交换机添加业务板卡。单击机柜中的网络设备安装单板，选择右边资源池中的单板█按钮，拖动 RJ45 单板将其安放到已有的网络设备中，本例中两台设备增加一块电接口板，操作如图 6-90 所示。

　　步骤 7：重复步骤 5 的操作，给另一台交换机增加单板，完成操作后结果如图 6-91 所示。

　　步骤 8：连接大型机房内的路由器 RT1 与交换机 SW2。单击线缆█按钮，拖入以太网线选择路由器 RT1 的 GE-1/1/2 接口，单击连接；然后单击"设备导航"栏中的交换机，切换至交换机设备，以太网的尾纤连接至另一台交换机的 GE-1/1/1 光接口中，操作如图 6-92 及图 6-93 所示。

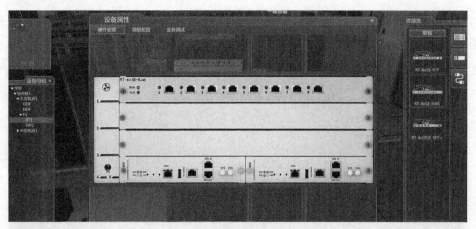

图 6-90

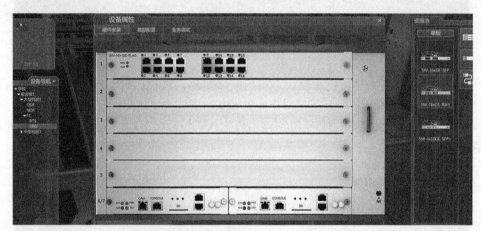

图 6-91

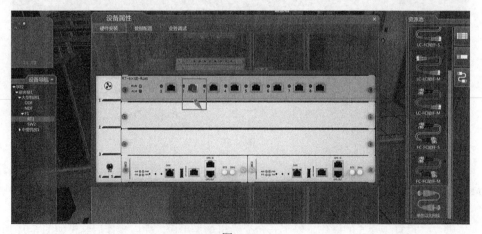

图 6-92

步骤 9：添加 PC 终端。鼠标单击"资源池"终端图标，然后选中 PC 图标，依次拖入两台 PC，操作如图 6-94 所示。

步骤 10：完成大型机房 1 中 PC 与交换机 SW2 间的连接。单击线缆 按钮，再次单击以太网线按钮选中"以太网线",选中交换机,选择 RG-45 的以太网 GE-1/1/2 接口连接 PC-1 的以太网接口,操作如图 6-95、图 6-96 所示。

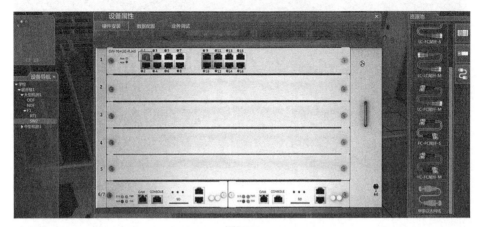

图 6-93

图 6-94

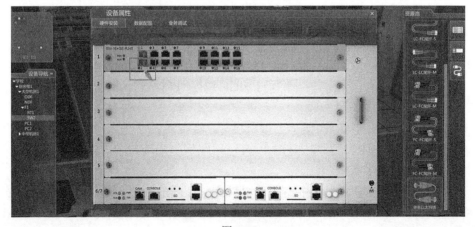

图 6-95

图 6-96

SW2 接口 GE-1/1/3 连接 PC-2 的以太网接口，操作方法可参考以上步骤（图略）。

步骤 11：中型机房 1 中添加机柜、增加路由器及板卡、添加 PC 机。单击"设备导航"栏中的中型机房 1，切换到中型机房中，重复以上的步骤；然后在机柜中拖入一台中型路由器 RT1，同时给路由器增加一块 RJ-45 的板卡；新增一台 PC 终端。操作如图 6-97 所示（详细步骤已略）。

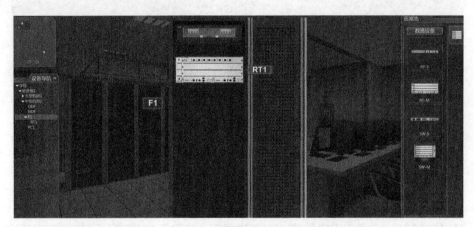

图 6-97

步骤 12：完成大型机房 1 中路由器 RT1 与中型机房中路由器 RT1 的连接。单击中型机房的路由器 RT1，在资源池中拖入一条以太网线，将网线一端连接至路由器 RT1 的接口 GE-1/1/1，网线另一端连接 NDF 架的 1 接口，操作如图 6-98、图 6-99 所示。

单击大型机房 1，界面切换至大型机房 1。在资源池中拖入一条以太网线，将网线一端连接至路由器 RT1 的接口 GE-1/1/1，网线另一端连接 NDF 架的 1 接口，操作如图 6-100、图 6-101 所示。

步骤 13：完成中型机房 1 中路由器 RT1 与 PC 间的连接。重复步骤 10 的设备配置，将中型机房 1 中的路由器 RT1 的接口 GE-1/1/2 通过网线连接至 PC 的接口 GE-1/1/1（图略）。

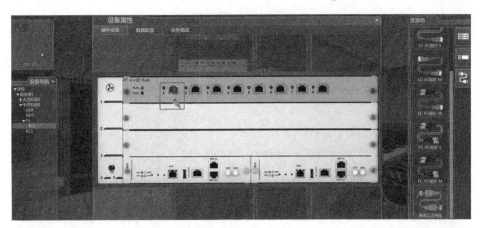

图 6-98

图 6-99

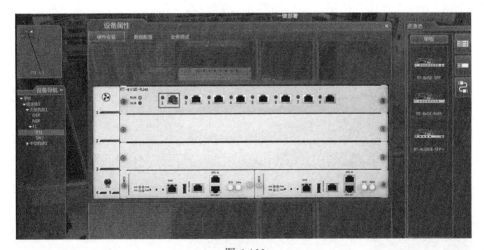

图 6-100

步骤 14：完成设备间的连线后，单击"设备导航"上的自动拓扑图标，结果如图 6-102 所示

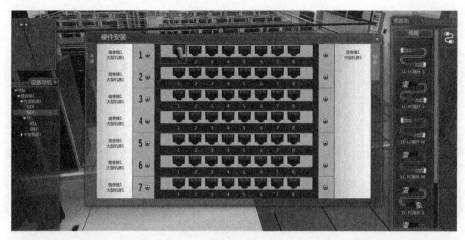

图 6-101

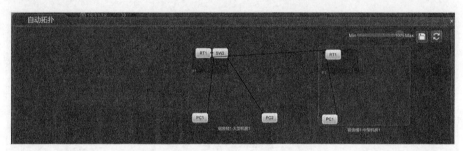

图 6-102

步骤 15：配置大型机房 1 中的交换机 SW2 端口 VLAN 数据。在机房视图下，单击交换机 SW2，在主界面"设备属性"中选择"数据配置"，然后选择"接口配置"→"物理接口配置"。配置接口 GE-1/1/1、GE-1/1/2、GE-1/1/3 的 PVID 均为 10，输入"10"，输入完成后单击"确认"按钮，操作如图 6-103 所示。

图 6-103

步骤16：配置大型机房1中路由器RT1接口IP地址。在主界面"设备属性"中选择"数据配置"，然后选择"接口配置"→"物理接口配置"。配置接口GE-1/1/1的IP地址为"20.20.20.1"、掩码为"255.255.255.252"；接口GE-1/1/2的IP地址为"40.40.40.1"、掩码为"255.255.255.0"，完成后单击"确认"按钮，如图6-104所示。

图 6-104

步骤17：配置DHCP Server地址池。单击大型机房1中的路由器RT1，选择"数据配置"，然后选择"DHCP配置"→"DHCP全局配置"单击"+"，增加一条地址池，输入地址池名称为"dhcp"、开始IP为"40.40.40.2"、结束IP为"40.40.40.10"、子网掩码为"255.255.255.0"，地址租约为"1440"、网关"40.40.40.1"、DNS为"114.114.114.114，"完成输入后单击"确认"按钮，操作如图6-105所示。

图 6-105

步骤18：设置DHCP Server。单击大型机房1中的路由器RT1，选择"数据配

置"→"DHCP 配置"→"DHCP 接口配置"，设置接口 GE-1/1/2 的 Dhcp 服务类型为
"Server"、地址池为"dhcp"，完成后单击"确认"，操作如图 6-106 所示。

图 6-106

步骤 19：设置 PC 获取 IP 方式。单击大型机房 1，在"设备导航"栏中选择 PC1 及
PC2，设置 PC 终端自动获得 IP 地址方式。单击"业务调试"→"地址配置"选择"自
动获得 IP 地址"，然后单击"确定"按钮，配置如图 6-107 所示。

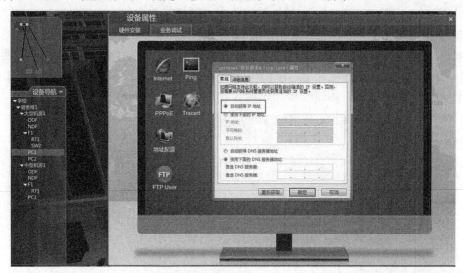

图 6-107

当二层网络和 DHCP 服务器正常联通后，单击 PC 终端中的"地址配置"→"详细信息"，
可查看 PC 获取 IP 的相关信息，如 IP 地址、子网掩码、网关等，操作如图 6-108 所示。

步骤 20：配置中型机房 1 中的路由器 RT1 的接口地址。单击大型机房 1 的路由器 RT1，
选择"数据配置"，然后选择"接口配置"→"物理接口配置"，配置接口 GE1/1/1 的 IP 地
址为"20.20.20.2"、掩码为"255.255.255.252"；配置接口 GE1/1/2 的 IP 地址为"30.30.30.1"、
掩码为"255.255.255.0"，完成输入后单击"确认"按钮，操作如图 6-109 所示。

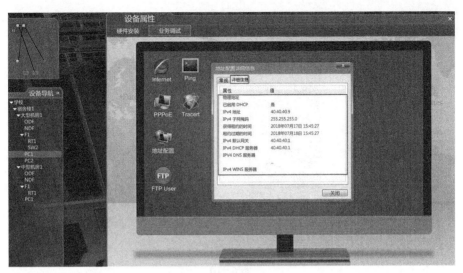

图 6-108

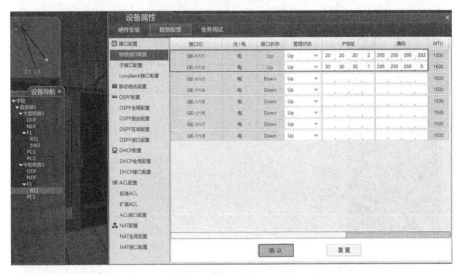

图 6-109

步骤 21：配置中型机房 1 中 PC1 的 IP 地址。单击"设备导航"栏中的 PC 图标，单击"业务调试"→"地址配置"，配置 PC1 的 IP 地址为"30.30.30.2"、子网掩码为"255.255.255.0"、默认网关"30.30.30.1"，完成后单击"确定"按钮，配置如图 6-110 所示。

步骤 22：配置大型机房 1 中路由器 RT1 的静态路由。单击对应的路由器 RT1，选择"设备属性"中的"数据配置"→"静态路由配置"，单击"+"，然后增加一个网段的静态路由，输入目的地址为"30.30.30.0"、子网掩码"255.255.255.0"、下一跳"20.20.20.2"，完成输入后单击"确认"按钮，操作如图 6-111 所示。

步骤 23：配置中型机房 1 中路由器 RT1 的静态路由。单击"设备导航"切换到中型机房，单击对应的路由器 RT1，选择"设备属性"中的"数据配置"→"静态路由配置"，单击"+"，然后增加一个网段的静态路由，输入目的地址为"40.40.40.0"、子网掩码"255.255.255.0"、下一跳"20.20.20.1"，完成输入后单击"确认"，如图 6-112 所示。

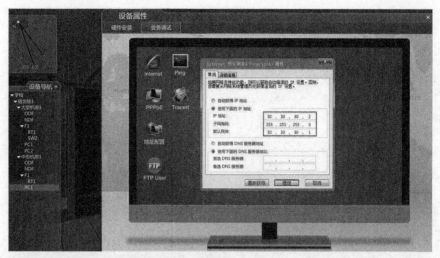

图 6-110

图 6-111

图 6-112

步骤 24：DHCP 状态查看。单击大型机房 RT1，单击"设备属性"下的"业务调试"→"DHCP 状态"，如图 6-113 所示。

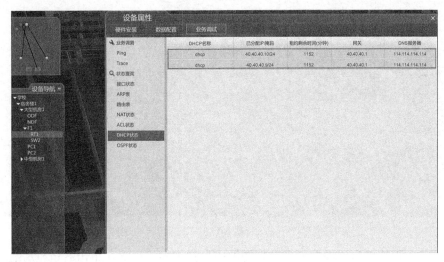

图 6-113

步骤 25：PC 间的互通性测试。单击大型机房 1 中的 PC1，在 Ping 测试对话框中输入中型机房 PC1 的 IP 地址"30.30.30.2"进行 Ping 测试，然后单击"执行"，结果如图 6-114 所示。

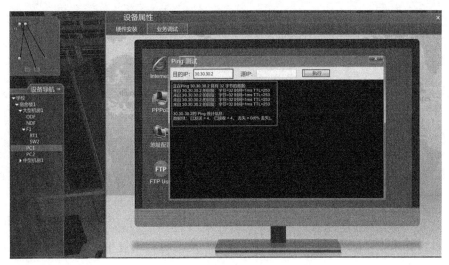

图 6-114

在网络中配置 DHCP 方式使 PC 等网络自动获得 IP 地址，需要在 DHCP 服务器中配置 DHCP 地址池（终端上线获得的 IP 地址范围），并在设备的接口中配置 HDCP 服务类型。

任务五：DHCP 中继组网配置实训

步骤 1：新增实训建筑。打开仿真软件选择右边资源池建筑 按钮，单击"实训楼"

将"实训楼"拖入空白片，操作如图 6-115 所示。

图 6-115

步骤 2：添加机房。根据要求在资源池中选择不同的机房，单击右边机房▇按钮，拖动选中的大型机房、中型机房并将它们安放到已有的建筑物中，操作结果如图 6-116 所示。

图 6-116

步骤 3：机房间线缆连接。单击右边资源池中的线缆▇按钮，选择单条以太网线连接大型机房和中型机房，鼠标放到机房图标上，然后拖住不放直接连接另一个机房，操作如图 6-117 所示。

步骤 4：大型机房中添加机柜。单击"设备导航"栏中的大型机房图标进入机房场景。单击右边资源池中的机柜▇按钮，拖动鼠标将机柜安装到指定的位置，放开鼠标即可，操作如图 6-118 所示。

步骤 5：大型机房中添加交换机和路由器。单击已安装机柜，机柜门自动打开，资源池中自动弹出可选择网络设备。选中一台中型交换机 SW-M 将其拖入机柜中，然后依次拖入两台路由器 RT-M（两台路由器分别拓扑中 R1 和 R2），操作如图 6-119 所示。

图 6-117

图 6-118

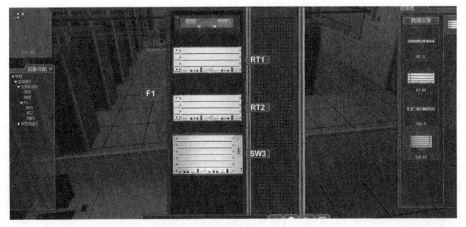

图 6-119

步骤6：大型机房中交换机和路由器添加板卡。单击机柜中的路由器 RT1，单击设备空白面板，选择右边资源池中的单板 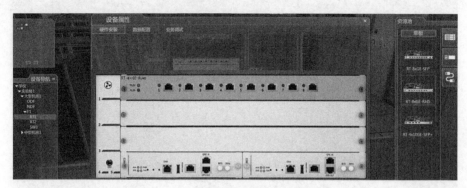 按钮，拖动 RT-8xGE-RJ45 单板将其安放到 RT1 对应的 1 槽位中，操作如图 6-120 所示。

图 6-120

RT2 的板卡添加和上述操作一致，在 1 槽位中增加一块 RT-8xGE-RJ45 电口板。SW3 操作类似，在 1 槽位中增加一块 SW-16xGE-RJ45 电口板，操作如图 6-121 所示。

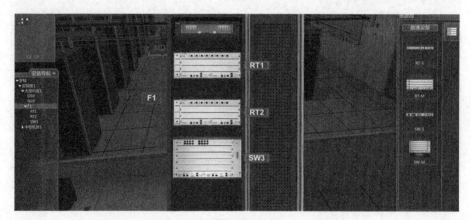

图 6-121

步骤7：大型机房中添加两台 PC 终端。鼠标单击"资源池"终端图标，然后选中 PC 图标，依次拖入两台 PC，如图 6-122 所示。

步骤8：中型机房增加机柜。单击"设备导航"中的中型机房图标进入机房场景。单击右边资源池中的机柜 按钮，拖动鼠标将机柜安装到指定的位置，放开鼠标即可，操作如图 6-123 所示。

步骤9：中型机房增加路由器设备。单击已安装的机柜，机柜门自动打开，资源池中自动弹出可选的网络设备。选中一台中型路由器 RT-M 并将其拖入机柜中，操作如图 6-124 所示。

步骤10：中型机房中路由器添加板卡。单击机柜中的路由器 RT1（设计图中的路由器 R3），单击设备空白面板，选择右边资源池中的单板 按钮，拖动 RT-8xGE-RJ45 单板并将其安放到 RT1 对应的 1 槽位中，操作如图 6-125 所示。

图 6-122

图 6-123

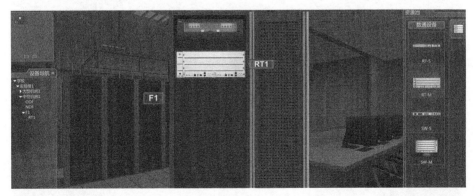

图 6-124

步骤 11：中型机房中添加一台 PC 终端。鼠标单击"资源池"终端图标，然后选中 PC 图标，将其拖入 PC 终端，如图 6-126 所示。

步骤 12：完成大型机房中路由器 RT1 和路由器 RT2 之间的互连。鼠标单击路由器

RT1 的端口，在资源池中选择以太网线，将单条以太网拖入路由器 RT1 的接口 GE-1/1/1 处，然后将网线的另一端连接至路由器 RT2 的接口 GE-1/1/1，操作如图 6-127、图 6-128 所示。

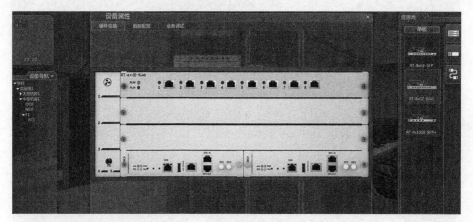

图 6-125

图 6-126

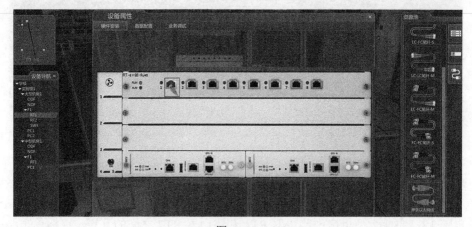

图 6-127

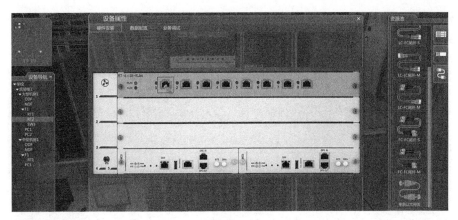

图 6-128

步骤 13：完成跨机房间路由器间的互联，实现大型机房路由器 RT2（R2）和中型机房路由器 RT1（R3）的设备连接。

鼠标单击大型机房 RT2 的接口 GE-1/1/2，在资源池中选择以太网线，将单条以太网拖入路由器 RT2 的接口 GE-1/1/2 处，然后将网线的另一端连接至 NDF 架的接口"1"中，完成 RT2 与 NDF 的连接，操作如图 6-129、图 6-130 所示。

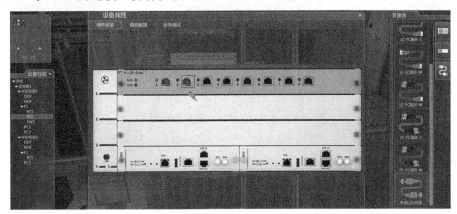

图 6-129

图 6-130

鼠标单击中型机房 RT1 的 GE-1/1/1 接口，在资源池中选择以太网线，将单条以太网拖入路由器 RT1 的接口 GE-1/1/1 处，然后将网线的另一端连接至 NDF 架的接口"1"中，完成 RT2 与 NDF 的连接，操作如图 6-131、图 6-132 所示。

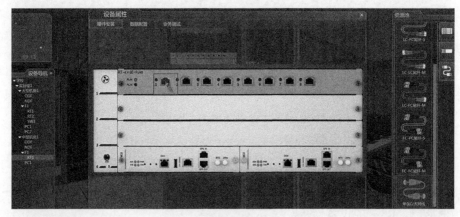

图 6-131

图 6-132

步骤 14：完成大型机房 1 内的路由器 RT1 与交换机 SW3 间连接。单击线缆 **2** 按钮，选择单条以太网线将交换机接口 GE-1/1/1 连接路由器 RT1 的以太网接口 GE-1/1/2，操作如图 6-133、图 6-134 所示。

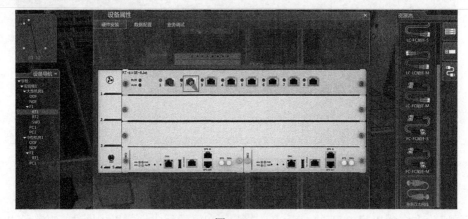

图 6-133

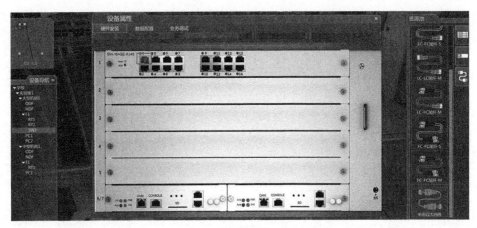

图 6-134

步骤 15：完成大型机房 1 内的交换机 SW3 与 PC 间连接。单击线缆 按钮，选择单条以太网线将交换机接口 GE-1/1/2 连接 PC-1 的以太网接口 GE-1/1/1；选择单条以太网线将交换机接口 GE-1/1/3 连接 PC-2 的以太网接口 GE-1/1/1；操作如图 6-135、图 6-136、图 6-137、图 6-138 所示。

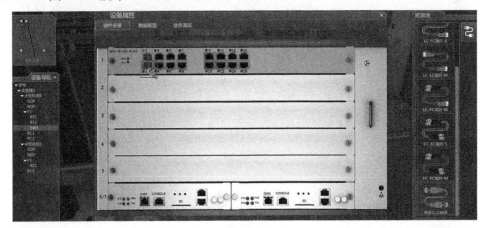

图 6-135

图 6-136

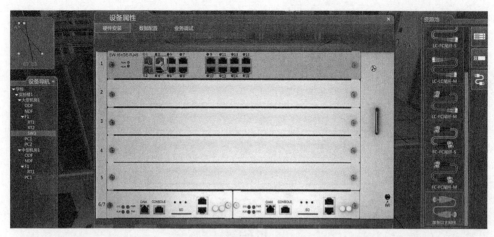

图 6-137

图 6-138

步骤 16：完成中型机房 1 内的路由器与 PC 间连接。单击线缆 按钮，选择单条以太网线将路由器接口 GE-1/1/2 连接 PC-1 的以太网接口 GE-1/1/1，操作如图 6-139、图 6-140 所示。

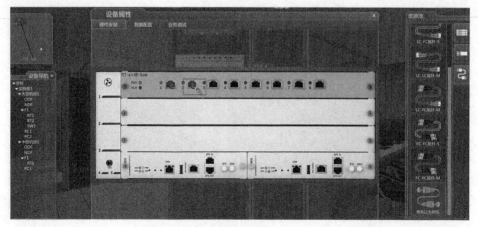

图 6-139

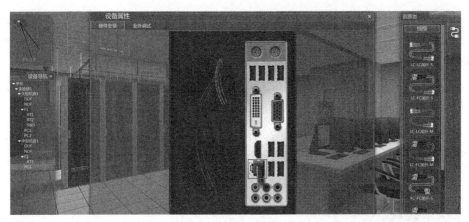

图 6-140

步骤 17：单击上方中的自动拓扑规划 ⚠ 按钮，如图 6-141 所示。

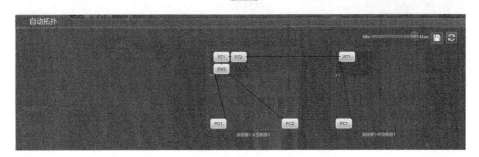

图 6-141

步骤 18：配置大型机房中的交换机 SW3 端口 VLAN 数据。在机房视图下，鼠标单击交换机 SW3，在主界面"设备属性"中选择"数据配置"，然后选择"接口配置"→"物理接口配置"。配置接口 GE-1/1/1、GE-1/1/2、GE-1/1/3 的 PVID 均为 20，输入数值"20"，输入完成单击"确认"按钮，如图 6-142 所示。

接口ID	光/电	接口状态	管理状态	VLAN模式	PVID	Tagged	UnTagged	
GE-1/1/1	电	Up	Up	Acce	20			自定
GE-1/1/2	电	Up	Up	Acce	20			自定
GE-1/1/3	电	Up	Up	Acce	20			自定
GE-1/1/4	电	Down	Up	Acce	1			自定
GE-1/1/5	电	Down	Up	Acce	1			自定
GE-1/1/6	电	Down	Up	Acce	1			自定
GE-1/1/7	电	Down	Up	Acce	1			自定
GE-1/1/8	电	Down	Up	Acce	1			自定
GE-1/1/9	电	Down	Up	Acce	1			自定
GE-1/1/10	电	Down	Up	Acce	1			自定
GE-1/1/11	电	Down	Up	Acce	1			自定
GE-1/1/12	电	Down	Up	Acce	1			自定
GE-1/1/13	电	Down	Up	Acce	1			自定
GE-1/1/14	电	Down	Up	Acce	1			自定
GE-1/1/15	电	Down	Up	Acce	1			自定
GE-1/1/16	电	Down	Up	Acce	1			自定

图 6-142

步骤 19：配置大型机房路由器 RT1 物理接口数据。在机房视图下，鼠标单击路由器 RT1，在主界面"设备属性"中选择"数据配置"，然后选择"接口配置"→"物理接口配置"。配置接口 GE-1/1/1 的 IP 地址为"20.20.20.1"、掩码为"255.255.255.252"。配置接口 GE-1/1/2 的 IP 地址为"40.40.40.1"、掩码为"255.255.255.0"，完成后单击"确认"按钮，如图 6-143 所示。

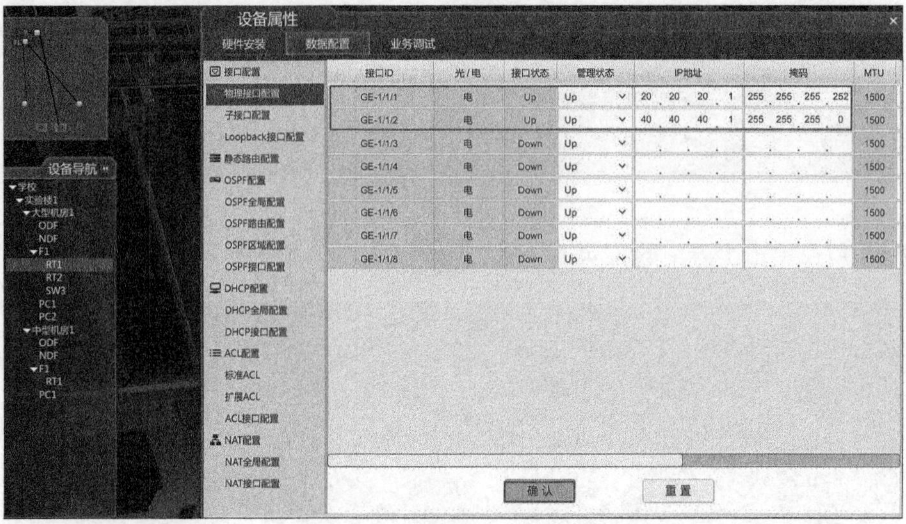

图 6-143

步骤 20：配置大型机房路由器 RT2 物理接口数据。单击"设备导航"下的路由器 RT2，在主界面"设备属性"中选择"数据配置"，然后选择"接口配置"→"物理接口配置"。配置接口 GE-1/1/1 的 IP 地址为"20.20.20.2"、掩码为"255.255.255.252"。配置接口 GE-1/1/2 的 IP 地址为"20.20.20.5"、掩码为"255.255.255.252"完成后单击"确认"，操作如图 6-144 所示。

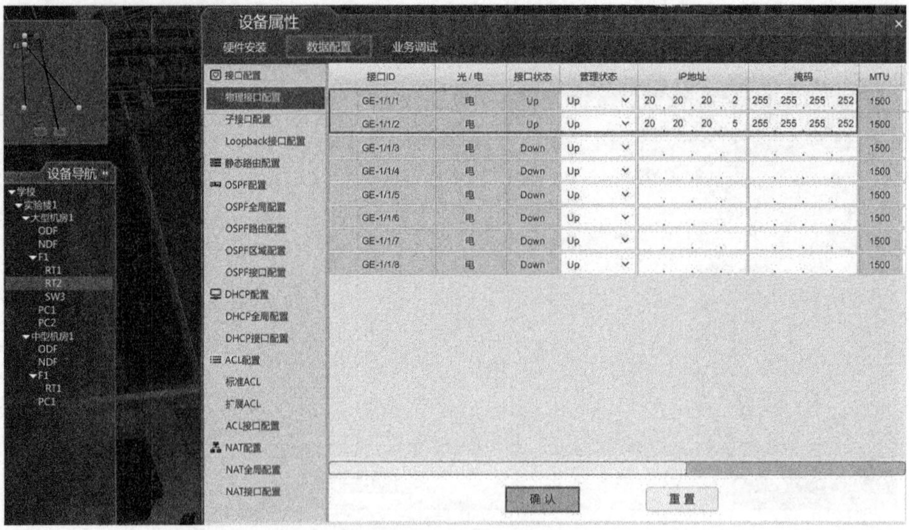

图 6-144

步骤 21：配置中型机房路由器 RT1 物理接口数据。单击"设备导航"下的中型机房，单击路由器 RT1，在主界面"设备属性"中选择"数据配置"，然后选择"接口配置"→"物理接口配置"。配置接口 GE-1/1/1 的 IP 地址为"20.20.20.6"、掩码为"255.255.255.252"。配置接口 GE-1/1/2 的 IP 地址为"30.30.30.1"、掩码为"255.255.255.0"，完成后单击"确认"按钮，如图 6-145 所示。

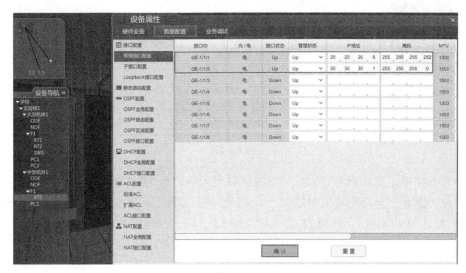

图 6-145

步骤 22：配置中型机房下 PC1 的 IP 地址。单击切换到 PC1 中，然后选择"地址配置"。输入 IP 地址为"30.30.30.2"、子网掩码为"255.255.255.0"、默认网关为"30.30.30.1"，完成输入后单击"确定"按钮，如图 6-146 所示。

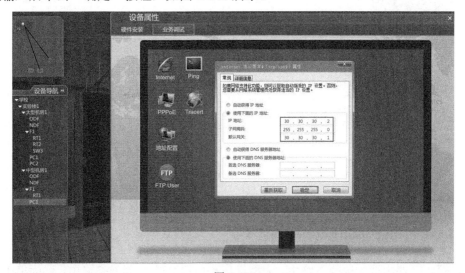

图 6-146

步骤 23：配置 DHCP 中继及接口。设置大型机房 1 路由器 RT1 作为 DHCP Relay。选择"设备属性"中选择"数据配置"，然后选择"DHCP 配置"→"DHCP 接口配置"，接口 GE-1/1/2（IP 地址为 40.40.40.1）的 DHCP 服务类型选择为"Relay"、DHCP 服务器的 IP 地址为"20.20.20.2"，完成后单击"确认"按钮，操作如图 6-147 所示。

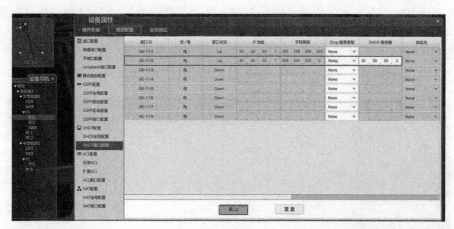

图 6-147

步骤 24：单击路由器 RT2，配置 DHCP 地址池。选择"数据配置"，然后选择"DHCP 配置"→"DHCP 全局配置"单击"+"，增加一条地址池，输入地址池名称为"dhcp"、开始 IP 为"40.40.40.2"、结束 IP 为"40.40.40.10"、子网掩码为"255.255.255.0"、地址租约为"1440"、网关为"40.40.40.1"、DNS 为"114.114.114.114"，完成后单击"确认"，如图 6-148 所示。单击"DHCP 接口配置"，选择 GE-1/1/1 接口的"Dhcp 服务类型"为"Server"、地址池为"dhcp"，完成后单击"确认"，如图 6-149 所示。

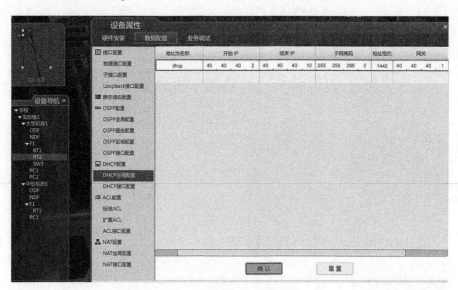

图 6-148

步骤 25：路由器配置静态路由。大型机房路由器 RT1 配置静态路由，鼠标单击大型机房 1 中的路由器 RT1，选择"设备属性"中的"数据配置"→"静态路由配置"，单击"+"，然后增加一个网段的静态路由，输入目的地址为"30.30.30.0"、子网掩码"255.255.255.0"、下一跳"20.20.20.2"，完成输入后单击"确认"，如图 6-150 所示。

图 6-149

图 6-150

　　大型机房路由器 RT2 配置静态路由，鼠标单击大型机房 1 的路由器 RT3，选择"设备属性"中的"数据配置"→"静态路由配置"，单击"+"，然后增加两个网段的静态路由，输入目的地址为"30.30.30.0"、子网掩码"255.255.255.0"、下一跳"20.20.20.6"，再一次单击"+"，输入目的地址为"40.40.40.0"、子网掩码为"255.255.255.0"、下一跳为"20.20.20.1"，完成输入后单击"确认"，如图 6-151 所示。

　　中型机房中路由器 RT1 配置静态路由，鼠标单击中型机房 1 的路由器 RT1，选择"设备属性"中的"数据配置"→"静态路由配置"，单击"+"，然后增加一个网段的静态路由，输入目的地址为"40.40.40.0"、子网掩码"255.255.255.0"、下一跳"20.20.20.5"，完成输入后单击"确认"，如图 6-152 所示。

图 6-151

图 6-152

步骤 26：设置大型机房 1 中的 PC 终端 IP 获取方式为 DHCP。在"设备导航"下选择大型机房 1 下的终端 PC1，设置 PC1 自动获得 IP 地址。单击"设备属性"→"业务调试"→"地址配置"选择"自动获得 IP 地址"，单击"确定"按钮，配置如图 6-153所示。PC2 设置 IP 地址获取方式与 PC1 一致，采用 DHCP 方式动态获取地址。

单击"地址池配置"中的详细信息按钮查看 IP 地址、子网掩码、网关等，操作如图 6-154 所示。

步骤 27：查看 DHCP 服务器状态。鼠标选中"设备导航"下的大型机房 1 中的 RT2，选择"设备属性"→"业务调试"→"DHCP 状态"，可查看测试结果如图 6-155 所示。

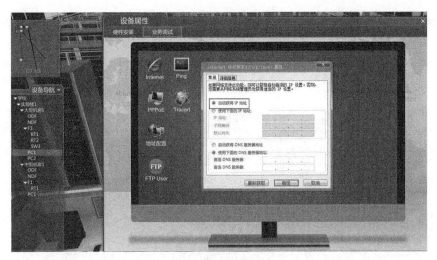

图 6-153

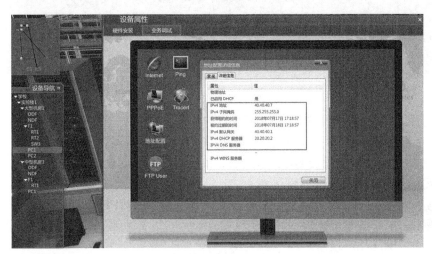

图 6-154

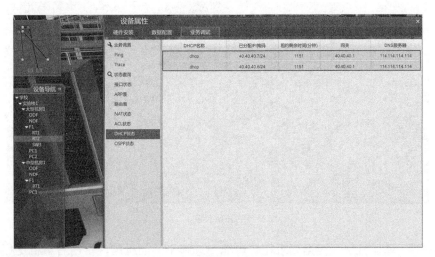

图 6-155

步骤 28：PC 间连通性测试，选择设备导航下的大型机房 1 中的 PC 与中型机房 1 中的 PC 间进行 Ping 连通测试。鼠标选中设备导航下大型机房 1 中 PC1 图标，选择"业务调试"，在弹出的配置界面中单击"Ping"输入中型机房 PC1 的 IP 地址"30.30.30.2"，单击"执行"，测试结果如图 6-156 所示。

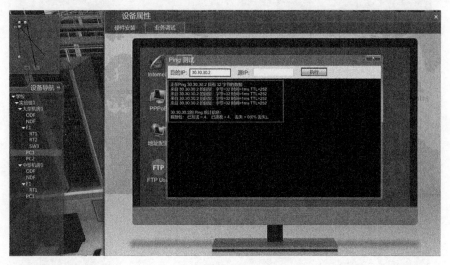

图 6-156

通过本实训任务，可知当 DHCP 服务器和 DHCP Client 不在同一个网段中时，可以采用 DHCP Relay 组网方式实现终端的动态获取 IP 地址。

远端 DHCP 服务器配置的地址池，需要和 DHCP Relay 设备相关，否则会引起用户上线获得的地址无法与外部通信。

任务六：校园网静态、动态 NAT、DHCP Server 及 OSPF 综合配置实训

步骤 1：新增教学楼建筑。打开仿真软件选择右边资源池建筑 按钮，将其拖入教学楼建筑，如图 6-157 所示。

图 6-157

步骤 2：添加机房。根据要求在资源池中选择不同的机房，单击右边机房 按钮，拖动选中的大型机房 1、大型机房 2、中型机房并将它们安放到已有的建筑物中，操作结

果如图 6-158 所示。

图 6-158

步骤 3：跨机房间线缆的连接。单击右边资源池中的线缆 按钮，选择单条以太网线连接大型机房 1 和大型机房 2，选择一条以太网线连接大型机房 1 和中型机房，鼠标放到机房图标上，然后拖住不放直接连接另一个机房，操作如图 6-159 所示。

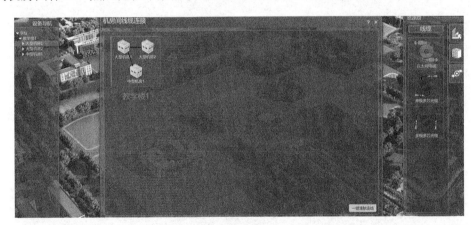

图 6-159

步骤 4：安装机柜，单击已添加的建筑中对应的大型机房 1 图标进入机房站点。单击右边资源池中的机柜 按钮，拖动鼠标将机柜安装到指定的位置，放开鼠标即可，操作如图 6-160 所示。

步骤 5：添加路由器。单击已安装机柜，机柜门自动打开，资源池中自动弹出可选择网络设备。选中一台中型路由器 RT-M 并将其拖入机柜中，再选中一台中型路由器 RT-M 将其拖入机柜中，选中一台中型交换机 SW-M 将其拖入机柜，路由器拖入机柜后将自动呈现可安装设备的插槽，如图 6-161 所示。

步骤 6：添加板卡。单击机柜中的网络设备安装单板。选择右边资源池中的单板 按钮，拖动 RT-16xGE-RJ45 单板安放到已有的网络设备中，本例中三台设备分别增加一块电接口板，操作如图 6-162 所示。

图 6-160

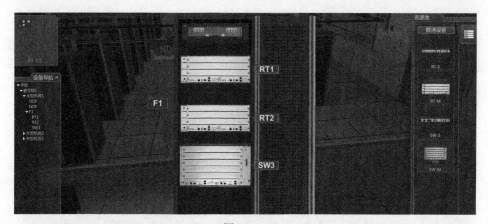

图 6-161

图 6-162

步骤 7：重复步骤 6 的操作，给另一台路由器和交换机增加电口板，完成操作后结果如图 6-163 所示。

步骤 8：连接大型机房内的路由器 RT1 与路由器 RT2。单击线缆 按钮，拖入以太网线选择路由器 RT1 的 GE-1/1/2 接口单击连接；然后单击"设备导航"栏中的路由器

RT2，切换至路由器设备，以太网线连接至另一台路由器 RT2 的 GE-1/1/1 电接口中，操作如图 6-164 及图 6-165 所示。

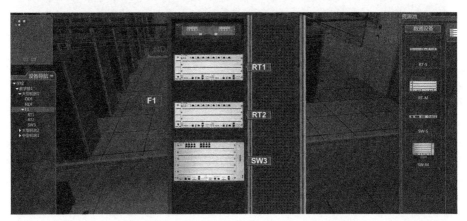

图 6-163

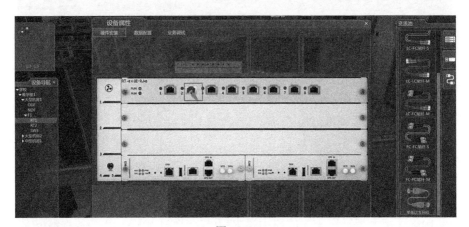

图 6-164

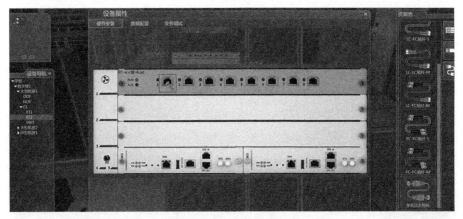

图 6-165

步骤 9：完成大型机房 1 中路由器 RT2 与中型机房中路由器 RT1 的连接。单击中型机房的路由器 RT1，在资源池中拖入一条以太网线，将网线一端连接至路由器 RT1 的接口 GE-1/1/1 处，网线另一端连接 NDF 架的 1 接口，操作如图 6-166、图 6-167 所示。

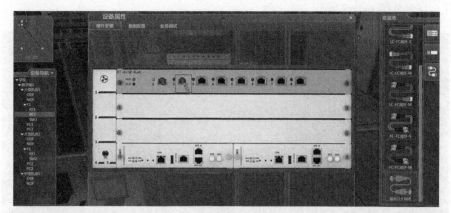

图 6-166

图 6-167

步骤 10：连接大型机房 1 内的路由器 RT1 与交换机 SW3。单击线缆 2 按钮，拖入以太网线选择路由器 RT1 的 GE-1/1/3 接口单击"连接"；然后单击"设备导航"栏中的交换机 SW3，切换至交换机设备，以太网线连接至另一台交换机的 GE-1/1/1 电接口中，操作如图 6-168、图 6-169 所示。

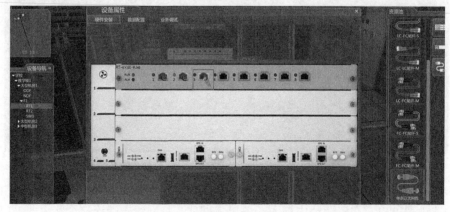

图 6-168

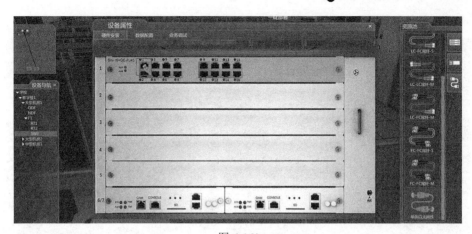

图 6-169

步骤11：在大型机房1中添加 PC 终端。单击"资源池"终端图标 按钮，然后选中 PC 图标，依次拖入两台 PC，操作如图 6-170 所示。

图 6-170

步骤12：完成大型机房1中 PC 与交换机 SW3 间的连接。单击线缆 按钮，再次单击以太网线按钮选中"以太网线"，选中交换机，选择 RJ-45 的以太网 GE-1/1/2 接口连接 PC-1 的以太网接口，操作如图 6-171、图 6-172 所示。

图 6-171

图 6-172

　　SW3 接口 GE-1/1/3 连接 PC-2 的以太网接口，操作方法可参考以上步骤（图略）。

　　步骤 13：切换到大型机房 2 中添加机柜、增加路由器及板卡、添加 PC 机。单击"设备导航"中的大型机房 2，切换到大型机房 2 中，重复以上的步骤；然后在机柜中拖入一台中型路由器 RT1，一台中型交换机 SW2，同时给路由器增加一块 RJ-45 电接口板；新增两台 PC 终端，操作如图 6-173 所示。

图 6-173

　　步骤 14：完成大型机房 1 中路由器 RT1 与大型机房 2 的连接。单击大型机房 1 的路由器 RT1，在资源池中拖入一条以太网线，将网线一端连接至大型机房 1 中的路由器 RT1的接口 GE-1/1/1，网线另一端连接 NDF 架的 1 接口，操作如图 6-174、图 6-175 所示。

　　单击大型机房 2，界面切换至大型机房 2。在资源池中拖入一条以太网线，将网线的一端连接至路由器 RT1 的接口 GE-1/1/1，网线另一端连接 NDF 架的 1 接口，操作如图 6-176、图 6-177 所示。

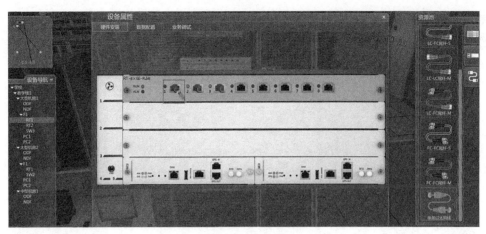

图 6-174

图 6-175

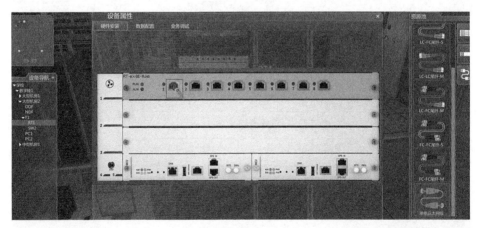

图 6-176

步骤 15：连接大型机房 2 内的路由器 RT1 与交换机 SW2。单击线缆 按钮，拖入以太网线选择路由器 RT1 的 GE-1/1/3 接口单击连接；然后单击"设备导航"栏中的交换机 SW2，切换至交换机设备，尾纤连接至另一台交换机的 GE-1/1/1 光接口中，操作如图 6-178、图 6-179 所示。

图 6-177

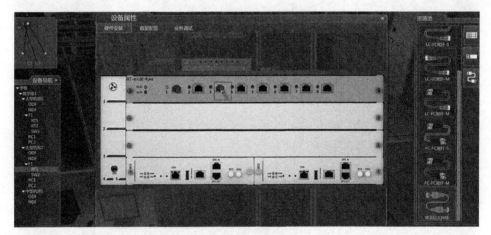

图 6-178

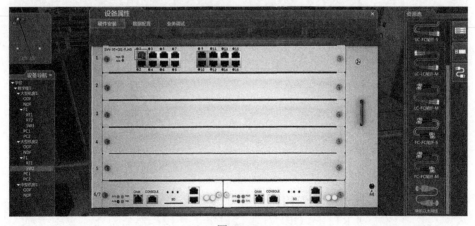

图 6-179

步骤 16：完成大型机房 2 中 PC 与交换机 SW2 间的连接。单击线缆 🔌 按钮，再次单击以太网线按钮选中"以太网线"，选中交换机，选择 RJ-45 的以太网 GE-1/1/2 接口将其与 PC-1 的以太网接口连接，操作如图 6-180、图 6-181 所示。

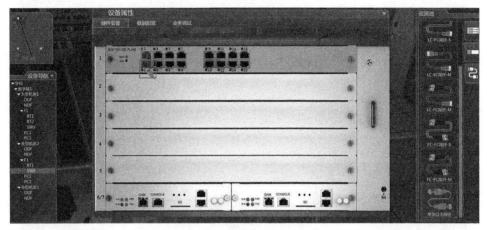

图 6-180

图 6-181

SW2 接口 GE-1/1/3 连接 PC-2 的以太网接口，操作方法可参考以上步骤（图略）。

步骤 17：完成大型机房 2 中路由器 RT1 与大型机房 1 中的路由器连接。单击大型机房 2 的路由器 RT1，在资源池中拖入一条以太网线，将网线一端连接至大型机房 2 中的路由器 RT1 的接口 GE-1/1/2，网线另一端连接 NDF 架的 2 接口，操作如图 6-182、图 6-183 所示。

单击大型机房 1，界面切换至大型机房 1。在资源池中拖入一条以太网线，将网线一端连接至路由器 RT2 的接口 GE-1/1/2，网线另一端连接 NDF 架的 2 接口，操作如图 6-184、图 6-185 所示。

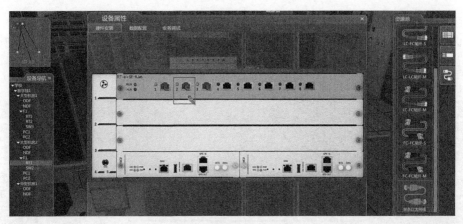

图 6-182

图 6-183

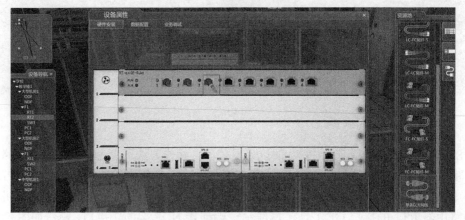

图 6-184

步骤 18：切换到中型机房 1 中添加机柜、增加路由器及板卡。单击"设备导航"栏中的中型机房 1，切换到中型机房中，重复以上操作步骤；然后在机柜中拖入一台中型路由器 RT1，同时给路由器增加一块 RT-45 的板卡。操作如图 6-186 所示（详细步骤已略）。

图 6-185

图 6-186

步骤 19：完成中型机房中路由器 RT1 与大型机房 1 中的路由器 RT2 的连接。单击中型机房 1 的路由器 RT1，在资源池中拖入一条以太网线，将网线一端连接至中型机房 1 中的路由器 RT1 的接口 GE-1/1/1，网线另一端连接 NDF 架的 1 接口，操作如图 6-187、图 6-188 所示。

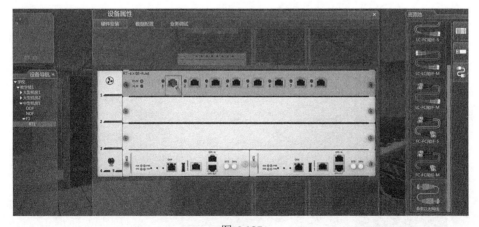

图 6-187

步骤 20：单击上方中的自动拓扑规划 按钮，如图 6-189 所示。

图 6-188

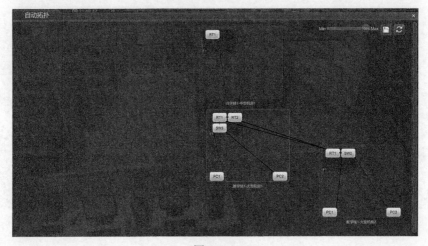

图 6-189

步骤 21：单击"设备导航"栏中的大型机房 1，配置 SW3 的 GE-1/1/1、GE-1/1/2、GE-1/1/3 接口的 PVID 均为 10，输入数值"10"，完成后单击"确认"按钮，操作如图 6-190 所示。

图 6-190

步骤 22：配置大型机房 1 下 PC 的 IP 地址。单击 PC1，切换到 PC1 中，然后选择"地址配置"。输入 IP 地址为"10.1.1.2"、子网掩码为"255.255.255.0"、默认网关为"10.1.1..1"，完成输入后单击"确定"按钮，操作如图 6-191 所示。

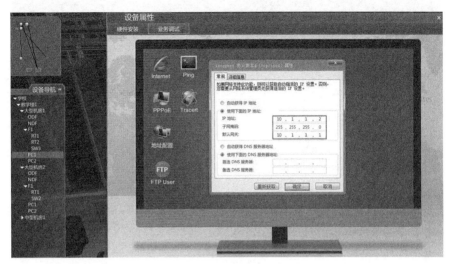

图 6-191

单击 PC2，切换到 PC2 中，然后选择"地址配置"。输入 IP 地址为"10.1.1.3"、子网掩码为"255.255.255.0"、默认网关为"10.1.1..1"，完成输入后单击"确定"按钮，操作如图 6-192 所示。

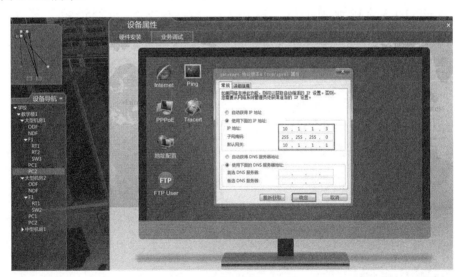

图 6-192

步骤 23：配置大型机房 1 中路由器 RT1 的接口 IP 地址。单击"设备导航"栏中的大型机房 1，选择路由器 RT1，在主界面"设备属性"中选择"数据配置"，然后选择"接口配置"→"物理接口配置"。配置接口 GE-1/1/1 的 IP 地址为"10.0.1.1"、掩码为"255.255.255.252"。配置接口 GE-1/1/2 的 IP 地址为"10.0.2.1"、掩码为"255.255.255.252"。

配置接口 GE-1/1/3 的 IP 地址为"10.1.1.1"、掩码为"255.255.255.0"。输入完成后单击"确认"按钮，操作如图 6-193 所示。

图 6-193

步骤 24：配置大型机房 1 中路由器 RT2 的接口 IP 地址。单击"设备导航"栏中的大型机房 1，选择路由器 RT2，在主界面"设备属性"中选择"数据配置"，然后选择"接口配置"→"物理接口配置"。配置接口 GE-1/1/1 的 IP 地址为"10.0.2.2"、掩码为"255.255.255.252"。配置接口 GE-1/1/2 的 IP 地址为"10.0.3.2"、掩码为"255.255.255.252"。配置接口 GE-1/1/3 的 IP 地址为"112.14.10.2"、掩码为"255.255.255.240"。完成后单击"确认"按钮，如图 6-194 所示。

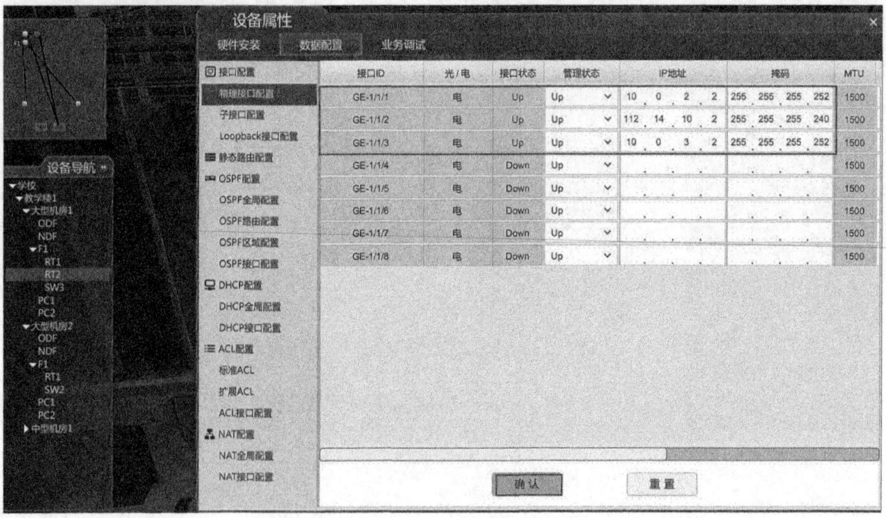

图 6-194

步骤 25：配置大型机房 2 中路由器 RT1 的接口 IP 地址。单击"设备导航"栏中的大型机房 2，单击路由器 RT1，在主界面"设备属性"中选择"数据配置"，然后选择"接口配置"→"物理接口配置"。配置接口 GE-1/1/1 的 IP 地址为"10.0.1.2"、掩码为"255.255.255.252"。配置接口 GE-1/1/2 的 IP 地址为"10.0.3.1"、掩码为"255.255.255.252"。配置接口 GE-1/1/3 的 IP 地址为"10.2.1.1"、掩码为"255.255.255.0"。完成后单击"确认"按钮，如图 6-195 所示。

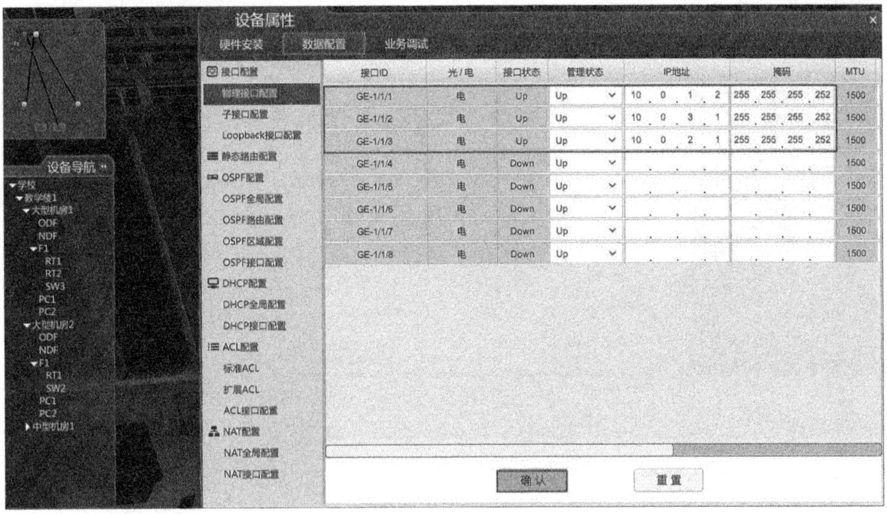

图 6-195

步骤 26：配置中型机房 1 中路由器 RT1 的接口 IP 地址。单击"设备导航"栏中的中型机房，单击路由器 RT1，在主界面"设备属性"中选择"数据配置"，然后选择"接口配置"→"物理接口配置"。配置接口 GE-1/1/1 的 IP 地址为"112.14.10.1"、掩码为"255.255.255.240"。完成后单击"确认"按钮，如图 6-196 所示。

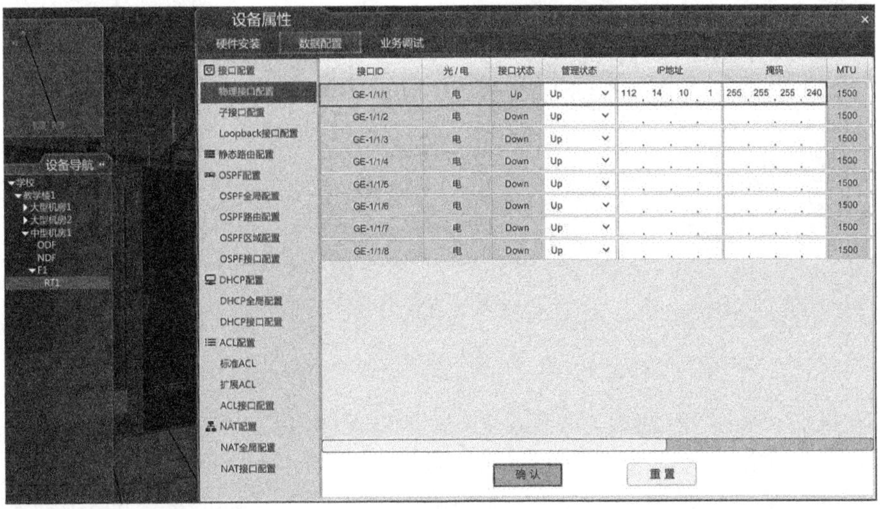

图 6-196

步骤 27：配置大型机房 2 中的交换机 SW2 的接口 VLAN 数据。单击大型机房 2，配置 SW2 的 GE-1/1/1、GE-1/1/2、GE-1/1/3 接口的 PVID 均为 20，输入"20"，完成输入后单击"确认"按钮，如图 6-197 所示。

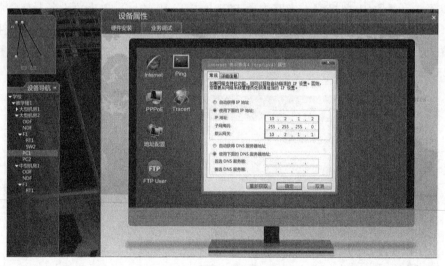

图 6-197

步骤 28：配置大型机房 2 下 PC 的 IP 地址。单击切换到 PC1 中，然后选择"地址配置"。输入 IP 地址为"10.2.1.2"、子网掩码为"255.255.255.0"、默认网关为"10.2.1.1"，操作如图 6-198 所示。

图 6-198

单击 PC2，输入 IP 地址为"10.2.1.3"、子网掩码为"255.255.255.0"、默认网关为"10.2.1.1"，完成输入后单击"确定"按钮，操作如图 6-199 所示。

步骤 29：配置各路由器的 Loopback 接口地址。单击大型机房 1 下路由器 RT1，在主界面"设备属性"中选择"数据配置"，然后选择"接口配置"→"Loopback 接口配置"，配置 Loopback 接口 ID 为"0"，RT1 的 loopback0 的 IP 地址为"1.1.1.1"、子网掩码为"255.255.255.255"，完成后单击"确认"按钮，如图 6-200 所示。

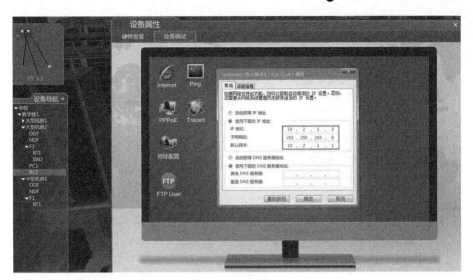

图 6-199

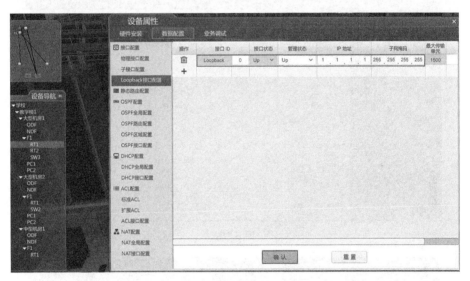

图 6-200

单击大型机房 1 下路由器 RT2，配置 RT2 的 loopback 地址，接口 ID 为 "0"，RT2 的 loopback0 的 IP 地址为 "3.3.3.3"、子网掩码为 "255.255.255.255"，完成后单击 "确认" 按钮，如图 6-201 所示。

单击 "设备导航" 中的大型机房 2，配置 RT1 的 loopback 地址，接口 ID 为 "0"，RT1 的 loopback0 的 IP 地址为 "2.2.2.2"、子网掩码为 "255.255.255.255"，完成后单击 "确认" 按钮，如图 6-202 所示。

步骤 30：完成大型机房 1 中的路由器 RT1 的 OSPF 全局配置，单击路由器 RT1，在主界面 "设备属性" 中选择 "数据配置"，然后选择 "OSPF 配置" → "OSPF 全局配置"，设置全局 OSPF 状态为 "启用"，进程号为 "1"，Router-id 数值为 "1.1.1.1"，其他选项采用默认选项，完成后单击 "确认"，如图 6-203 所示。

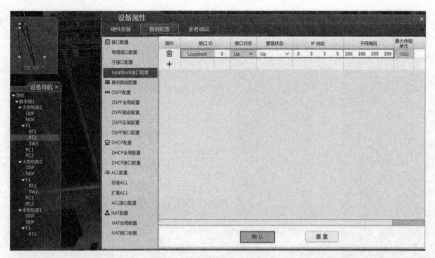

图 6-201

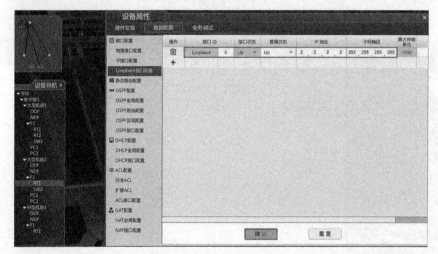

图 6-202

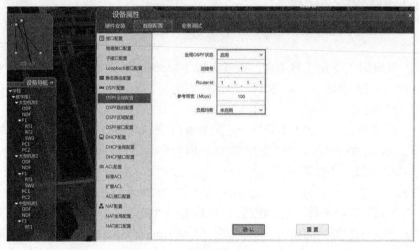

图 6-203

单击路由器RT1，在主界面"设备属性"中选择"数据配置"，然后选择"OSPF配置"→"OSPF路由配置"，配置"路由宣告"，输入网络地址为"10.0.1.0"、通配符为"0.0.0.3"、区域为"0.0.0.0"。输入网络地址为"10.0.2.0"、通配符为"0.0.0.3"、区域为"0.0.0.0"，完成后单击"确认"，如图6-204所示。

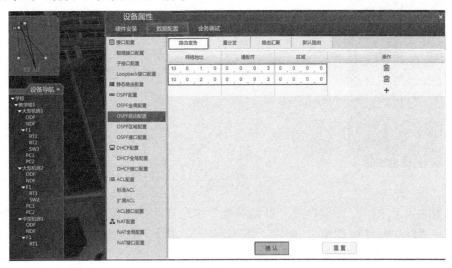

图6-204

单击路由器RT1，在主界面"设备属性"中选择"数据配置"，然后选择"OSPF配置"→"OSPF路由配置"，配置"重分发"，选择"直连路由"，单击"启用"，完成后单击"确认"，如图6-205所示。

图6-205

步骤31：完成大型机房2中路由器RT1的OSPF全局配置。单击路由器RT1，在主界面"设备属性"中选择"数据配置"，然后选择"OSPF配置"→"OSPF全局配置"，设置全局OSPF状态为"启用"，进程号为"1"，Router-id为"2.2.2.2"，其他选项采用默认选项，完成后单击"确认"按钮，操作如图6-206所示。

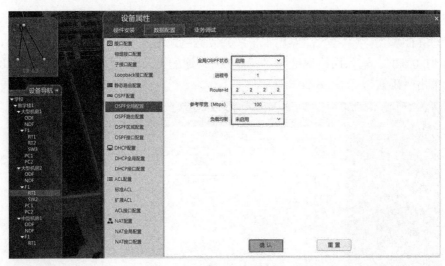

图 6-206

单击路由器 RT1，在主界面"设备属性"中选择"数据配置"，然后选择"OSPF 配置"→"OSPF 路由配置"，配置"路由宣告"，输入网络地址为"10.0.1.0"、通配符为"0.0.0.3"、区域为"0.0.0.0"。输入网络地址为"10.0.3.0"、通配符为"0.0.0.3"、区域为"0.0.0.0"，完成后单击"确认"按钮，操作如图 6-207 所示。

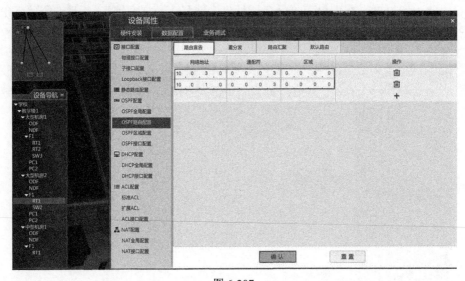

图 6-207

单击路由器 RT1，在主界面"设备属性"中选择"数据配置"，然后选择"OSPF 配置"→"OSPF 路由配置"，配置"重分发"，选择"直连路由"，单击"启用"，完成后单击"确认"按钮，操作如图 6-208 所示。

步骤 32：切换到大型机房 1 中路由器 RT2 的 OSPF 全局配置。单击路由器 RT2，在主界面"设备属性"中选择"数据配置"，然后选择"OSPF 配置"→"OSPF 全局配置"，设置全局 OSPF 状态为"启用"，进程号为"1"，Router-id 为"3.3.3.3"，其他选项采用默认选项，完成后单击"确认"，如图 6-209 所示。

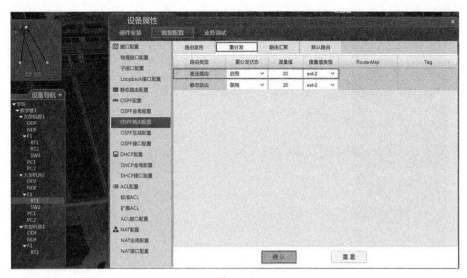

图 6-208

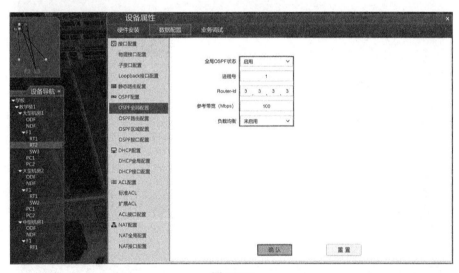

图 6-209

单击路由器 RT2，在主界面"设备属性"中选择"数据配置"，然后选择"OSPF 配置"→"OSPF 路由配置"，配置"路由宣告"，输入网络地址为"10.0.2.0"、通配符为"0.0.0.3"、区域为"0.0.0.0"。输入网络地址为"10.0.3.0"、通配符为"0.0.0.3"、区域为"0.0.0.0"，完成后单击"确认"，如图 6-210 所示。

步骤 33：在大型机房 1 的 RT2 上配置一条默认路由。选择"设备属性"中的"数据配置"→"静态路由配置"，单击"+"，然后增加两个网段的静态路由。分别输入目的地址为"0.0.0.0"、子网掩码为"0.0.0.0"、下一跳为"112.14.10.1"，完成输入后单击"确认"，操作如图 6-211 所示。

单击路由器 RT2，在主界面"设备属性"中选择"数据配置"，然后选择"OSPF 配置"→"OSPF 路由配置"，配置"默认路由"，勾选"通告默认路由"和"无条件通告"，完成后单击"确认"，如图 6-212 所示。

图 6-210

图 6-211

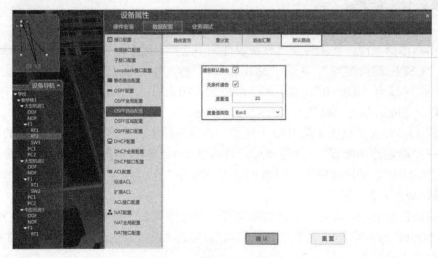

图 6-212

步骤 34：在大型机房 1 的 RT2 上配置一条标准 ACL。选择"设备属性"中的"数据配置"→"ACL 配置"，单击"+"，输入规则为"1"、动作为"Permit"、源 IP 地址为"10.1.1.0"、通配符为"0.0.0.255"，完成后单击"确认"，如图 6-213 所示。

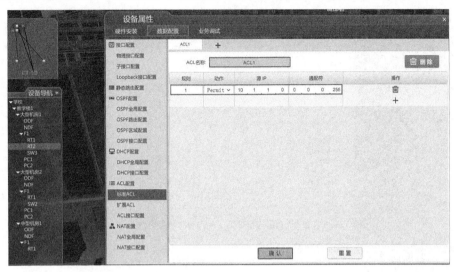

图 6-213

步骤 35：配置静态 NAT。大型机房 2 中 PC1（Web1）映射公网地址为 112.14.10.3，大型机房 2 中 PC2（Web2）映射公网地址为 112.14.10.4。单击大型机房 1 中的路由器 RT2，选择"设备属性"中的"数据配置"→"NAT 配置"→"NAT 全局配置"，单击"静态 NAT"，单击"+"，输入名称为"web1"、本地 IP 地址为"10.2.1.2"、外部 IP 地址为"112.14.10.3"，增加一条"web2"、本地 IP 为"10.2.1.3"、外部 IP 为"112.14.10.4"，完成单击"确认"，如图 6-214 所示。

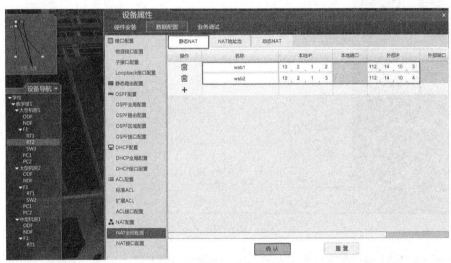

图 6-214

步骤 36：配置动态 NAT。根据数据规划，内部私网用户 NAT 映射公网地址池为 112.14.10.5--112.14.10.10。单击大型机房 1 中的路由器 RT2，选择"设备属性"中的"数据配置"→"NAT 配置"→"NAT 全局配置"，单击"NAT 地址池"，单击"+"，输入名称为"nat"、起始 IP 为"112.14.10.5"、结束 IP 为"112.14.10.10"、子网掩码为"255.255.255.0"，完成后单击"确认"，如图 6-215 所示。

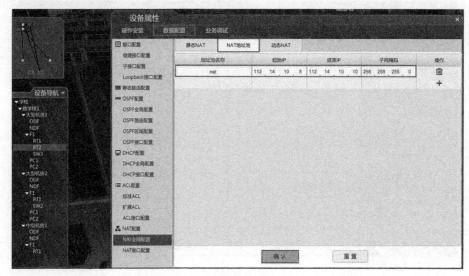

图 6-215

单击"动态 NAT"，单击"+"，输入名称为"nat1"，ACL 名称选择已添加的"NAT 地址池"→"ACL1"，地址名称选择"nat"，完成后单击"确认"，如图 6-216 所示。

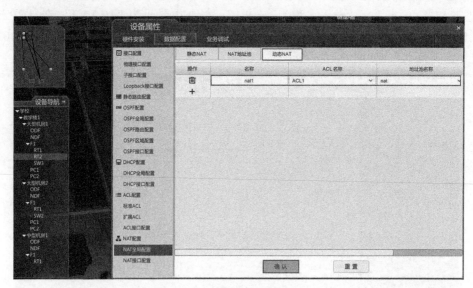

图 6-216

步骤 37：NAT 接口配置。单击大型机房 1 中的路由器 RT2，选择"设备属性"→"数据配置"→"NAT 配置"，单击"NAT 接口配置"，将接口 GE-1/1/1 和 GE-1/1/3 的"绑定方向"选择为"In"，将接口 GE-1/1/3 的"绑定方向"选择为"Out"，完成后单击"确认"，如图 6-217 所示。

图 6-217

步骤 38：增加公网路由器（中型机房 1 中路由器 RT1）至校园网内部网络的静态路由。单击中型机房 1 中的路由器 RT1，选择"设备属性"中的"数据配置"→"静态路由配置"。单击"+"，新增一条静态路由，输入目的地址为"112.14.10.0"、子网掩码"255.255.255.0"、下一跳"112.14.10.2"，完成输入后单击"确认"按钮，操作如图 6-218 所示。

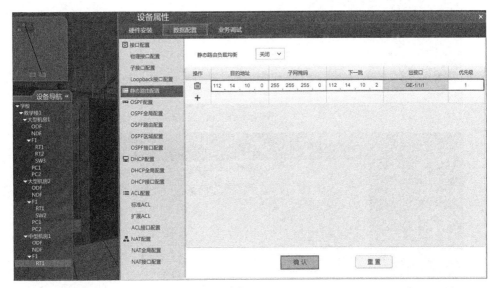

图 6-218

步骤 39：查看路由器 OSPF 状态。单击大型机房 1 下的路由器 RT1，选择"设备属性"下的"业务调试"→"OSPF 状态"，查看 OSPF 状态表下生成的表项，OSPF 接口表、OSPF 邻居表、OSPF 链路状态数据库表，如图 6-219、图 6-220、图 6-221 所示。

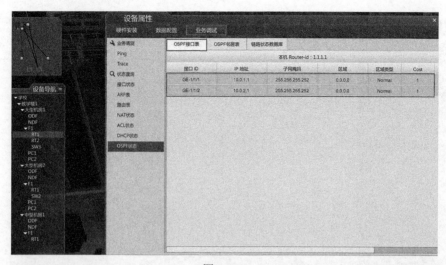

图 6-219

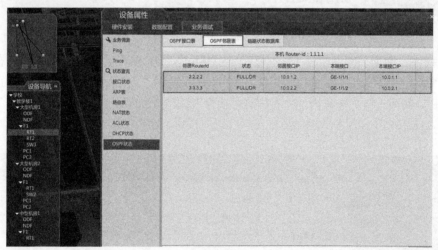

图 6-220

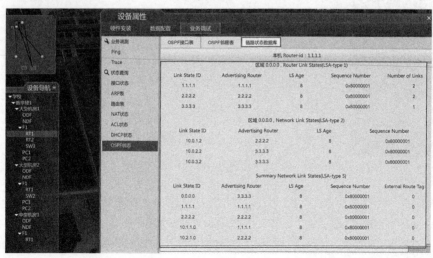

图 6-221

步骤 40：查看大型机房 1 中路由器 RT2 的路由表及 NAT 表。查看 RT2 的路由表，确认它存在一条缺省路由，如图 6-222 所示。查看 RT2 分配的 NAT 公网地址，如图 6-223 所示。

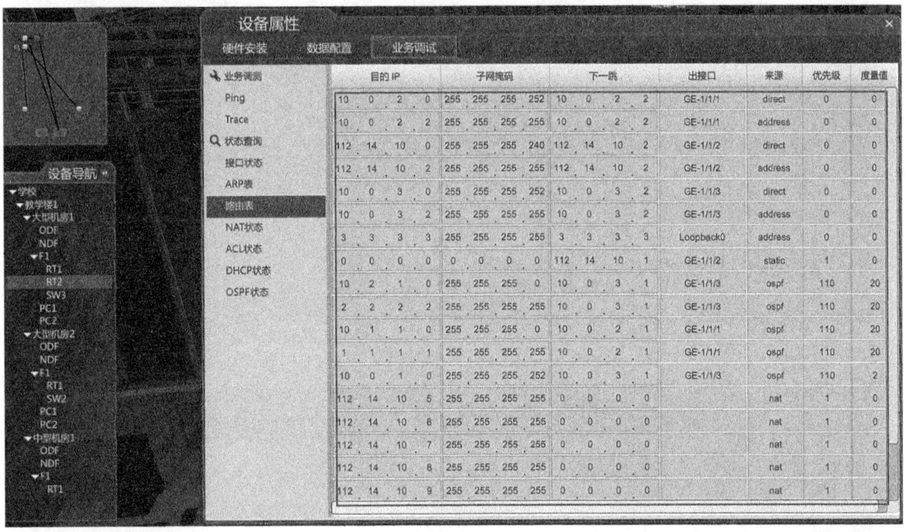

图 6-222

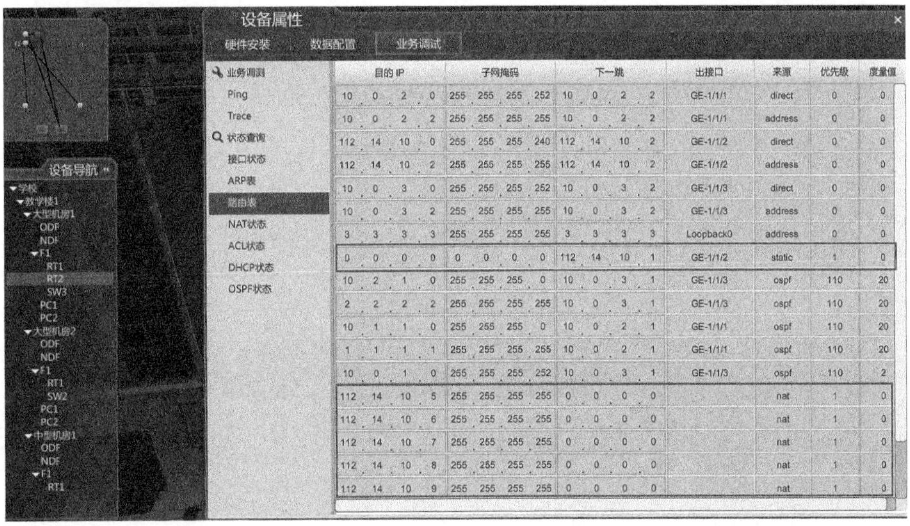

图 6-223

步骤 41：测试内部地址与公网地址的互通性。单击大型机房 1 中 PC1，单击桌面的"Ping"图标，在 PC 中输入公网的目的 IP 地址"112.14.10.1"，然后单击执行，测试结果如图 6-224 所示。

步骤 42：测试公网与 Web 服务器的连通性。单击中型机房 RT1，在"业务调试"中选择 Ping，输入 Web 服务器的公网地址，单击"执行"，测试结果如图 6-225 所示。

当 Ping 测试时输入 Web 服务器的内部私网地址，测试结果显示不成功，如图 6-226 所示。

图 6-224

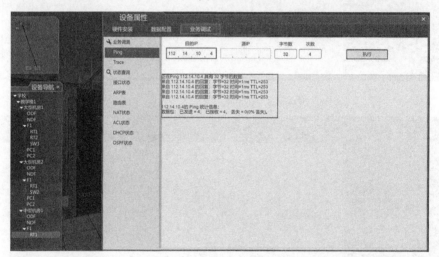

图 6-225

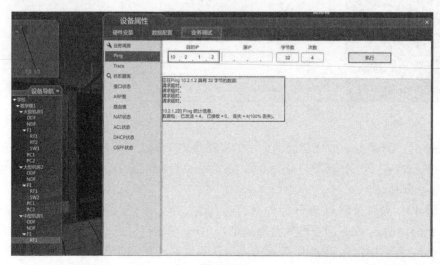

图 6-226

通过实训任务六，验证了静态 NAT 和动态 NAT 在校园网中的应用。当公网 IP 地址不足时，网络管理人员可以采用 NAT 方式，使私网用户共用公网地址访问互联网。在配置动态 NAT 时，网络管理人员需要使用 ACL 实现源地址和目的地址的关联。

对于本实训任务中的测试 PC 终端，它们采用的是静态分配 IP 地址方式。有兴趣的读者可以尝试采用 DHCP 方式，使 PC 终端动态获取 IP 地址，最终的结果都是一样的。

6.4 思考与总结

6.4.1 课后思考

1．扩展 ACL 和标准 ACL 相比在技术实现和应用上有什么优势？

2．在配置 DHCP 服务器时，地址租期该如何设置？是否建议采用默认配置？

3．在路由器或网关设备配置完动态 NAT 映射后，外部用户是否可以主动与内部用户通信？为什么？

4．静态 NAT 和动态 NAT 主要的区别是什么？

6.4.2 实训总结

1．标准 ACL 是一种"粗放型"的访问控制元素集合，设备解析报文的源 IP 地址可以控制报文是通过还是丢弃。

2．扩展 ACL 用于精确匹配 IP 报文的特定字段，如源 IP、目的 IP、协议号、通配符、优先级等，提供丰富的匹配条件以精确控制报文的通过或丢弃。

3．二层 ACL 被应用于交换机中，通过解析报文的 VLAN 标签及协议号等进行报文过滤。

4．DHCP/DHCP 中继技术广泛应用于网络中的终端动态获取地址池的地址，当租期到期后，自动释放 IP 地址，实现 IP 地址的充分复用。

5．NAT 可以减缓 IP 公网地址不足的问题，实现公网 IP 地址的复用。NAT 映射需要结合 ACL，实现公网和私网的关联。

实训单元 7

网络管理与故障排查

7.1 实训说明

7.1.1 实训目的

利用所学知识点分析及排查网络故障点。

7.1.2 实训任务

任务一：静态路由故障排查。
任务二：默认路由故障排查。
任务三：OSPF 邻居关系故障排查。

7.1.3 实训时长

2 小时。

7.2 问题描述

1. 图 7-1 所示的组网拓扑中，PC1 可以和 PC2 通信，但是 PC1 和 PC3 不能通信。
查看 R1 的路由表信息如图 7-2 所示。
查看 R2 的路由表信息如图 7-3 所示。

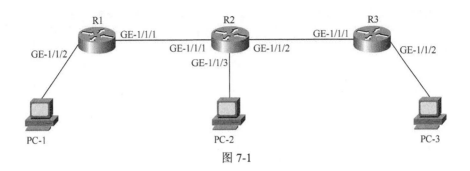

图 7-1

目的IP	子网掩码	下一跳	出接口	路由来源	优先级
192.168.1.1	255.255.255.255	192.168.1.1	GE-1/1/2	address	0
192.168.1.0	255.255.255.0	192.168.1.1	GE-1/1/2	direct	0
10.10.10.1	255.255.255.255	10.10.10.1	GE-1/1/1	address	0
10.10.10.0	255.255.255.252	10.10.10.2	GE-1/1/1	direct	0
0.0.0.0	0.0.0.0	10.10.10.2	GE-1/1/1	static	60

图 7-2

目的IP	子网掩码	下一跳	出接口	路由来源	优先级
10.10.10.1	255.255.255.255	10.10.10.1	GE-1/1/1	direct	0
10.10.10.0	255.255.255.252	10.10.10.2	GE-1/1/1	address	0
0.0.0.0	0.0.0.0	10.10.10.1	GE-1/1/1	static	60
20.20.20.0	255.255.255.252	20.20.20.2	GE-1/1/2	direct	0
20.20.20.1	255.255.255.255	20.20.20.1	GE-1/1/2	address	0
192.168.2.0	255.255.255.0	192.168.2.1	GE-1/1/3	direct	0
192.168.2.1	255.255.255.255	192.168.2.1	GE-1/1/3	address	0

图 7-3

查看 R3 的路由表信息如图 7-4 所示。

请根据上述拓扑及路由信息，分析 PC-1 和 PC-3 不能通信的原因？该如何修改配置才能使 PC-1 和 PC-3 通信正常？

目的IP	子网掩码	下一跳	出接口	路由来源	优先级
192.168.3.1	255.255.255.255	192.168.3.1	GE-1/1/2	address	0
192.168.3.0	255.255.255.0	192.168.3.1	GE-1/1/2	direct	0
20.20.20.0	255.255.255.252	20.20.20.1	GE-1/1/1	direct	0
20.20.20.2	255.255.255.255	20.20.20.2	GE-1/1/1	address	0
0.0.0.0	0.0.0.0	20.20.20.1	GE-1/1/1	static	60

图 7-4

2. 图 7-5 的组网中经常出现 RT1 和 RT4 无法 Ping 通 PC 主机的情况。

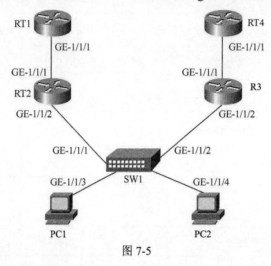

图 7-5

网络设备接口地址规划见表 7-1。

表 7-1

设备	接口	IP 地址及掩码
RT1	GE-1/1/1	20.20.20.1/30
RT2	GE-1/1/1	20.20.20.2/30
	GE-1/1/2	30.30.1.2/24
RT3	GE-1/1/1	40.40.40.2/30
	GE-1/1/2	30.30.2.2/24
RT4	GE-1/1/1	40.40.40.1/30
	GE-1/1/1	Access 10
	GE-1/1/2	Access 20
	GE-1/1/3	Access 30
	GE-1/1/4	Access 40
SW1	Vlanif10	30.30.1.1/24
	Vlanif20	30.30.2.1/24
	Vlanif30	30.30.3.1/24
	Vlanif40	30.30.4.1/24
PC-1	GE-1/1/1	30.30.3.2/24
PC-2	GE-1/1/1	30.30.4.2/24

RT1 路由表信息如图 7-6 所示。

目的 IP	子网掩码	下一跳	出接口	来源	优先级	度量值
20 . 20 . 20 . 0	255 . 255 . 255 . 252	20 . 20 . 20 . 1	GE-1/1/1	direct	0	0
20 . 20 . 20 . 1	255 . 255 . 255 . 255	20 . 20 . 20 . 1	GE-1/1/1	address	0	0
0 . 0 . 0 . 0	0 . 0 . 0 . 0	20 . 20 . 20 . 2	GE-1/1/1	static	1	0

图 7-6

RT2 路由表信息如图 7-7 所示。

目的 IP	子网掩码	下一跳	出接口	来源	优先级	度量值
20 . 20 . 20 . 0	255 . 255 . 255 . 252	20 . 20 . 20 . 2	GE-1/1/1	direct	0	0
20 . 20 . 20 . 2	255 . 255 . 255 . 255	20 . 20 . 20 . 2	GE-1/1/1	address	0	0
30 . 30 . 1 . 0	255 . 255 . 255 . 0	30 . 30 . 1 . 2	GE-1/1/2	direct	0	0
30 . 30 . 1 . 2	255 . 255 . 255 . 255	30 . 30 . 1 . 2	GE-1/1/2	address	0	0
0 . 0 . 0 . 0	0 . 0 . 0 . 0	30 . 30 . 1 . 1	GE-1/1/2	static	1	0

图 7-7

SW1 路由表信息如图 7-8 所示。

目的 IP	子网掩码	下一跳	出接口	来源	优先级	度量值
30 . 30 . 1 . 0	255 . 255 . 255 . 0	30 . 30 . 1 . 1	VLAN 10	direct	0	0
30 . 30 . 1 . 1	255 . 255 . 255 . 255	30 . 30 . 1 . 1	VLAN 10	address	0	0
30 . 30 . 2 . 0	255 . 255 . 255 . 0	30 . 30 . 2 . 1	VLAN 20	direct	0	0
30 . 30 . 2 . 1	255 . 255 . 255 . 255	30 . 30 . 2 . 1	VLAN 20	address	0	0
30 . 30 . 3 . 0	255 . 255 . 255 . 0	30 . 30 . 3 . 1	VLAN 30	direct	0	0
30 . 30 . 3 . 1	255 . 255 . 255 . 255	30 . 30 . 3 . 1	VLAN 30	address	0	0
30 . 30 . 4 . 0	255 . 255 . 255 . 0	30 . 30 . 4 . 1	VLAN 40	direct	0	0
30 . 30 . 4 . 1	255 . 255 . 255 . 255	30 . 30 . 4 . 1	VLAN 40	address	0	0
0 . 0 . 0 . 0	0 . 0 . 0 . 0	30 . 30 . 2 . 2	VLAN 10	static	1	0
0 . 0 . 0 . 0	0 . 0 . 0 . 0	30 . 30 . 2 . 2	VLAN 20	static	1	0

图 7-8

RT3 路由表信息如图 7-9 所示。

目的 IP	子网掩码	下一跳	出接口	来源	优先级	度量值
40 . 40 . 40 . 0	255 . 255 . 255 . 252	40 . 40 . 40 . 2	GE-1/1/1	direct	0	0
40 . 40 . 40 . 2	255 . 255 . 255 . 255	40 . 40 . 40 . 2	GE-1/1/1	address	0	0
30 . 30 . 2 . 0	255 . 255 . 255 . 0	30 . 30 . 2 . 2	GE-1/1/2	direct	0	0
30 . 30 . 2 . 2	255 . 255 . 255 . 255	30 . 30 . 2 . 2	GE-1/1/2	address	0	0
0 . 0 . 0 . 0	0 . 0 . 0 . 0	30 . 30 . 2 . 1	GE-1/1/2	static	1	0

图 7-9

RT4 路由表信息如图 7-10 所示。

从 RT1 Ping PC1 的 IP 地址 30.30.3.2 或 PC2 的 IP 地址 30.30.4.2 结果分别如图 7-11 及图 7-12 所示，存在 Ping 不通的问题。

目的 IP	子网掩码	下一跳	出接口	来源	优先级	度量值
40 . 40 . 40 . 0	255 . 255 . 255 . 252	40 . 40 . 40 . 1	GE-1/1/1	direct	0	0
40 . 40 . 40 . 1	255 . 255 . 255 . 255	40 . 40 . 40 . 1	GE-1/1/1	address	0	0
0 . 0 . 0 . 0	0 . 0 . 0 . 0	40 . 40 . 40 . 2	GE-1/1/1	static	1	0

图 7-10

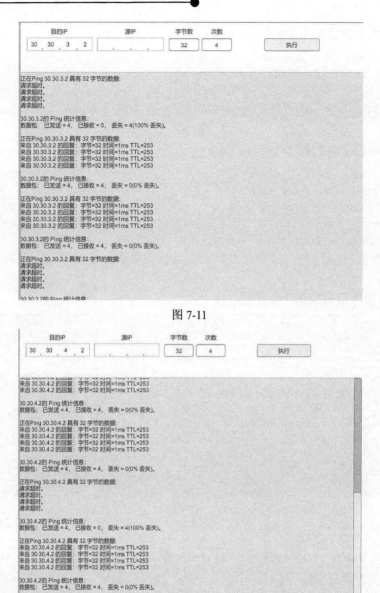

图 7-11

图 7-12

请结合数据规划及设备路由表信息分析产生该问题的原因？结合该问题，在实际的网络规划中要注意什么事项？

在哪台设备上修改配置可以保证在链路及设备正常的情况下，RT1 及 RT4 和 PC 间正常通信？

3. 四台路由器运行 OSPF 协议，组网及接口连接关系如图 7-13 所示。

路由器间接口信息见表 7-2。

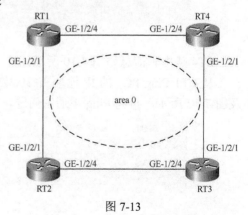

图 7-13

表 7-2

路由器	接口	IP 地址及子网掩码
RT1	GE-1/2/1	20.0.1.1/255.255.255.252
	GE-1/2/4	20.0.4.1/255.255.255.252
RT2	GE-1/2/1	20.0.1.2/255.255.255.252
	GE-1/2/4	20.0.2.1/255.255.255.252
RT3	GE-1/2/1	20.0.3.1/255.255.255.252
	GE-1/2/4	20.0.2.2/255.255.255.252
RT4	GE-1/2/1	20.0.3.2/255.255.255.252
	GE-1/2/4	20.0.4.2/255.255.255.252

RT1 的接口配置及 OSPF 相关配置如图 7-14、图 7-15、图 7-16 所示。

接口ID	光/电	接口状态	管理状态	IP地址	掩码	MTU
GE-1/1/1	光	Down	Up	. . .	. . .	1500
GE-1/1/2	光	Down	Up	. . .	. . .	1500
GE-1/1/3	光	Down	Up	. . .	. . .	1500
GE-1/1/4	光	Down	Up	. . .	. . .	1500
GE-1/2/1	电	Up	Up	20 . 0 . 1 . 1	255 . 255 . 255 . 252	1500
GE-1/2/2	电	Down	Up	. . .	. . .	1500
GE-1/2/3	电	Down	Up	. . .	. . .	1500
GE-1/2/4	电	Up	Up	20 . 0 . 4 . 1	255 . 255 . 255 . 252	1500

图 7-14

设备属性

硬件安装　数据配置　业务调试

- 接口配置
  - 物理接口配置
  - 子接口配置
  - Loopback接口配置
- 静态路由配置
- OSPF配置
  - OSPF全局配置
  - OSPF路由配置
  - OSPF区域配置
  - OSPF接口配置
- DHCP配置
  - DHCP全局配置
  - DHCP接口配置
- ACL配置
  - 标准ACL
  - 扩展ACL
  - ACL接口配置
- NAT配置
  - NAT全局配置
  - NAT接口配置

全局OSPF状态	启用
进程号	1
Router-Id	20 . 0 . 4 . 1
参考带宽（Mbps）	100
负载均衡	未启用

确认　　重置

图 7-15

图 7-16

RT2 的接口配置及 OSPF 相关配置如图 7-17、图 7-18、图 7-19 所示。

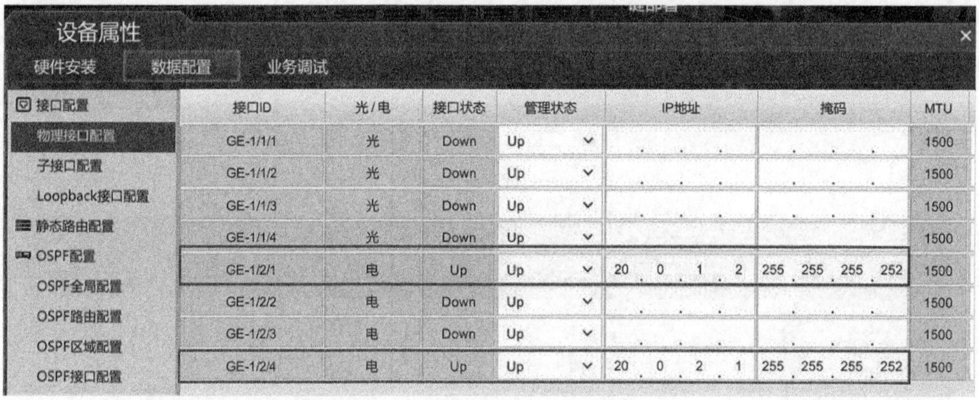

图 7-17

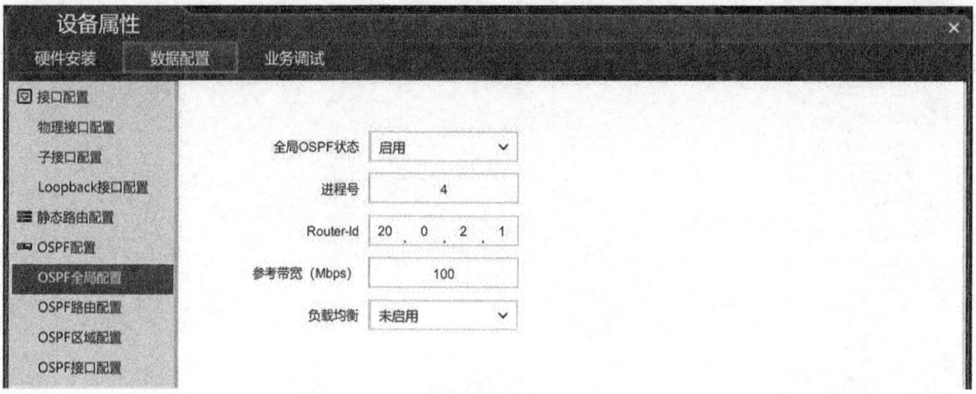

图 7-18

图 7-19

RT3 的接口配置及 OSPF 相关配置如图 7-20、图 7-21、图 7-22 所示。

设备属性

硬件安装 | 数据配置 | 业务调试

接口ID	光/电	接口状态	管理状态	IP地址	掩码	MTU
GE-1/1/1	光	Down	Up	. . .	. . .	1500
GE-1/1/2	光	Down	Up	. . .	. . .	1500
GE-1/1/3	光	Down	Up	. . .	. . .	1500
GE-1/1/4	光	Down	Up	. . .	. . .	1500
GE-1/2/1	电	Up	Up	20 . 0 . 3 . 1	255 . 255 . 255 . 252	1500
GE-1/2/2	电	Down	Up	. . .	. . .	1500
GE-1/2/3	电	Down	Up	. . .	. . .	1500
GE-1/2/4	电	Up	Up	20 . 0 . 2 . 2	255 . 255 . 255 . 252	1500

图 7-20

设备属性

硬件安装 | 数据配置 | 业务调试

接口配置
物理接口配置
子接口配置
Loopback接口配置
静态路由配置
OSPF配置
OSPF全局配置
OSPF路由配置
OSPF区域配置
OSPF接口配置

全局OSPF状态	启用
进程号	3
Router-Id	20 . 0 . 3 . 1
参考带宽（Mbps）	100
负载均衡	未启用

图 7-21

图 7-22

RT4 的接口配置及 OSPF 相关配置如图 7-23、图 7-24、图 7-25 所示。

图 7-23

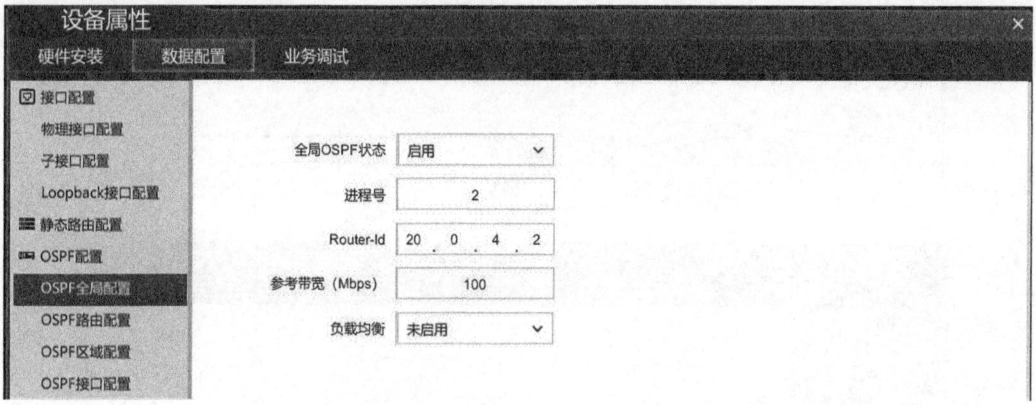

图 7-24

图 7-25

请思考：

1．这四台路由器的 OSPF 邻居关系是否建立成功？为什么？

2．这四台路由器的 OSPF 全局配置有问题吗？

3．如果路由器 OSPF 邻居关系无法建立，产生该问题的原因有哪几个？

实训单元 8

网络设计

8.1 实训说明

8.1.1 实训目的

利用所学知识点进行综合组网设计。

8.1.2 实训任务

任务一：设计一个小型企业网。
任务二：设计一个校园网。

8.1.3 实训时长

2 小时。

8.2 设计要求

1. 某互联网企业内部有总经办、研发部、市场部、运维部、财务部、产品部共六个部门。其中总经办共 5 人、研发部有 40 名员工、市场部 20 名员工、运维部 10 名员工、财务部 5 名员工、产品部 10 员工，每个工作人员名下配备一台固定办公 PC 机。公司配置了 3 台 Web 服务器，10 台公共 PC 机，各部门为独立办公区。其中研发部限制不能直接访问外网；其他部门均有访问外网的需要。

该公司向运营商共申请了 5 个公网地址（211.102.100.5～211.102.100.9），需要分配

3 个公网地址用于 Web 服务器、2 个公网地址用于 NAT。公司内部统一使用 10.1.1.0/24 网段地址。

如果该公司共采购 10 台 24 电口三层交换机、一台路由器（24 电口，具备 NAT 功能），请合理设计规划该网络（给出设计拓扑图和规划表），并保证网络畅通。

请结合上述设计要求，给出设计组网图和规划数据。

2. 某学校需要组建一个大型局域网，校内共约有 1 万用户需要连接互联网。局域网在层级上划分为核心区、学生宿舍区、校务办公区、后勤区。为了保证校园网出口的稳定性，需要将校园网两台核心路由器分别连接至不同的运营商出口设备（假设在网络稳定时，校园网必须优先通过连接至 ISP1 的出口访问 Internet，ISP2 作为备用出口）。其中：

① 校务办公区共有 700 台办公 PC，校园网宿舍区共有 9000 左右用户终端，后勤区共有 300 个接入终端；

② 校园网内部采用环型组网，各区域内的网关设备均为三层交换机（动态路由学习能力在 300 条左右），交换机网关设备双上连至核心区两台路由器；

③ 校园网内使用的私网地址为 172.16.0.0/16，核心层、汇聚层网络拓扑如图 8-1 所示；

④ 连接至 ISP1 的可用公网地址为 20.20.20.1/25，连接至 ISP2 的可用公网地址为 30.30.30.2/26；

⑤ 在网络中，暂不考虑 NAT 问题及接入层至用户终端接入方式。

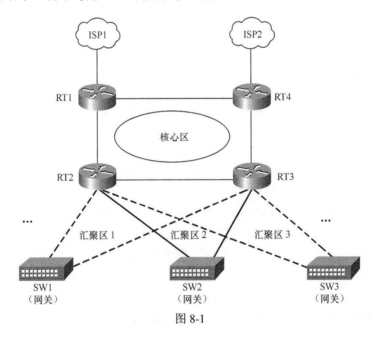

图 8-1

请设计该校园网的汇聚层及核心层的网络实现，互联接口请自行设计（以方便维护为参考），互联接口地址需要和业务地址区分开，需要单独从 172.16.0.0/16 中选出一个 C 类地址段使用。

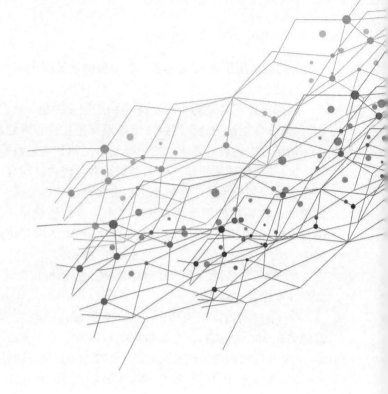

实训答案

1.4.1 课后思考

校园网拓扑结构中路由器采用环形互联有什么好处？

答：采用环形组网时网络设备链路形成环路保护。当网络中的某条链路出故障时，环形组网可以在不影响业务感知的情况下实现路由的快速收敛及业务快速切换。当然，环形组网在设计时需要尽量避免出现二层环路问题。

2.3 实训步骤

任务一：为什么在进行 Ping 测试前（如图 2-27 所示），交换机的 MAC 地址表没有 VLAN 10 的相关表项？

答：交换机 MAC 地址表的建立是通过解析业务报文得到（报文的源 MAC 学习）的。交换机不进行 Ping 测试，正常的业务报文（如 ARP 报文）则不会发往交换机中，所以交换机中没有 VLAN 10 的相关表项。

任务四：交换机配置 VLANIF 接口，实现 VLAN 间互通，本任务中的 PC1 Ping PC2 时，报文的目的 MAC 地址是什么？

答：Ping 报文的目的 MAC 地址为 PC1 网关的 MAC 地址。当交换机进行 Ping 操作时，IP 层通过查找目的地址，确认目的地址不在本网段中，目的地址则匹配默认路由（下一跳为网关设备），PC1 需要将报文发送至网关设备进行转发。所以当报文的目的地址不在本网段时，Ping 报文的目的 MAC 地址为网关的 MAC 地址。

2.4.1 课后思考

1. 交机中划分 VLAN 后对局域网有哪些好处？

答：① 限制广播域：广播域被限制在一个 VLAN 内，节省了带宽，提高了网络处理能力。

② 增强局域网的安全性：不同 VLAN 内的报文在传输时是相互隔离的，即一个 VLAN 内的用户不能和其他 VLAN 内的用户直接通信。

③ 提高了网络的健壮性：故障被限制在一个 VLAN 内，本 VLAN 内的故障不会影响其他 VLAN 的正常工作。

④ 灵活构建虚拟局域网：用 VLAN 可以划分不同的用户到不同的工作组，同一工作组的用户也不必局限于某一固定的物理范围，网络构建和维护更方便灵活。

2. 在实训过程中，交换机在完成配置后，MAC 表项或三层 ARP 表项为空或不完全，在终端发起 Ping 测试操作后，交换机中的 MAC 表项或 ARP 表项则存在数据，这说明了交换机的 MAC 表具有什么特性？

答：说明了交换机的 MAC 表的建立是基于接收的业务报文而进行学习的。即遵循对业务报文"源 MAC 学习、目的 MAC 转发"。

3. 实训过程验证了二层交换机中没有 ARP 表项，请说明原因。

答：ARP 表项记录设备的 MAC 地址和 IP 地址的映射关系，ARP 归属于 TCP/IP 的网络层（或称为 IP 层）。二层交换机属于数据链路层，它处理以太网数据帧（不涉及 IP 层的处理）。所以，二层交换机中没有 ARP 表项。

3.3　实训步骤

任务一：路由器配置 Loopback 接口后，路由表中显示的来源为"address"表示什么？

答：路由器配置 Loopback 接口后，在路由表中显示的来源为"address"表示设备本端接口的 IP 地址。

任务二：1. 路由器间配置子接口互联，路由器通过接口发送或接收的报文是否携带 VLAN 标签？

答：路由器间配置子接口互联，路由器通过接口发送或接收的报文携带 VLAN 标签。此时，路由器的接口相当于交换机的 Trunk 口，发送和接收的报文都携带 VLAN 标签。路由器通过逻辑子接口区分不同的 VLAN 和业务。

2. 路由器的 ARP 表项中的类型字段有静态和动态之分，它们有什么区别？

路由器的 ARP 表项中的类型字段有静态和动态之分，其中动态 ARP 表示路由器通过 ARP 报文动态触发学习到的 ARP 表项，它记录的是本网段内其他 IP 地址和 MAC 映射关系，它存在老化时间。静态 ARP 表示路由器三层接口的 IP 地址和 MAC 地址映射关系，当端口状态为 UP 时，则一定会产生一条静态（static 类型）的 ARP 表项，它不存在老化时间（只和端口状态有关）。

任务三：结合实训任务二和实训任务三，如果路由器先配置了子接口数据（VLAN 及 IP），主接口是否还可配置数据？为什么？

答：可以配置。路由器三层接口具备二层口的功能，类型于 Trunk 口。它支持主接采用三层对接（不携带 VLAN 标签），子接口采用终结 VLAN 对接。

任务四：单臂路由和 VLAN 间路由都可实现不同 VLAN 间的互相通信。它们的原理是否一致？

答：一致。单臂路由是为了实现不同 VLAN 间的通信而设计的，而 VLAN 间路由

是单臂路由的改进，在交换机中实现三层路由功能

3.4.1 课后思考

1．任务一中的路由器的 Loopback 接口有什么特点？

答：Loopback 接口是一种逻辑接口，一旦 Loopback 接口配置完成后，它的接口状态将一直 UP（除非路由器宕机）。Loopback 接口的这种特性适合当作设备管理接口。

2．任务二中为什么两台路由器能够 Ping 通？

答：两台路由器处于同一个互连的直连网络中，子接口地址也处于同一个网段中，所以能够 Ping 通。

4.3 实训步骤

任务二：对于本实训任务中的路由器 R2（RT2）配置一条下一跳指向 R1（RT1）互连接口地址为"10.1.1.1"的默认路由后，如果 R1 与 PC 的互连链路中断，PC2 有大量的报文发往 PC1 时会出现什么网络问题？

答：将会出现如下情况的路由环路。PC2 发送报文:PC2→R3→R2→R1，由于 R1 连接 PC1 的链路中断，所以报文将会被发送回 R2，在 R2 进行路由查找时，又会将报文发送回 R1，导致报文频繁地在 R1 与 R2 间发送，直到 TTL 值为 0 时，报文则被丢弃。

处于远端的 PC2 无法获知 PC1 的状态，PC2 有可能持续地发送去往 PC1 的报文，导致 R1 和 R2 间来回发送相同的数据报文，报文在两台设备间累积并占用链路带宽。

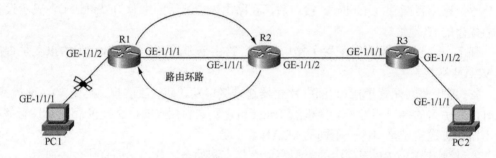

任务四：如图 4-87 所示，如果在路由器 R1 配置了两条等值静态路由，目的地址均为"192.168.2.0"、子网掩码为"255.255.255.0"；并配置了静态路由负载均衡。当 R2 与 R4 间的链路中断时，从 PC1 Ping PC2 会出现什么情况？

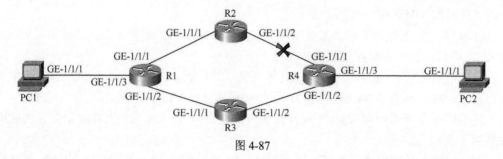

图 4-87

答：此时会出现随机丢包现象。当 R2 与 R4 间的链路中断后，路由器 R1、R3 无法感知链路问题。R1 中配置静态路由负载均衡，导致 PC1 发往 PC2 的报文被随机的丢弃。

4.4.1　课后思考

1. 根据路由特性请说明在实训任务一中路由器 R2 中需要配置两条静态路由才能实现 PC 间 Ping 通的原因？

答：路由具有单向性特点，而报文的交互是双向的。所以，路由器 R2 中需要有 PC1 和 PC2 两个网段的路由，这样 PC1 发往 PC2 及 PC2 发往 PC1 的报文才能被正常转发。

2. 在实训任务二中，路由器 R1 配置默认路由，路由器 R2 中配置静态路由。当路由器 R1 与 PC1 互连链路中断，从 PC2 Ping PC1 会出现什么问题？

答：不会出现路由环路，PC-2 Ping 不通 PC-1。

3. 在实训任务二中，路由器 R2 配置一条静态路由和一条默认路由是否可以实现 PC1 和 PC2 间的互通？这样进行路由配置是否存在隐患？

答：可以。存在路由环路隐患（如前所述）。

4. 请结合实训任务三，说明交换机中 VLANIF 的作用。

答：交换机中配置 VLANIF 后，实现三层 IP 功能。即交换机可以终结 VLAN 数据帧，实现二层交换至三层路由功能。

5.3　实训步骤

任务三：在 RT4 中没有启用 OSPF 协议，为什么 RT1 可以 Ping 通 RT4 的接口地址？

答：路由器 RT3 启用 OSPF 并引入直连路由后，RT1 可以学习到 RT4 的接口地址路由；同时，RT4 配置了默认路由，网络中实现了路由的双向连通性。因此，RT1 可以和 RT4 通信，同理 RT1 可以 Ping 通 RT4。

任务五：如果在其他区域中不重分发外部路由或重分发多条外部路由，在 ABR 路由器中会产生多少条生成缺省路由的 Type3 LSA 向 Stub 区域泛洪？

答：ABR 路由器向 Stub 区域泛洪缺省路由的 Type3 LSA 和其他区域是否重分发外部路由无关，ABR 设备只生成一条缺省的 Type3 LSA 并向 Stub 区域泛洪。

任务七：在 PC 中为什么 Ping 不通路由器 R5 的 Loopback 管理地址？为了保证 PC 与 R5 的正常通信，通过修改哪台路由器的配置解决该问题？

答：因为 R1 与 R2 处于 NSSA 区域，R2 为 ABR 路由器，它不会生成默认的 Type3 LSA 向 NSSA 区域泛洪，即 NSSA 区域不会生成一条默认路由（下一跳指向 R2）。所以，PC 至 R5 的单向路由可达，但是 R5 无 PC 的回程路由，导致无法 Ping 通。

解决办法是在路由器 R1 上增加一条默认路由，其下一跳指向 R2 与 R1 的互联接口地址；或者在 R1 上增加一条明细的静态路由，目的地址为 PC 的网段地址，其下一跳指向 R2 与 R1 的互联接口地址。

任务八：PC 是否可以 Ping 通 30.30.30.2 ？

答：PC 可以 Ping 通 30.30.30.2。因为路由器 R2、R3、R4 存在所有的明细路由。同时 Totally-NSSA 区域内存在一条默认路由，其下一跳指向 R2 的接口地址，所示 PC 至

R5 的双向路由可达。

任务十：如果将 RT3 的默认路由下一跳指向地址修改为"30.30.30.1"，同时在 RT3 的配置"下发默认路由"选项中，去勾选"无条件通告"，RT1、RT2 中是否存在默认路由？为什么？

答：R1、R2 不存在默认路由。因为 R3 去勾选"无条件通告"，则为条件通告默认路由，即 R3 会检查本地是否存在一条有效的默认路由。如果 R3 的默认路由下一跳指向地址修改为"30.30.30.1"，"30.30.30.1"是一个无效的下一跳地址，导致该默认路由无法生成。所以 R3 在条件通告时，将不通告默认路由。

5.4.1 课后思考

1. 如果两台直连路由器运行了 OSPF，并在互连接口中激活了 OSPF，但是两台路由器无法建立邻居关系，可从哪个方面着手定位该问题？

答：可以从以下方面检查：

① 检查两台路由器 OSPF 路由宣告的网络地址是否一致；

② 检查两台路由器 OSPF 路由宣告的通配符是否一致；

③ 检查两台路由器 OSPF 路由宣告的区域是否一致；

④ 检查两台路由器是否配置了 ACL 控制 OSPF 报文交互；

⑤ 检查两台路由器的 HelloInterval 间隔是否一致；

⑥ 检查两台路由器的论证类型和论证密钥是否一致等。

2. 路由器通告默认路由存在两种情况，分别为"无条件通告"和"条件通告"，两者有什么区别？

答：无条件通告指路由器不判断本地是否存在默认路由而强制生成一条默认 Type5 LSA 向其他区域泛洪。而条件通告是指路由器先判断本地是否存在默认路由，如果存在则生成一条默认 Type5 LSA 向其他区域泛洪。

3. ABR 路由器会不会向 NSSA 区域内路由器通告用于生成默认路由的 Type3 LSA？为什么？

答：不会。因为协议规定 NSSA 区域内部可以引入少量的外部路由，即 NSSA 区域通往外部的出口路由器不一定是 ABR 路由器，也可能是本 NSSA 区域内部的路由器。所以，在 NSSA 区域的区域边界路由器 ABR 中不会生成 Type3 LSA。

4. Stub 区域和 NSSA 区域特性的主要区别点有哪些？

答：主要区别一、NSSA 区域内可以引入外部路由，而 Stub 区域不可以引入外部路由；区别二、NSSA 区域边界路由器 ABR 不会生成默认 Type3 LSA 向 NSSA 区域泛洪。

5. 路由器运行 OSPF 后，划分区域后如何保证区域间的路由的连续性？

答：区域边界路由器 ABR 根据各区域内的 Type1 LSA 生成汇总的 Type3 LSA 向其他正常区域泛洪，这样其他区域也就收到了 Type1 LSA 的汇总，这样区域间就保证了连续性。而 Totally-Stub 和 Totally-NSSA 区域则通过 ABR 生成一条默认 Type3 LSA，保证区域间的连续性。

6. 如果非 0 区域和 0 区域存在两个 ARB 路由器，Type3 LSA 的数量会有什么变化？

答：Type3 LSA 的数量会成倍增加。因为每台 ABR 路由器都需要汇总接收的 Type1 LSA，然后向其他区域泛洪（Type3 LSA 的 AdvRouter 字段都变成了 ABR 的 RouterID）。

5.4.2　课后习题

1. 请在实训任务七的基础上，修改相关配置实现 NSSA 区域内路由器 R1 和 PC 互通。

答：在路由器 R1 增加一条默认路由或静态路由（目的为 PC 的网段地址）、下一跳为 R2 的互连接口地址。操作步骤略。

2. 请完成图 5-426 的多区域 OSPF 路由实训任务。请先分析路由器 R1 中有多少条 Type3 LSA、多少条 Type4 LSA？

答：R1 中存在 8 条 Type3 LSA、2 条 Type4 LSA。因为区域 0 中有 3 条互连链路、区域 2 中有一条互连链路，所以存在 4 个互联网段地址，它们被 ABR 处理将生成 Type3 LSA，所以有 8 条 Type3 LSA。

同理，区域 1 中的两台 ABR 设备将接收的 Type4 LSA 的 AdvRouter 改为 ABR 的 RouterID 后，将其泛洪至区域 1，所以存在两条 Type4 LSA。

操作步骤略。

6.4.1　课后思考

1. 扩展 ACL 和标准 ACL 相比在技术实现和应用上有什么优势？

答：扩展 ACL 可以检测更多的 IP 报文头字段，其对报文的过滤匹配将更加精确，实现也更加灵活。而标准 ACL 只匹配报文的源地址段。

2. 在配置 DHCP 服务器时，地址租期该如何设置？是否建议采用默认配置？

答：DHCP 地址池的地址租期应该结合实际应用设置一个较为合理的值。如果租期过长，检测周期会过长，将导致地址不能充分利用（如终端异常下线等）；如果周期过短，将增加 DHCP 服务器的负荷，导致 DHCP 报文交互频繁。一般建议采用默认值 1440 分钟（但在实训过程中，为体现 DHCP 演示效果，租期越小越好）。

3. 在路由器或网关设备配置完成动态 NAT 映射后，外部用户是否可以主动与内部用户通信？为什么？

答：不能。因为动态 NAT 实现原理为源 IP 地址转换，只有内部用户主动和外部用户通信，才可生成 NAT 表项。而外部用户无法主动和内部用户通信（没有 NAT 会话表项）。

4. 静态 NAT 和动态 NAT 的主要区别是什么？

答：静态 NAT 为目的 IP 地址转换，外部用户可以主动和静态 NAT 用户通信；而动态 NAT 为源 IP 地址转换，只有内部用户主动和外部用户通信后，外部用户才可以基于已存在 NAT 会话表与内部用户通信。

7.2　问题描述

1. 图 7-1 所示的组网拓扑中，PC1 可以和 PC2 通信，但是 PC1 和 PC3 不能通信。

答：由路由器的路由表可知，PC1 的网段地址为 192.168.1.0/24，PC2 的网段地址为 192.168.2.0/24，PC-3 的网段地址为 192.168.3.0。

R1 路由表有直链网段路由和默认路由。R1 中去往其他网段的路由都通过默认路由匹配。而 R2 去往 192.168.1.0/24 是通过默认路由匹配。所以，PC1 和 PC2 可以相互通信（通过 R1、R2 的默认路由指引报文转发）。

但是 R2 中没有 192.168.3.0/24 的明细网段路由，只有一条默认路由且下一跳指向 R1 的互连接口地址。此时，引发了路由环路。

为了解决 PC1 和 PC3 的通信问题，需要在 R2 中配置一条静态路由，目的地址为 "192.168.3.0"、子网掩码为 "255.255.255.0"、下一跳为 "20.20.20.2"。

2. 图 7-5 的组网中，经常出现 RT1 和 RT4 无法 Ping 通 PC 主机的情况。

请结合数据规划及设备路由表信息分析问题产生的原因？结合该问题，在实际的网络规划中要注意什么事项？

在哪台设备上修改配置，可以保证在链路及设备正常的情况下，RT1、RT4 和 PC 间正常通信？

答：由于 SW1 中没有 RT1（20.20.20.0/30）的路由，但它存在两条等值的默认路由。这两条默认路由的优先级是一样的，这两条默认路由的下一跳分别指向 R2 和 R3。所以，从 RT1 中 Ping PC1 或 PC2 时，回程报文可能会因静态负载均衡，导致报文发往了其他设备。如 PC1 回复 RT1 的 icmp reply 报文被 SW1 发送到 R3，而形成了路由环路，导致报文最终被丢弃。

结合该问题，可知在网络中存在多个出口时，应尽避免配置静态负载均衡。同时，在网络规划设计时，配置默认路由时，应该避免出现路由环路问题。

在 SW1 中，配置两条静态明细路由，目的地址分别为 RT1 及 RT4 的接口网段地址、下一跳为 SW1 与 R2 及 SW1 及 R3 的互连接口地址。

3. 四台路由器运行 OSPF 协议，组网及接口连接关系如图 7-13 所示。

请分析：

① 这四台路由器的 OSPF 邻居关系是否能建立成功？为什么？

② 这四台路由器的 OSPF 全局配置有问题吗？

③ 如果路由器 OSPF 邻居关系无法建立，有哪几个方面的原因？

答：① 这四台路由器不能建立邻居关系。因为 RT2、RT4 的 OSPF 路由宣告中的网段通配符和区域配置错误，导致四台路由器出现环形组网的情况，无法建立邻居关系。

② 这四台路由器的 OSPF 中 R1、R3 的配置正确，而 R2 和 R4 配置错误。

③ 无法建立邻居关系，可以从以下几个方面检查配置：

- 检查两台路由器 OSPF 路由宣告的网络地址是否一致；
- 检查两台路由器 OSPF 路由宣告的通配符是否一致；
- 检查两台路由器 OSPF 路由宣告的区域是否一致；
- 检查两台路由器是否配置了 ACL 控制 OSPF 报文交互；
- 检查两台路由器的 HelloInterval 间隔是否一致；
- 检查两台路由器的论证类型和论证密钥是否一致等。

8.2 设计要求

1．某互联网企业内部有总经办、研发部、市场部、运维部、财务部、产品部共六个部门。其中总经办共 5 人、研发部有 40 名员工、市场部 20 名员工、运维部 10 名员工、财务部 5 名员工、产品部 10 员工，每个工作人员名下配备一台固定办公 PC 机，公司配置了 3 台 Web 服务器，10 台公共 PC 机，各部门为独立办公区。其中研发部限制不能直接访问外网；其他部门均有访问外网的需要。

该公司向运营商共申请了 5 个公网地址（211.102.100.5～211.102.100.9），需要分配 3 个公网地址用于 Web 服务器、2 个公网地址用于 NAT。公司内部统一使用 10.1.1.0/24 网段地址。

如果该公司共采购 10 台 24 电口三层交换机、一台路由器（24 电口，具备 NAT 功能），请合理设计规划该网络（给出设计拓扑图和规划表），保证网络畅通。

请结合上述设计要求，给出设计组网图和规划数据。

答：① 私网地址规划如下。

部门	子网	子网掩码
研发部	10.1.1.0～10.1.1.63	255.255.255.192
市场部	10.1.1.64～10.1.1.95	255.255.255.224
运维部	10.1.1.96～10.1.1.127	255.255.255.224
产品部	10.1.1.128～10.1.1.143	255.255.255.240
总经办	10.1.1.144～10.1.1.151	255.255.255.248
财务部	10.1.1.152～10.1.1.159	255.255.255.248
Web 服务器	10.1.1.160～10.1.1.167	255.255.255.248
公共 PC	10.1.1.168～10.1.1.183	255.255.255.240

② NAT 映射配置如下。

* 标准 ACL 命名为：

rule 1 permit source　10.1.1.64　0.0.0.63

rule 2 permit source　10.1.1.96　0.0.0.31

rule 3 permit source　10.1.1.128　0.0.0.15

rule 4 permit source　10.1.1.144　0.0.0.7

rule 5 permit source　10.1.1.152　0.0.0.7

rule 6 permit source　10.1.1.160　0.0.0.7

rule 7 permit source　10.1.1.168　0.0.0.15

* 动态 NAT 地址池：

211.102.100.5～211.102.100.6

* 静态 NAT 地址：

211.102.100.7～211.102.100.9

③ 拓扑规划如下：研发部采用交换机级联，网关配置在 SW3 中。

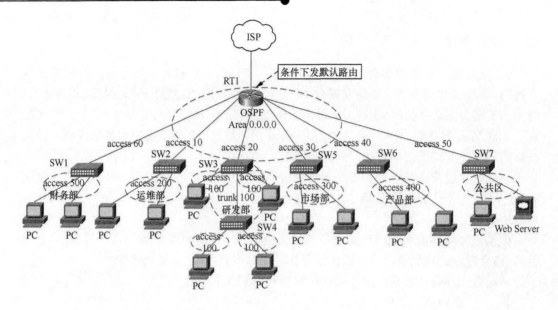

④ 互联地址规划：

vlanif 接口	地址	子网掩码
vlanif10	10.1.1.189	255.255.255.252
vlanif20	10.1.1.193	255.255.255.252
vlanif30	10.1.1.197	255.255.255.252
vlanif40	10.1.1.201	255.255.255.252
vlanif50	10.1.1.205	255.255.255.252
vlanif60	10.1.1.209	255.255.255.252

⑤ 业务地址网关：

vlanif 接口	地址	子网掩码
vlanif100	10.1.1.1	255.255.255.192
vlanif200	10.1.1.97	255.255.255.224
vlanif300	10.1.1.65	255.255.255.224
vlanif400	10.1.1.129	255.255.255.240
vlanif500	10.1.1.153	255.255.255.248
……	……	……

⑥ OSPF 数据规划：

路由器和各三层交换机间配置 OSPF 协议进行路由收敛，路由器和交换机都处于区域 0 中。为了保证私网用户可以正常访问外部网络，在 RT1 配置一条指向 ISP 的静态路由，同时在 RT1 中配置条件通告默认路由。

其他配置及数据规划略。

2．某学校需要组建一个大型局域网，校内共约有 1 万用户需要连接互联网。局域网在层级上划分为核心区、学生宿舍区、校务办公区、后勤区。为了保证校园网出口的稳定性，需要将校园网内两台核心路由器分别连接至不同的运营商出口设备（假设在网络稳定时，校园网必须优先通过连接至 ISP1 的出口访问 Internet，ISP2 作为备用出口）。其中：

① 校务办公区共有 700 台办公 PC，校园网宿舍区共有 9000 左右用户终端，后勤区共有 300 个接入终端；

② 校园网内部采用环形组网，各区域内的网关设备均为三层交换机（动态路由学习能力在 300 条左右），网关交换机两条物理链路连接至核心区两台的路由器；

③ 校园网内使用的私网地址为 172.16.0.0/16，核心层、汇聚层网络拓扑如图 8-1 所示。

④ 连接至 ISP1 的可用公网地址为"20.20.20.1/25"，连接至 ISP2 的可用公网地址为 30.30.30.2/26。

⑤ 在网络中，暂不考虑 NAT 问题及接入层至用户终端的接入方式。

答：数据规划如下图所示。

• 在 RT1 和 RT4 上分别配置一条默认路由，下一跳分别指向与 ISP1 和 ISP2 的互联接口地址。在 RT1 中重分发静态路由，类型为 ext-2；在 RT4 中重分发静态路由，类型为 ext-1。最终，RT1 重分发的静态路由（默认路由）被优选，在 OSPF 骨干区域内只会生成一条默认路由，其下一跳指向 RT1 互联接口地址，该路由用于引导上行流量（内网出去外网的流量）的转发。

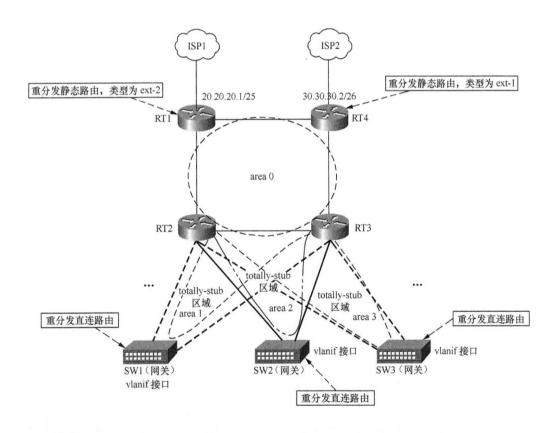

• 由于校园网用户数量较多，接入各个汇聚交换机的用户很多，如果不设置特殊区

域，将会使汇聚交换机中有全网的明细路由，增加交换机的路由负荷。所以，设计 RT2、RT3 与各汇聚交换机组成 Totally-stub 区域，阻止各区域间 Type3 LSA 进入其他汇聚区域，减少链路状态数据库中 LSA 的数量及路由条目。

- 各汇聚区域的三层交换机，配置 VLANIF 接口，充当业务网关。同时，在 OSPF 的重分发（引入）直连路由（即引入 VLANIF 直连网段路由）。
- 路由器和汇聚交换机互连接口地址及 Vlanif 接口地址数据规划略。